"十四五"职业教育国家规划教材

职业教育国家在线精品课程配套教材

U0733103

高等数学

（下册）

（第三版）

主　编　骈俊生　冯　晨　王　罡
副主编　王　卉　白洁静　张忠毅
编　者　崔　进　张育蔺　吴玉琴
　　　　缪　蕙　蔡鸣晶　黄国建
　　　　胥继珍　郭　萍

中国教育出版传媒集团

高等教育出版社·北京

内容提要

本教材第二版曾获首届全国教材建设奖全国优秀教材二等奖,是"十三五""十四五"职业教育国家规划教材,也是职业教育国家在线精品课程配套教材。

本教材在深入研究高职数学课程未来发展方向、吸收近年来高职数学课程教学改革成果和成功经验、改进课程内容设置、优化校本课程标准的基础上,深度融入数学文化及数学思想方法,凝练了数学核心素养。教材融入党的二十大精神,注重展现数学与科技创新的关联,体现时代特征。教材注重立德树人、德技并修,充分发挥数学学习在形成世界观、人生观、价值观等方面的独特作用。

本教材遵循学生认知规律,以"学用数学"为主线进行内容编排,突出数学技术与专业技能融合,精选素材,版面灵动,契合高职学生学习特点。

本教材分上、下两册。上册内容包括:函数的极限与连续、导数与微分、导数的应用、不定积分、定积分及其应用。下册内容包括:常微分方程、向量代数与空间解析几何、多元函数微分学、多元函数积分学、无穷级数。

本教材是新形态一体化教材,书中二维码链接了微课程,学生可以随扫随学。本教材已配套建设了职业教育国家在线精品课程"高等数学(一元微积分)"和江苏省精品在线开放课程"高等数学(微积分进阶)",可在"爱课程·中国大学MOOC"或"智慧职教"平台进行线上学习。本教材配套PPT课件、试题库等数字化资源,具体获取方式请见书后"郑重声明"页的资源服务提示。

编写团队围绕本教材延伸编写了系列配套教材,有供课后练习用的《高等数学练习册》,有供复习提高用的《高等数学辅导教程》,有少学时版的《高等数学》(精要版),还有使用本教材之后可能会进一步学习的《线性代数与概率统计》(通用类)等,能满足高职大部分专业的数学课程学习所需。

本教材既可作为高等职业教育专科、本科院校及成人高校和应用型本科院校各专业高等数学课程教材,也可作为工程技术人员的参考书。

图书在版编目(CIP)数据

高等数学. 下册／骈俊生,冯晨,王罡主编. --3版. --北京:高等教育出版社,2022.9(2023.8重印)

ISBN 978 - 7 - 04 - 059092 - 0

Ⅰ.①高… Ⅱ.①骈… ②冯… ③王… Ⅲ.①高等数学 Ⅳ.①O13

中国版本图书馆 CIP 数据核字(2022)第 131348 号

GAODENG SHUXUE

策划编辑	马玉珍	责任编辑 马玉珍	封面设计 马天驰	版式设计	徐艳妮
责任绘图	黄云燕	责任校对 刘丽娴	责任印制 刁 毅		

出版发行	高等教育出版社		网 址	http://www.hep.edu.cn
社 址	北京市西城区德外大街 4 号			http://www.hep.com.cn
邮政编码	100120		网上订购	http://www.hepmall.com.cn
印 刷	北京市大天乐投资管理有限公司			http://www.hepmall.com
开 本	787mm×1092mm 1/16			http://www.hepmall.cn
印 张	14		版 次	2012 年 11 月第 1 版
字 数	340 千字			2022 年 9 月第 3 版
购书热线	010-58581118		印 次	2023 年 8 月第 3 次印刷
咨询电话	400-810-0598		定 价	35.80 元

"智慧职教" 服务指南

"智慧职教"（www.icve.com.cn）是由高等教育出版社建设和运营的职业教育数字教学资源共建共享平台和在线课程教学服务平台，与教材配套课程相关的部分包括资源库平台、职教云平台和 App 等。用户通过平台注册，登录即可使用该平台。

● 资源库平台：为学习者提供本教材配套课程及资源的浏览服务。

登录"智慧职教"平台，在首页搜索框中搜索"高等数学（微积分进阶）"，找到对应作者主持的课程，加入课程参加学习，即可浏览课程资源。

● 职教云平台：帮助任课教师对本教材配套课程进行引用、修改，再发布为个性化课程（SPOC）。

1. 登录职教云平台，在首页单击"新增课程"按钮，根据提示设置要构建的个性化课程的基本信息。

2. 进入课程编辑页面设置教学班级后，在"教学管理"的"教学设计"中"导入"教材配套课程，可根据教学需要进行修改，再发布为个性化课程。

● App：帮助任课教师和学生基于新构建的个性化课程开展线上线下混合式、智能化教与学。

1. 在应用市场搜索"智慧职教 icve"App，下载安装。

2. 登录 App，任课教师指导学生加入个性化课程，并利用 App 提供的各类功能，开展课前、课中、课后的教学互动，构建智慧课堂。

"智慧职教"使用帮助及常见问题解答请访问 help.icve.com.cn。

《高等数学》(上、下册)出版已有十年。教材第二版曾获首届全国教材建设奖全国优秀教材二等奖,是"十三五""十四五"职业教育国家规划教材,也是职业教育国家在线精品课程配套教材。十年来,教材从第一版到第二版,影响力日渐提升,辐射面不断扩大,得到了全国各地越来越多师生的欢迎和信赖。本教材首创的融入数学思想方法等育人元素的鲜明特色,在人才培养实践中发挥了重要作用,受到了广泛赞扬和肯定。

数学是高技术和现代产业体系的重要支撑,在推进新型工业化,加快建设制造强国、质量强国、航天强国、交通强国、网络强国、数字中国中发挥着重要作用,优秀数学教材对培养数字经济时代高素质技术技能人才意义重大。因此,本次教材修订我们做了大量的前期调研工作,认真学习我国高职教育的相关政策文件,深入研究高职数学课程未来发展方向,总结了近年来高职数学课程改革成果,吸收了多种较为成熟的数学教学改革成功经验,改进课程内容设置,优化校本课程标准,为教材修订做了充分的准备工作。

第三版教材融入党的二十大精神,注重展现数学与科技创新的关联,体现时代特征。第三版教材继承了前两版已经形成的优良基因,更加注重落实立德树人根本任务,深入挖掘数学课程德技并修的育人价值,以充分发挥数学学习在形成人生观、价值观、世界观等方面的独特作用。第三版教材与前两版的关系不仅是继承和完善,更是深化、优化、发扬和升华。第三版教材特色如下。

一、深度融入数学文化与思想方法,凝练数学核心素养,注重立德树人

数学不仅是运算和推理的工具,也是表达和交流的语言,更承载了独特的思想和文化,是人类文明的重要组成部分,具有对学生进行思维训练和能力培养等素质教育功能。教材除了将主要育人目标在每一章开头的学习目标中特别列出,还通过核心概念和理论的背景介绍,让学生感悟知识的起源与发展过程,用数学与科学研究成果以及数学家和数学史趣事开阔学生视野,激发学习兴趣与好奇心,增加教材可读性。教材对各章蕴含的重要数学思想方法单独成节,讲解思想方法的历史形成与凝练过程及其典型应用,并结合教材内容适时地以"小点睛"栏目点拨各知识点所蕴含的数学思想方法等数学文化元素,发挥数学学科独特的育人价值与功能,培养学生辩证唯物主义思维能力与正确的世界观、人生观、价值观,提升学生的思维品质和科学精神,激发学生的学习动力与民族自豪感,发挥教材素质教育功能,落实立德树人根本任务。

二、突出数学技术与专业技能融合,以"学用数学"为主线进行内容编排

在知识点展开脉络上,教材以问题驱动理念设计,按照"学用数学"的主线编排,每章都按照"案例→概念理论→计算→应用→思想方法→数学实验→知识拓展"的逻辑顺序组织完整的教学单元。从专业或生活案例出发,引导学生抽象出本章要解决的一个典型数学问题,通过学习解决该问题需要掌握的数学知识和运算技能,提高学生数学建模和逻辑推理能力,从而解决案例中的数学问题,达到预定的学习目标。

三、遵循学生认知规律,精选素材,版面灵动,契合高职学生学习特点

为满足不同学校及不同基础学生的需求,教材内容的取舍都是建立在精心调查研究基础上的。教材以"学习目标"提示每章学习任务;"小贴士"栏目对重要内容进行补充说明或对知识点和解题方法进行归纳整理;"请思考"栏目激发学生深化知识能力;"小点睛"栏目点拨数学知识中蕴含的数学思想方法;除了核心知识点,每章的"知识拓展"版块是对相关知识的补充和提升,可以供学有余力或有进一步学习兴趣的学生学习提升;"本章小结"版块将该章主要知识点及典型例题进行归纳,帮助学生自学与复习;每章节所配备的习题及复习题按照难易程度递进编排,以使学生根据各自具体情况进行课后自学、复习、巩固和提高;数学实验中的 MATLAB 软件及其应用,帮助学生学会借助计算机软件完成复杂运算、图形绘制等人工相对困难的工作,培养学生运用计算机解决数学问题的能力。

教材在版面编排方面注意突出重点,以更好地传递信息,增加趣味性和易读性,契合高职学生的认知规律和学习特点,吸引学生注意力,提高学习效率。

四、一体化设计,配套建设了职业教育国家在线精品课程等优质数字化教学资源

精心打造与教材一体化设计的数字化教学资源,形成了职业教育国家在线精品课程等与教材互联互通的新形态一体化优质教学资源。教材通过二维码与我们开发的优质数字化教学资源相联通,可以随扫随学,习题答案也可扫描二维码查看。学生可在"爱课程·中国大学 MOOC"或"智慧职教"平台上进行线上学习,为线上线下混合式教学创造了条件,有效拓展了教与学的时空。

另外,针对数学课程独特的解题练习需求,我们还在"爱习题评测系统"建设了与教材配套的数字化习题资源库,提供丰富的习题资源,设定出题组卷等功能,以供广大师生按需选择使用。

五、延拓编写了系列化配套教材,以满足高职各专业数学课程需求

为进一步扩充教材功用,我们围绕本教材编写了系列配套教材,满足高职各类专业数学课程学习所需。其中,有为课后练习配套的《高等数学练习册》,有供复习提高使用的《高等数学辅导教程》,有适合较少学时使用的《高等数学》(精要版),还有使用本教材之后可能会进一步学习的《线性代数与概率统计》(通用类)等。

本次教材修订由骈俊生教授主持。在大量调查研究和广泛征询教材使用学校师生、专家、相关编辑等的宝贵意见的基础上,骈俊生教授领衔的编写团队完成了此次修订工作。在此,我们对热情关心和指导教材修订的领导、专家、同行和编辑致以最诚挚的感谢!敬请专家、同行和广大读者继续关心支持本教材建设,为进一步提升教材质量提出宝贵意见!

编 者

2023 年 6 月

第二版前言

《高等数学》(上、下册)出版至今已经六年了。本教材首创的直接渗透数学思想方法的特色,凸显了其在学生培养方面的重要功用,得到了本专科各类院校的极大关注和赞扬,全国选用本教材的院校越来越多。

随着时代的进步,我国高等教育也在突飞猛进地发展,高职教育的内外环境有了一定的变化,信息化教学技术逐渐成熟,作为高素质技术技能型人才培养的重要公共基础课程,高等数学教材也必须与时俱进,适应信息化时代高职学生的认知特点和学习需求,这是本次教材修订的重要出发点。

自第一版教材问世以来,编者一直在持续不断地进行着高职数学的教学研究和教改实践。在相关课题研究的基础上,我们集中力量进行了数学课程信息化教学资源的系统建设,近年来率先建成了"高等数学"等若干门高职数学系列在线开放课程,分别在"智慧职教"和"爱课程·中国大学 MOOC"等平台上线开课,受到了高等院校师生的热烈欢迎,有的课程首次开课就吸引了数万人注册学习,充分体现了信息化教学的优势,促进了混合式教学在高职数学教学中的运用,对高职数学课程教学质量提升起到了重要的推动作用。

数学课程除了使学生学到数学知识,还具有对学生进行思维训练和能力培养等素质教育功能。第一版教材的编写已经充分注意到了这些方面,因而教材美誉度很高。本次修订考虑到近年来生源等客观因素的变化,为了更好地贯彻因材施教原则,编者以高素质技能型人才成长和未来发展需求为本,对原教材中相应教学内容进行了合理筛选和调整优化。围绕突出数学技术应用、满足专业技能培养需求、连通信息化教学资源、融入数学文化和素质教育,并结合高职学生的学习特点,精心设计、组织和安排每一个教学内容,着力打造优质精品教材,以更好地实现高等数学的课程功能,为学生参加专业技能学习和未来可持续发展打牢基础。

因此,我们在保持并发扬第一版教材优良基因的基础上,主要作了以下方面的修订:

(1)突出数学技术与专业技能的融合。新版教材在知识点展开脉络上,突破传统数学教学模式,探索与专业技能融合的案例式数学教学解决方案,契合了高职教学特点。修订后的教材以"学用数学"的主线贯穿编排内容体系,每章内容都按照"案例→概念理论→计算→应用→思想方法→数学实验→知识拓展"的逻辑顺序组织为一个完整的教学单元。如"多元函数积分学"学习单元内容依次为:案例引入、二重积分的概念与性质、二重积分的计算、二重积分的应用、变量替换法、数学实验、知识拓展等。

（2）增加了数学实验。教材融入了计算机软件技术，教会学生用 Matlab 进行复杂运算、图形绘制等，将人工相对困难的工作交给计算机完成，培养学生运用计算机解决数学问题的能力。

（3）打破传统数学教材常规，设置灵动栏目，高效引导学生学习。每章开头添加了"学习目标"，给即将进行的学习以适当提示；适时设置"小贴士"栏目，对重要内容进行补充说明，或进行归纳提要；增加了"请思考"栏目，引导学生深入思考；通过"小点睛"栏目，点拨学生注意体会此处所用到的数学思想方法。这些改变使得教材编排更加合理，重点突出，增加了趣味性和易读性，符合新时代大学生学习特点，能够有效吸引学生学习注意力，提高学习效率。

（4）知识拓展、本章小结、习题、复习题等内容也做了相应优化调整。

（5）进一步发挥信息化教学优势，依托编者信息化资源建设团队精心打造的优质信息化教学资源，对教材进行更全面优化的新形态一体化建设，重要知识点旁添加了二维码，连通新形态一体化教材与线上学习资源，学生通过扫一扫教材中的二维码可以随时随地学习相应内容及获取习题答案，有效拓宽了学生的学习时空。

本教材分上、下两册。上册内容包括函数的极限与连续、导数与微分、导数的应用、不定积分、定积分及其应用。下册内容包括常微分方程、向量代数与空间解析几何、多元函数微分学、多元函数积分学、无穷级数。

本教材由南京信息职业技术学院骈俊生教授领衔的教学团队编写。与教材配套的有在"智慧职教""爱课程·中国大学 MOOC"等平台上线的在线课程，还配套出版了《高等数学辅导教程》及《高等数学练习册》，以供课程教学选用。

教材在编写过程中，得到了多位领导和专家的热情关心和指导，高等教育出版社的各级领导、相关编辑为本书的编写和出版倾注了大量心血，对此，作者一并致以最诚挚的感谢！

编　者

2018 年 6 月

高等职业教育肩负着培养高端技能型人才的光荣使命。高等数学作为一门重要的基础课程,除了具有基础工具的作用外,还具有对学生进行思维训练和能力培养等素质教育的功能。学习高等数学有利于学生智力、学习能力与创新能力的提高,有利于学生职业生涯的可持续发展。我们在认真研究了高职人才培养目标、高职学生学习特点和国内外优秀教材编写经验的基础上,结合多年来高职高等数学教学与改革经验,编写了本教材。

本书在编写过程中力求贯彻以下原则:

1. 渗透数学思想,提升数学素养。教材中每章都选择了主要涉及的典型数学思想方法,作为单独一节内容编入。通过对数学思想方法的学习,训练学生的思维方法,提高学生的思维能力,发挥数学对学生职业能力和职业素养形成的重要支撑和明显促进作用,使学生终身受益。

2. 注重简洁直观,突出实际应用。结合高职的教学特点,教材在保持高等数学学科基本体系的前提下,力求通俗化叙述抽象的数学概念,简化理论证明,强化直观说明和几何解释。

3. 丰富题材内容,增强可读性。在介绍数学思想方法的同时,还介绍一些相关的数学史以及数学思想方法在日常生活中的应用,力求内容生动有趣。

4. 融入数学建模,突出数学应用。在微分方程的简单应用中,通过实例,运用数学建模思想培养学生的数学应用意识。

5. 通过小结和拓展,满足多层次需求。应高职学生的数学基础差异及分层次教学的需要,教材每章都有本章小结和知识拓展。本章小结将该章主要知识点及典型例题进行归纳,帮助学生自学及复习。知识拓展是对相关知识的补充和提升,供学有余力或有进一步学习兴趣的学生阅读学习。

6. 配备复习题,培养自学能力。教材针对每章基本知识配备了复习题供学生练习,并在书后附有答案。学生在课后可以高效地对该章知识进行自学、复习、巩固和提高。

本书分上、下两册。上册内容有:函数的极限与连续、导数与微分、导数的应用、不定积分、定积分及其应用。下册内容有:常微分方程、向量代数与空间解析几何、多元函数微分学、多元函数积分学、无穷级数。

本教材由骈俊生主编,参与编写的其他人员有:吴玉琴、缪蕙、冯晨、张育蔺、王罡、廖芳芳、蔡鸣晶、杨和稳、黄国建。教材的策划、立意、框架结构及最后统稿由骈俊生教授完成。

　　教材在编写过程中,得到了各级领导和专家的热情关心和指导,南京信息职业技术学院领导给予编写工作大力支持,高等教育出版社的相关领导、编辑也为本书的顺利出版倾心工作,在此一并表示衷心的感谢!

　　由于编者水平和编写时间所限,书中错误和不足之处在所难免,敬请专家、同行和广大读者批评指正,以便今后修订完善。

编　者
2012 年 7 月

目　录

第六章

常微分方程

- 理解常微分方程及常微分方程的阶和解等概念
- 掌握可分离变量的微分方程及一阶线性微分方程的解法
- 掌握可降阶的高阶微分方程的解法
- 了解二阶线性微分方程解的结构
- 掌握二阶常系数齐次线性微分方程及非齐次微分方程的解法
- 会用 MATLAB 数学软件求解微分方程
- 了解数学猜想的思想方法,培养数学建模和问题解决能力

在很多领域内,许多问题的数学描述会涉及一个含有自变量、未知函数及未知函数导数或微分的关系式,例如天文学中行星的运动轨迹,力学中摆的运动,生物医学中传染病模型的描述等,这种关系式就是微分方程.微分方程以微分的形式表现,却要利用积分的方法进行求解,因此,微分方程将微分和积分紧密地联系在了一起.微分方程是伴随着微积分发展起来的,微积分是它的母体,生产、生活实践是它生命的源泉.常微分方程诞生于数学与自然科学(物理学、力学等)进行结合的 16、17 世纪,最早的论述出现在数学家们彼此的通信中.常微分方程的发展,始终伴随着自然科学问题的研究,深刻而生动的实际背景,使得它在应用中不断发展并壮大,表现出了强大的生命力和活力,是现代科学技术中分析问题与解决问题的一个强有力的工具.

遗址年代测定　三星堆遗址被称为 20 世纪人类最伟大的考古发现之一,昭示了长江流域与黄河流域一样,同属中华文明的母体,被誉为"长江文明之源".

三星堆遗址位于四川省广汉市,距今已有 3 000 多年历史,是迄今在西南地区发现的范围最大、延续时间最长、文化内涵最丰富的古城、古国、古蜀文化遗址.

遗址中出土的文物是宝贵的人类文化遗产,其中有高 2.62 m 的青铜大立人,有宽 1.38 m 的青铜面具,更有高达 3.95 m 的青铜神树等,均堪称独一无二的旷世神品. 而以金杖为代表的金器,以满饰图案的边璋为代表的玉石器,亦多属前所未见的稀世之珍. 这些考古新发现,彰显了中华文化博大精深、源远流长.

那么,考古人员是如何测定遗址的年代的呢? 同学们,学完本章的前两节,你们就

明白了.

第一节   微分方程的基本概念

定义 6.1.1   联系自变量、未知函数以及未知函数的导数或微分的方程称为**微分方程**.

如果其中的未知函数只与一个自变量有关,就称为**常微分方程**;如方程 $y' = 2x$, $\dfrac{d^2 s}{dt^2} = g$. 如果未知函数是两个或两个以上自变量的函数,并且在方程中出现偏导数(见本书第八章),就称为**偏微分方程**. 如 $\dfrac{\partial^2 u}{\partial x^2} + \dfrac{\partial^2 u}{\partial y^2} + \dfrac{\partial^2 u}{\partial z^2} = 0$,这里未知函数 u 是三个自变量 x, y, z 的函数. 本书所介绍的内容为常微分方程,有时就简称为微分方程.

在一个常微分方程中,未知函数最高阶导数的阶数,称为**微分方程的阶**. 如 $y' = 2x$ 是一阶微分方程, $\dfrac{d^2 s}{dt^2} = g$ 是二阶微分方程, $y^{(4)} + (y')^2 + y = 0$ 是四阶微分方程.

> **小贴士**
>
> 未知函数导数的阶数不能与未知函数的次数混淆.

一般地, n **阶微分方程**的形式可以表示为

$$F(x, y, y', \cdots, y^{(n)}) = 0. \tag{1}$$

二阶及二阶以上的微分方程称为**高阶微分方程**.

定义 6.1.2   如果将某个函数代入微分方程,能使该方程成为恒等式,则称这个函数为该**微分方程的解**.

例如, $y = \dfrac{x^3}{3} + C$ 和 $y = \dfrac{x^3}{3}$ 都是微分方程 $\dfrac{dy}{dx} = x^2$ 的解, $s = \dfrac{1}{2}gt^2 + C_1 t + C_2$ 和 $s = \dfrac{1}{2}gt^2$ 都是微分方程 $\dfrac{d^2 s}{dt^2} = g$ 的解.

从上述例子可以看出,微分方程的解中可以包含任意常数,其中任意常数的个数可以多到与方程的阶数相等,也可以不含任意常数. 我们把 n 阶常微分方程(1)的含有 n 个独立的任意常数 $C_1, C_2, \cdots, C_n$ 的解 $y = \varphi(x, C_1, C_2, \cdots, C_n)$,称为该方程的**通解**. 这里所说的任意常数是相互独立的,是指不能通过合并而减少常数的个数. 如果方程(1)的解 $y = \varphi(x)$ 不包含任意常数,那么称它为**特解**.

> **小贴士**
>
> 特解和通解首先都是方程的解,特解中不含任意常数,而通解中含有任意常数,且含独立的任意常数的个数和微分方程的阶数相等.

用于确定通解中任意常数的条件,称为**初值条件**.初值条件的个数与微分方程的阶数相同.

对于一个 n 阶方程 $F(x,y,y',\cdots,y^{(n)})=0$,初值条件的一般提法是

$$y(x_0)=y_0,y'(x_0)=y_0',\cdots,y^{(n-1)}(x_0)=y_0^{(n-1)},$$

其中 x_0 是自变量的某个取定值,而 $y_0,y_0',\cdots,y_0^{(n-1)}$ 是相应的未知函数及导数的给定值.

求微分方程满足初值条件的解的问题称为**初值问题**,记为

$$\begin{cases} F(x,y,y',\cdots,y^{(n-1)},y^{(n)})=0, \\ y(x_0)=y_0,y'(x_0)=y_0',\cdots,y^{(n-1)}(x_0)=y_0^{(n-1)}. \end{cases}$$

初值问题也常称为柯西(**Cauchy**)问题.

对于一阶方程,若已求出通解 $y=\varphi(x,C)$,一般只要把初值条件 $y(x_0)=y_0$ 代入到通解中,得到方程 $y_0=\varphi(x_0,C)$,从中解出 C,设为 C_0,代入通解,即得满足初值条件 $y(x_0)=y_0$ 的解 $y=\varphi(x,C_0)$.

微分方程通解的图形是一族曲线,称为**微分方程的积分曲线族**,其特解的图形是根据初值条件而确定的积分曲线族中的某一条曲线,称为**积分曲线**.

例如,二阶微分方程的初值问题

$$\begin{cases} y''=f(x,y,y'), \\ y(x_0)=y_0, \quad y'(x_0)=y_0', \end{cases}$$

其解的几何意义是该微分方程通过点 (x_0,y_0),且在该点处切线斜率为 y_0' 的那条积分曲线.

例 验证 $y=C_1\cos x+C_2\sin x$ 是方程 $y''+y=0$ 的通解,并求此方程满足初值条件 $y\left(\dfrac{\pi}{4}\right)=1,y'\left(\dfrac{\pi}{4}\right)=-1$ 的特解,其中 C_1,C_2 是常数.

解 因为 $y=C_1\cos x+C_2\sin x$,所以

$$y'=(C_1\cos x+C_2\sin x)'=-C_1\sin x+C_2\cos x,$$
$$y''=(-C_1\sin x+C_2\cos x)'=-C_1\cos x-C_2\sin x,$$

从而 $y''+y=0$,C_1,C_2 是互相独立的任意常数.即 $y=C_1\cos x+C_2\sin x$ 是方程 $y''+y=0$ 的通解.

将初值条件 $y\left(\dfrac{\pi}{4}\right)=1,y'\left(\dfrac{\pi}{4}\right)=-1$ 代入通解,得以下方程组

$$\begin{cases} \dfrac{\sqrt{2}}{2}C_1+\dfrac{\sqrt{2}}{2}C_2=1, \\ \dfrac{\sqrt{2}}{2}C_2-\dfrac{\sqrt{2}}{2}C_1=-1, \end{cases}$$

解出 $C_1=\sqrt{2}$,$C_2=0$,于是所求特解为 $y=\sqrt{2}\cos x$.

小贴士

求方程的特解:一般先求出方程的通解,然后代入初值条件,确定其中的常数,得到特解.

微分方程的
基本概念测
一测

? **请思考** ┄┄

如果已知微分方程的解,反过来能确定微分方程吗?请同学们自己考虑一下.

习题 6.1

1. 指出下列微分方程的阶数:

(1) $x^2 y'' - xy' + y = 0$.

(2) $x(y')^2 - 2yy' + y = 0$.

(3) $L\dfrac{\mathrm{d}^2 Q}{\mathrm{d}t^2} + R\dfrac{\mathrm{d}Q}{\mathrm{d}t} + \dfrac{Q}{C} = 0$.

(4) $y''y' + x^3 y' + y = 2$.

(5) $y^{(5)} + \sin(x+y) = y' + 3y$.

(6) $(7x - 6y)\mathrm{d}x + (x+y)\mathrm{d}y = 0$.

2. 指出下列各题中的函数是否为所给方程的解;若是解,指出是通解或是特解.其中 C, C_1, C_2 为任意的常数.

(1) $y'' - 2y' + y = 0, y = x^2 \mathrm{e}^x$.

(2) $(x+y)\mathrm{d}x + x\mathrm{d}y = 0, y = C^2 - x^2$.

(3) $(x - 2y)y' = 2x - y, y = y(x)$ 为由方程 $x^2 - xy + y^2 = 1$ 所确定的隐函数.

(4) $y'' - (\lambda_1 + \lambda_2)y' + \lambda_1 \lambda_2 y = 0, y = C_1 \mathrm{e}^{\lambda_1 x} + C_2 \mathrm{e}^{\lambda_2 x}$.

(5) $y'' + 3y' + 2y = x\mathrm{e}^{-2x}, y = C_1 \mathrm{e}^{-x} + C_2 \mathrm{e}^{-2x} - \left(\dfrac{1}{2}x^2 + x\right)\mathrm{e}^{-2x}$.

3. 验证 $y = Cx + \dfrac{1}{C}$ 是微分方程 $x\left(\dfrac{\mathrm{d}y}{\mathrm{d}x}\right)^2 - y\dfrac{\mathrm{d}y}{\mathrm{d}x} + 1 = 0$ 的通解(其中任意常数 $C \neq 0$),并求满足初值条件 $y\big|_{x=0} = 2$ 的特解.

4. 验证 $\mathrm{e}^y + C_1 = (x + C_2)^2$ 是微分方程 $y'' + (y')^2 = 2\mathrm{e}^{-y}$ 的通解,并求满足初值条件 $y\big|_{x=0} = 0, y'\big|_{x=0} = \dfrac{1}{2}$ 的特解.

*5. 写出由下列条件确定的曲线所满足的微分方程:

(1) 曲线在点 $P(x, y)$ 处的法线的斜率等于该点的横坐标的倒数.

(2) 曲线在点 $P(x, y)$ 处的法线与 x 轴的交点为 Q,且线段 PQ 被 y 轴平分.

(3) 曲线在点 $P(x, y)$ 处的切线与 y 轴的交点为 Q,线段 PQ 的长度为 2,且曲线过点 $(2, 0)$.

■ 第二节　一阶微分方程

一阶微分方程的一般形式为

$$\frac{\mathrm{d}y}{\mathrm{d}x} = F(x, y). \tag{1}$$

下面介绍一阶微分方程的基本类型及其解法.

一、可分离变量方程与齐次方程

1. 可分离变量方程

如果方程(1)中 $F(x,y)=f(x)g(y)$,其中 $f(x),g(y)$ 为连续函数,那么称此微分方程为**可分离变量的微分方程**.

我们采用积分的方法来求解可分离变量方程 $\dfrac{\mathrm{d}y}{\mathrm{d}x}=f(x)g(y)$,求解步骤:

(1) 分离变量:变方程为 $\dfrac{\mathrm{d}y}{g(y)}=f(x)\mathrm{d}x$ 形式(当 $g(y)\neq 0$ 时).

(2) 两边积分: $\displaystyle\int\dfrac{\mathrm{d}y}{g(y)}=\int f(x)\mathrm{d}x$.

(3) 得通解: $G(y)=F(x)+C$.

其中 $G(y),F(x)$ 分别为 $\dfrac{1}{g(y)},f(x)$ 的某一个原函数.

若 $g(y)=0$ 有实根 y_0,则 $y=y_0$(y_0 为常数)也是方程的解.

可分离变量方程

📖 **小贴士** ─────────────────────────

可分离变量微分方程的求解实际是积分的过程:先分离变量,然后求出对应的原函数即可.

──────────────────────────────────────

例 1　求解方程 $\dfrac{\mathrm{d}y}{\mathrm{d}x}=-\dfrac{x}{y}$.

解　将已知方程分离变量,得到
$$y\mathrm{d}y=-x\mathrm{d}x,$$
将上式两边积分,即得
$$\frac{y^2}{2}=-\frac{x^2}{2}+\frac{C}{2},$$
因而,通解为
$$x^2+y^2=C\quad(C\text{ 是任意的正常数}).$$

例 2　求微分方程 $\dfrac{\mathrm{d}y}{\mathrm{d}x}=\dfrac{y}{x}$ 的通解.

解　将已知方程分离变量,方程变为
$$\frac{\mathrm{d}y}{y}=\frac{\mathrm{d}x}{x},$$
将上式两边积分,有
$$\int\frac{\mathrm{d}y}{y}=\int\frac{\mathrm{d}x}{x},$$

解得
$$\ln|y| = \ln|x| + C_1,$$
即
$$y = \pm e^{C_1} x.$$

又因为 $\pm e^{C_1}$ 是不为零的任意常数,把它简记为 C,便得到方程的通解为
$$y = Cx \quad (C \neq 0).$$

另外,$y = 0$ 也是方程的解,所以在通解 $y = Cx$ 中,任意常数 C 可以取零. 即方程的通解为
$$y = Cx \quad (C\ 为任意常数).$$

📖 **小贴士**

以后遇到积分后等号两边都出现对数这种情况,如 $\displaystyle\int \frac{\mathrm{d}y}{y} = \int \frac{\mathrm{d}x}{x}$,两边积分得 $\ln|y| = \ln|x| + \ln|C|$,化简的结果也是 $y = Cx$(C 为任意非零常数).

例 3 求微分方程 $xy\mathrm{d}y + \mathrm{d}x = y^2\mathrm{d}x + y\mathrm{d}y$ 的通解.

解 将已知方程分离变量,得
$$\frac{y}{y^2 - 1}\mathrm{d}y = \frac{1}{x-1}\mathrm{d}x,$$

将上式两边积分,得
$$\ln|y^2 - 1| = 2\ln|x-1| + \ln|C|,$$

从而有
$$y^2 - 1 = C(x-1)^2 (C \neq 0).$$

此外,$y^2 - 1 = 0$ 也是微分方程的解.

故所求通解为
$$y^2 - 1 = C(x-1)^2 \quad (C\ 为任意常数).$$

例 4 求微分方程
$$\frac{\mathrm{d}y}{\mathrm{d}x} = y^2\cos x$$

的通解,并求满足初值条件:当 $x = 0$ 时,$y = 1$ 的特解.

解 将已知方程分离变量,得
$$\frac{\mathrm{d}y}{y^2} = \cos x\mathrm{d}x,$$

将上式两边积分,即得
$$-\frac{1}{y} = \sin x + C,$$

因而,所求通解为
$$y = -\frac{1}{\sin x + C} \quad (C\ 为任意常数).$$

为确定所求的特解,以 $x=0, y=1$ 代入通解中确定常数 C,得到 $C=-1$,因而,所求的特解为

$$y=\frac{1}{1-\sin x}.$$

现在我们来解决章首提出的遗址年代测定问题,介绍 ^{14}C 年代测定法.

物理学家卢瑟福证明了一种物质的衰变率与该物质现有的原子数 $N_{(t)}$ 成正比,即有

$$\frac{\mathrm{d}N_{(t)}}{\mathrm{d}t}=-\lambda N_{(t)},$$

其中,正常数 λ 称为该物质的衰变常量. 变量分离,解得

$$N_{(t)}=C\cdot\mathrm{e}^{-\lambda t}$$

令 $t=0$,得 $C=N_{(0)}$,为样品形成时的原子数量.

一定数量的某种放射性物质衰变掉一半所需时间称为该物质的半衰期,记作 T. 令 $N_{(t)}=\frac{1}{2}N_{(0)}$,则 $\mathrm{e}^{-\lambda T}=\frac{1}{2}$ 或 $T=\frac{1}{\lambda}\ln 2$.

1949 年美国芝加哥大学利比教授首先提出用 ^{14}C 测定古代遗址年代的方法,并因此获 1960 年诺贝尔奖,地球大气层在宇宙射线的轰击下产生的中子同氮作用产生 ^{14}C,这种具有放射性的碳又结合二氧化碳在大气中漂浮而被植物吸收,动物则因吃植物而把 ^{14}C 带入它们的组织. 在活体组织中,^{14}C 的摄取率与衰变率相平衡,但组织死亡后,停止摄取 ^{14}C,从而体内 ^{14}C 的浓度随衰变而减少.

用 ^{14}C 测定时,样品中 ^{14}C 的数量为

$$N_{(t)}=N_{(0)}\cdot\mathrm{e}^{-\lambda t}.$$

求导

$$N'_{(t)}=N_{(0)}\cdot\mathrm{e}^{-\lambda T}\cdot(-\lambda)=-\lambda N_{(t)}.$$

所以

$$N'_{(0)}=-\lambda N_{(0)}.$$

从而

$$\frac{N'_{(t)}}{N'_{(0)}}=\frac{-\lambda N_{(t)}}{-\lambda N_{(0)}}=\frac{N_{(t)}}{N_{(0)}}=\mathrm{e}^{-\lambda t}.$$

所以

$$t=\frac{1}{\lambda}\cdot\ln\frac{N'_{(0)}}{N'_{(t)}}=\frac{T}{\ln 2}\cdot\ln\frac{N'_{(0)}}{N'_{(t)}}.$$

因此,只要测出样品中的 ^{14}C 目前的衰变率 $N'_{(t)}$,并测得与样品相同组织的活体中 ^{14}C 的衰变率作为 $N'_{(0)}$,又如 ^{14}C 的半衰期为 $T=5\,730$ 年. 代入上式便可算出遗址的年代.

长沙马王堆一号墓于 1972 年发掘出土,开墓时测得墓中木炭中 ^{14}C 的平均原子衰变数量是 29.78 次/min,而活树木中 ^{14}C 的平均原子衰变数量为 38.37 次/min.

从而可得 $t=\dfrac{5\,730}{\ln 2}\cdot\ln\dfrac{38.37}{29.78}=2\,095(年).$

一阶微分方程测一测

齐次方程

因此可估计该墓入葬年代大约是 2 000 年前的西汉时期.

三星堆 4 号坑开墓时测得坑里碳屑中 ^{14}C 的平均原子衰变数量为 26.576 次/min.

从而可得 $t=\dfrac{5\ 730}{\ln 2}\cdot\ln\dfrac{38.37}{26.576}=3\ 036$（年）.

该坑的年代区间大约在 3 000 年前的商代晚期.

2. 齐次方程

若微分方程形式为

$$\frac{\mathrm{d}y}{\mathrm{d}x}=f\left(\frac{y}{x}\right),\tag{2}$$

则称此方程为**齐次方程**.

为了求齐次方程(2)的解,作变换 $u=\dfrac{y}{x}$,使得方程(2)变换为可分离变量的方程.

因为 $y=xu$,两边关于 x 求导得 $\dfrac{\mathrm{d}y}{\mathrm{d}x}=u+x\dfrac{\mathrm{d}u}{\mathrm{d}x}$,代入方程(2)得

$$u+x\frac{\mathrm{d}u}{\mathrm{d}x}=f(u)\ \text{或}\ x\frac{\mathrm{d}u}{\mathrm{d}x}=f(u)-u.\tag{3}$$

显然,方程(3)是可分离变量的方程.

小贴士

对于齐次方程,其本质是通过变量代换,将其转化为可分离变量的微分方程.

例 5 求微分方程 $x^2\dfrac{\mathrm{d}y}{\mathrm{d}x}=xy-y^2$ 的通解.

解 将已知方程化为

$$\frac{\mathrm{d}y}{\mathrm{d}x}=\frac{y}{x}-\left(\frac{y}{x}\right)^2,$$

令 $u=\dfrac{y}{x}$,则 $\dfrac{\mathrm{d}y}{\mathrm{d}x}=u+x\dfrac{\mathrm{d}u}{\mathrm{d}x}$,代入上面方程得

$$u+x\frac{\mathrm{d}u}{\mathrm{d}x}=u-u^2,$$

即

$$x\frac{\mathrm{d}u}{\mathrm{d}x}=-u^2,$$

将上式分离变量,得

$$-\frac{\mathrm{d}u}{u^2}=\frac{\mathrm{d}x}{x},$$

将上式两边积分,得

$$-\int\frac{\mathrm{d}u}{u^2}=\int\frac{\mathrm{d}x}{x},$$

即

$$\frac{1}{u} = \ln |x| + C \quad \text{或} \quad u = \frac{1}{\ln |x| + C}.$$

代回原变量,得原方程的通解为

$$y = \frac{x}{\ln |x| + C} \quad (C \text{ 为任意常数}).$$

二、一阶线性微分方程

一阶线性微分方程的形式是

$$\frac{\mathrm{d}y}{\mathrm{d}x} + P(x)y = Q(x), \tag{4}$$

如果 $Q(x) \equiv 0$,即

$$\frac{\mathrm{d}y}{\mathrm{d}x} + P(x)y = 0, \tag{5}$$

则称(5)为**一阶齐次线性微分方程**. 如果 $Q(x)$ 不恒为零,则称(4)为**一阶非齐次线性微分方程**.

> 💡 **小贴士**
>
> 一阶线性微分方程的特点是:等号右边是自变量的已知函数,等号左边的每项中仅含 y 和 y' 的一次项.

先考虑齐次线性方程(5),注意这里"齐次"表示(4)中不含"自由项"$Q(x)$,即 $Q(x) \equiv 0$.

齐次线性方程(5)是一个可分离变量的方程,分离变量,得

$$\frac{\mathrm{d}y}{y} = -P(x)\mathrm{d}x,$$

将上式两边积分,得

$$\int \frac{\mathrm{d}y}{y} = -\int P(x)\mathrm{d}x,$$

即

$$\ln y = -\int P(x)\mathrm{d}x + \ln C,$$

于是(5)的通解为

$$y = Ce^{-\int P(x)\mathrm{d}x}. \tag{6}$$

下面我们使用**常数变易法**来求非齐次线性方程(4)的通解,这种方法是设想非齐次线性微分方程(4)有与对应齐次方程(5)同样形式的解,但其中的 C 不是常数,而是 x 的待定函数 $C(x)$,即令

$$y = C(x)e^{-\int P(x)\mathrm{d}x} \tag{7}$$

是非齐次微分方程(4)的解.

将方程(7)两边对 x 求导,得

$$y'=C'(x)\mathrm{e}^{-\int P(x)\mathrm{d}x}-C(x)P(x)\mathrm{e}^{-\int P(x)\mathrm{d}x},\tag{8}$$

下面将(7)(8)代入方程(4)中得

$$y'+P(x)y=C'(x)\mathrm{e}^{-\int P(x)\mathrm{d}x}=Q(x),\tag{9}$$

由(9)得

$$C(x)=\int Q(x)\mathrm{e}^{\int P(x)\mathrm{d}x}\mathrm{d}x+C,\tag{10}$$

将方程(10)代入(7)中得一阶非齐次线性微分方程(4)的通解公式为

$$y=\mathrm{e}^{-\int P(x)\mathrm{d}x}\left(\int Q(x)\mathrm{e}^{\int P(x)\mathrm{d}x}\mathrm{d}x+C\right).\tag{11}$$

通解公式(11)中的不定积分 $\int P(x)\mathrm{d}x$ 与 $\int Q(x)\mathrm{e}^{\int P(x)\mathrm{d}x}\mathrm{d}x$ 分别理解为某个原函数.

小贴士

如果将公式(11)改写成两项之和

$$y=C\mathrm{e}^{-\int P(x)\mathrm{d}x}+\mathrm{e}^{-\int P(x)\mathrm{d}x}\int Q(x)\mathrm{e}^{\int P(x)\mathrm{d}x}\mathrm{d}x,\tag{12}$$

那么(12)的第一项是对应的齐次线性微分方程的通解,第二项是非齐次线性微分方程(4)的通解(11)中当 $C=0$ 时的一个特解.由此可知,一阶非齐次线性微分方程的通解=对应齐次线性微分方程的通解+非齐次线性微分方程的一个特解.

小点睛

一阶非齐次线性方程中,y 对 x 求导,不仅保留了 $-P(x)\mathrm{d}x$ 项,还多了一项 $Q(x)$.很自然联想到乘法求导法则,故猜想将一阶齐次线性方程通解中常数 C 变成函数 $C(x)$,再将 $y=C(x)\cdot\mathrm{e}^{-\int P(x)\mathrm{d}x}$ 代入方程解出 $C(x)$ 的表达式,从而验证猜想正确."观察-猜想-证明"是科学的研究范式.

例6 求方程 $\dfrac{\mathrm{d}y}{\mathrm{d}x}-y\cot x=2x\sin x$ 的通解.

解　解法一　常数变易法
先解对应的齐次方程

$$\frac{\mathrm{d}y}{\mathrm{d}x}-y\cot x=0,$$

它的通解为

$$y=C\mathrm{e}^{\int\cot x\mathrm{d}x}=C\mathrm{e}^{\ln\sin x}=C\sin x.$$

即对应的齐次方程的通解为 $y = C\sin x$，由常数变易法，令 $y = C(x)\sin x$ 为原非齐次方程的解，代入原方程后，得

$$C'(x)\sin x + C(x)\cos x - C(x)\cos x = 2x\sin x,$$

整理得 $C'(x) = 2x$，即 $C(x) = x^2 + C$，则原非齐次方程的通解为

$$y = (x^2 + C)\sin x.$$

解法二　公式法

将已知

$$P(x) = -\cot x, \quad Q(x) = 2x\sin x$$

代入通解公式(11)得

$$
\begin{aligned}
y &= e^{\int \cot x \, dx}\left[\int 2x\sin x e^{-\int \cot x \, dx} dx + C\right] \\
&= e^{\ln \sin x}\left[\int 2x\sin x e^{-\ln \sin x} dx + C\right] \\
&= \sin x\left[\int 2x\sin x \frac{1}{\sin x} dx + C\right] \\
&= (x^2 + C)\sin x.
\end{aligned}
$$

例 7　求微分方程 $xy' + 2y = x^4$ 满足初值条件 $y\big|_{x=1} = \dfrac{1}{6}$ 的特解.

解　先将方程化为标准形式

$$y' + \frac{2}{x}y = x^3,$$

则 $P(x) = \dfrac{2}{x}, Q(x) = x^3$，将其代入通解公式得

$$
\begin{aligned}
y &= e^{-\int \frac{2}{x} dx}\left(\int x^3 e^{\int \frac{2}{x} dx} dx + C\right) \\
&= e^{-2\ln x}\left(\int x^3 e^{2\ln x} dx + C\right) \\
&= \frac{1}{x^2}\left(\int x^5 dx + C\right) \\
&= \frac{1}{x^2}\left(\frac{x^6}{6} + C\right).
\end{aligned}
$$

代入初值条件 $y\big|_{x=1} = \dfrac{1}{6}$ 得 $C = 0$，故微分方程的特解为

$$y = \frac{x^4}{6}.$$

例 8　求微分方程 $y\,dx + x\,dy = \sin y \, dy$ 的通解.

解　视 x 为因变量，y 为自变量，将方程变形为

$$\frac{dx}{dy} + \frac{1}{y}x = \frac{\sin y}{y}.$$

这是一阶非齐次线性微分方程，且 $P(y) = \dfrac{1}{y}, Q(y) = \dfrac{\sin y}{y}$，于是所求原方程的通解为

$$x = e^{-\int P(y)dy}\left(\int Q(y)e^{\int P(y)dy}dy + C\right)$$

$$= e^{-\int \frac{1}{y}dy}\left(\int \frac{\sin y}{y}e^{\int \frac{1}{y}dy}dy + C\right)$$

$$= e^{-\ln y}\left(\int \frac{\sin y}{y}e^{\ln y}dy + C\right)$$

$$= \frac{1}{y}\left(\int \frac{\sin y}{y}y dy + C\right)$$

$$= \frac{1}{y}(-\cos y + C).$$

> **小贴士**
>
> 将变量 x 视作变量 y 的函数,从而形如 $\dfrac{dx}{dy}+P(y)x=Q(y)$ 的微分方程也是一阶线性微分方程,它的求解也可以直接用通解公式 $x=e^{-\int P(y)dy}\left(\int Q(y)e^{\int P(y)dy}dy+C\right)$.

习题 6.2

1. 求下列微分方程的通解:

(1) $(1+x^2)y dy - x(1+y^2)dx = 0$.　　(2) $xy' - y\ln y = 0$.

(3) $\cos x\sin y dx + \sin x\cos y dy = 0$.　　(4) $\dfrac{dy}{dx} + \dfrac{e^{y^2+3x}}{y} = 0$.

(5) $\sec^2 x\tan y dx + \sec^2 y\tan x dy = 0$.　　(6) $y dx + (x^2 - 4x)dy = 0$.

*(7) $y' = \dfrac{y}{x} + \tan\dfrac{y}{x}$.　　*(8) $y^2 dx + (x^2 - xy)dy = 0$.

2. 求下列微分方程满足初值条件的特解:

(1) $y' = e^{2x-y}, y\big|_{x=0} = 0$.

(2) $\cos y dx + (1+e^{-x})\sin y dy = 0, y\big|_{x=0} = \dfrac{\pi}{4}$.

(3) $y - xy' = b(1 - x^2 y'), y\big|_{x=1} = 1$.

*(4) $(y^2 - 3x^2)dy + 2xy dx = 0, y\big|_{x=0} = 1$.

3. 求下列一阶线性微分方程的通解:

(1) $\dfrac{dy}{dx} + y = e^{-x}$.　　(2) $xy' + y = x^2 + 3x + 2$.

(3) $y' + y\tan x = \sin 2x$.　　(4) $(x^2 - 1)y' + 2xy - \cos x = 0$.

(5) $y\ln y dx + (x - \ln y)dy = 0$.　　(6) $(y^2 - 6x)\dfrac{dy}{dx} + 2y = 0$.

4. 求下列微分方程满足初值条件的特解：

（1）$\dfrac{\mathrm{d}y}{\mathrm{d}x} - y\tan x = \sec x$, $y\mid_{x=0} = 0$. 　　　（2）$(t+1)\dfrac{\mathrm{d}x}{\mathrm{d}t} + x = 2\mathrm{e}^{-t}$, $x\mid_{t=1} = 0$.

（3）$\cos x \dfrac{\mathrm{d}y}{\mathrm{d}x} + y\sin x = \cos^2 x$, $y\mid_{x=\pi} = 1$. 　（4）$\dfrac{\mathrm{d}y}{\mathrm{d}x} + y\cot x = 5\mathrm{e}^{\cos x}$, $y\mid_{x=\frac{\pi}{2}} = -4$.

■ 第三节　可降阶的高阶微分方程

前一节介绍了求解一阶微分方程的方法，本节将介绍可降阶的高阶微分方程的类型以及求解高阶微分方程的方法. 主要考虑下面三种情况：

可降阶的高阶微分方程

一、$y^{(n)} = f(x)$ 型

特点　方程右端是仅含 x 的函数.

求法　这类方程的求解方法很简单，只需要将原方程两边同时做 n 次积分，每积分一次，要加一个任意常数，这样即可得到含有 n 个独立的任意常数的通解.

例 1　求微分方程 $y'' = \cos\dfrac{x}{2} + \mathrm{e}^{3x}$ 的通解.

解　对原方程积分一次，可得

$$y' = 2\sin\frac{x}{2} + \frac{1}{3}\mathrm{e}^{3x} + C_1,$$

再积分一次，即可得原微分方程的通解为

$$y = -4\cos\frac{x}{2} + \frac{1}{9}\mathrm{e}^{3x} + C_1 x + C_2.$$

例 2　求微分方程 $y''' = x^3 + \dfrac{1}{x^3}$ 的通解.

解　将原方程积分一次，得

$$y'' = \frac{1}{4}x^4 - \frac{1}{2}x^{-2} + C_1,$$

再积分一次，得

$$y' = \frac{1}{20}x^5 + \frac{1}{2}x^{-1} + C_1 x + C_2.$$

继续积分，即可得原方程的通解为

$$y = \frac{1}{120}x^6 + \frac{1}{2}\ln\mid x\mid + \frac{C_1}{2}x^2 + C_2 x + C_3.$$

二、$y''=f(x,y')$型

特点 方程右端不显含未知函数 y.

求法 作变量代换,令 $y'=p(x)$,于是 $y''=\dfrac{\mathrm{d}p}{\mathrm{d}x}$. 代入原方程,可将其化为新函数 $p(x)$ 的一阶微分方程. 借助一阶微分方程的求法解得 $p(x)$,得 $y'=p(x)$,再对此方程两边积分,就得到原方程的通解.

例 3 求微分方程 $y''-y'=2\mathrm{e}^x$ 的通解.

解 方程右端不显含未知函数 y,故令 $y'=p(x)$,$y''=p'$,代入到方程中可得

$$p'-p=2\mathrm{e}^x,$$

这是一个关于 x,p 的一阶线性微分方程,解之得

$$p=\mathrm{e}^{\int \mathrm{d}x}\left(\int 2\mathrm{e}^x \mathrm{e}^{-\int \mathrm{d}x}\mathrm{d}x+C_1\right)=2x\mathrm{e}^x+C_1\mathrm{e}^x.$$

再将上式两边积分,即得原微分方程的通解为

$$\begin{aligned}y&=\int\left(C_1\mathrm{e}^x+2x\mathrm{e}^x\right)\mathrm{d}x+C_2\\&=2(x-1)\mathrm{e}^x+C_1\mathrm{e}^x+C_2.\end{aligned}$$

例 4 试求微分方程

$$y''+2x\left(y'\right)^2=0$$

满足初值条件 $y\big|_{x=0}=1$,$y'\big|_{x=0}=-\dfrac{1}{2}$ 的特解.

解 方程中不显含未知函数 y,故令 $y'=p(x)$,于是 $y''=p'$,代入到原方程中有

$$p'+2xp^2=0,$$

这是关于 x 和 p 的可分离变量的微分方程,分离变量,得

$$-\frac{\mathrm{d}p}{p^2}=2x\mathrm{d}x,$$

将上式两边积分,得

$$\frac{1}{p}=x^2+C_1,$$

由条件 $y'\big|_{x=0}=-\dfrac{1}{2}$,得 $C_1=-2$. 于是

$$y'=\frac{1}{x^2-2},$$

解之有

$$y=\int\frac{\mathrm{d}x}{x^2-2}=\frac{1}{2\sqrt{2}}\ln\left|\frac{\sqrt{2}-x}{\sqrt{2}+x}\right|+C_2,$$

代入条件 $y\big|_{x=0}=1$,得 $C_2=1$. 故所求特解为

$$y=\frac{1}{2\sqrt{2}}\ln\left|\frac{\sqrt{2}-x}{\sqrt{2}+x}\right|+1.$$

在求可降阶微分方程满足初值条件的特解时,应在求得已降阶微分方程的通解后,及时代入初值条件确定任意常数 C_1,以便使随后的求解更简单.

三、$y''=f(y,y')$ 型

特点　这类方程的特点是方程右端不显含自变量 x.

求法　作变量代换,令 $y'=p(y)$,则 $y''=\dfrac{dp}{dx}=\dfrac{dp}{dy}\dfrac{dy}{dx}=p\dfrac{dp}{dy}$,代入原方程中则有

$$p\frac{dp}{dy}=f(y,p).$$

这是一个 p 关于变量 y 的一阶微分方程,求出其通解 $p=\varphi(y,C_1)$,即 $y'=\varphi(y,C_1)$. 解之,即得原方程的通解为

$$x=\int\frac{dy}{\varphi(y,C_1)}+C_2.$$

例 5　求微分方程 $yy''-(y')^2=0$ 的通解.

解　作变量代换,令 $y'=p(y)$,则 $y''=p\dfrac{dp}{dy}$,代入微分方程,得

$$yp\frac{dp}{dy}-p^2=0,$$

所以

$$p=0 \text{ 或者 } y\frac{dp}{dy}-p=0.$$

方程 $y\dfrac{dp}{dy}-p=0$ 即为 $\dfrac{dp}{dy}-\dfrac{1}{y}p=0$,它的通解为

$$p=C_1e^{\int\frac{1}{y}dy}=C_1e^{\ln y}=C_1y.$$

当 $C_1=0$ 时,即为方程 $p=0$.分离变量并两边积分,得

$$\int\frac{dy}{y}=\int C_1dx,$$

即

$$\ln|y|=C_1x+\ln C_2 \quad (C_1,C_2 \text{ 为任意常数}).$$

所以原方程的通解为

$$y=C_2e^{C_1x} \quad (C_1,C_2 \text{ 为任意常数}).$$

例 6　求微分方程

$$y''+\frac{1}{y^2}e^{y^2}y'-2y(y')^2=0$$

满足初值条件 $y\Big|_{x=-\frac{1}{2e}}=1,y'\Big|_{x=-\frac{1}{2e}}=e$ 的特解.

解　方程中不显含自变量 x，故令 $y'=p(y)$，则 $y''=p\dfrac{\mathrm{d}p}{\mathrm{d}y}$，代入原方程得

$$p\left(\frac{\mathrm{d}p}{\mathrm{d}y}+\frac{1}{y^2}\mathrm{e}^{y^2}-2yp\right)=0,$$

于是，有

$$p=0\quad\text{或}\quad\frac{\mathrm{d}p}{\mathrm{d}y}+\frac{1}{y^2}\mathrm{e}^{y^2}-2yp=0.$$

又 $p=0$ 不满足初值条件，舍去．故

$$\frac{\mathrm{d}p}{\mathrm{d}y}-2yp=-\frac{1}{y^2}\mathrm{e}^{y^2},$$

这是一个一阶非齐次线性微分方程，代入通解公式得

$$p=\mathrm{e}^{\int 2y\mathrm{d}y}\left(\int-\frac{1}{y^2}\mathrm{e}^{y^2}\mathrm{e}^{-\int 2y\mathrm{d}y}\mathrm{d}y+C_1\right)=\mathrm{e}^{y^2}\left(\frac{1}{y}+C_1\right).$$

代入初值条件 $y\Big|_{x=-\frac{1}{2\mathrm{e}}}=1,y'\Big|_{x=-\frac{1}{2\mathrm{e}}}=\mathrm{e}$，得 $C_1=0$．即

$$\frac{\mathrm{d}y}{\mathrm{d}x}=\frac{1}{y}\mathrm{e}^{y^2},$$

分离变量并两边积分，得

$$-\frac{1}{2}\mathrm{e}^{-y^2}=x+C_2,$$

代入初值条件 $y\Big|_{x=-\frac{1}{2\mathrm{e}}}=1$，得

$$C_2=0,$$

于是，所求方程的特解为

$$x=-\frac{1}{2}\mathrm{e}^{-y^2}.$$

例 7　求微分方程 $y''-2y'^2=0$ 的通解．

解　方程中不显含自变量 x，故令 $y'=p(y)$，于是 $y''=p\dfrac{\mathrm{d}p}{\mathrm{d}y}$，代入原方程有

$$p\frac{\mathrm{d}p}{\mathrm{d}y}-2p^2=0,$$

即

$$p=0\quad\text{或}\quad\frac{\mathrm{d}p}{\mathrm{d}y}-2p=0.$$

解 $\dfrac{\mathrm{d}p}{\mathrm{d}y}-2p=0$，得

$$p=C_1\mathrm{e}^{2y},$$

即

$$y' = C_1 e^{2y},$$

此为一阶可分离变量的微分方程,解之得原方程通解为

$$-\frac{1}{2}e^{-2y} = C_1 x + C_2.$$

由 $p = 0$ 可推得 $y = C$.但这些解已经包含在上述通解之中.

小贴士

该例题中的微分方程既不显含 x,也不显含 y,故既属于 $y'' = f(x, y')$ 型微分方程,也属于 $y'' = f(y, y')$ 型微分方程.具体看成哪种类型视具体情况而定.

例 8　求微分方程 $y'' = 1 + (y')^2$ 的通解.

解　作变量代换,设 $y' = p(x)$,则 $y'' = p'$,代入方程得

请思考

如果设 $y' = p(x)$,如何求解?请同学们自己试一下.

$$\frac{dp}{dx} = 1 + p^2,$$

将上式分离变量并积分 $\int \frac{dp}{1 + p^2} = \int dx$,得

$$\arctan p = x + C_1,$$

即

$$\frac{dy}{dx} = p = \tan(x + C_1),$$

两边再次积分,得

$$y = -\ln|\cos(x + C_1)| + C_2 \quad (C_1, C_2 \text{ 为任意常数}).$$

习题 6.3

1. 求解下列微分方程的通解:

（1）$y'' = 3x + \sin x$.

（2）$y'' = \ln x$.

（3）$y''' = xe^x$.

（4）$y''(e^x + 1) + y' = 0$.

（5）$(1 - x^2)y'' - xy' = 0$.

（6）$yy'' + 2y'^2 = 0$.

（7）$y'' + \frac{2}{1-y}(y')^2 = 0$.

（8）$y'' = (y')^3 + y'$.

2. 求解微分方程在给定初值条件下的特解:

（1）$xy'' - y' = x^2, y|_{x=1} = 1, y'|_{x=1} = 0$.

（2）$2(y')^2 = y''(y-1), y|_{x=1} = 2, y'|_{x=1} = -1$.

（3）$y'' - a(y')^2 = 0(a \neq 0), y(0) = 0, y'(0) = -1$.

（4）$(x^2 + 1)y'' = 2xy', y|_{x=0} = 1, y'|_{x=0} = 3$.

*（5）$y'' + (y')^2 = 1, y(0) = y'(0) = 0$.

第四节 二阶线性微分方程解的结构

一、二阶线性微分方程的概念

二阶微分方程的一般形式为

$$F(x,y,y',y'')=0,$$

若其最高阶导数能够解出，则得

$$y''=f(x,y,y').$$

若上述方程中右端关于 y 和 y' 的关系是线性关系，则其可以改写为

$$y''+P(x)y'+Q(x)y=f(x), \tag{1}$$

称此微分方程为**二阶线性微分方程**. 其中 $P(x)$，$Q(x)$ 为系数函数，$f(x)$ 为**自由项**.

当 $f(x)\equiv 0$ 时，称方程（1）为**齐次线性微分方程**. 当 $f(x)\not\equiv 0$ 时，方程（1）称为**非齐次线性微分方程**.

二、二阶齐次线性微分方程解的结构

设二阶齐次线性微分方程为

$$y''+P(x)y'+Q(x)y=0. \tag{2}$$

定理 6.4.1 若函数 $y_1(x)$，$y_2(x)$ 是方程（2）的两个解，则 $y_1(x)$，$y_2(x)$ 的线性组合 $y=C_1y_1(x)+C_2y_2(x)$ 也是方程（2）的解，其中 C_1，C_2 是任意常数.

证 因为 $y_1(x)$，$y_2(x)$ 是方程（2）的解，即有

$$y_1''+P(x)y_1'+Q(x)y_1=0, \quad y_2''+P(x)y_2'+Q(x)y_2=0.$$

将 $y=C_1y_1(x)+C_2y_2(x)$ 代入方程（2），得

$$(C_1y_1+C_2y_2)''+P(x)(C_1y_1+C_2y_2)'+Q(x)(C_1y_1+C_2y_2)$$
$$=C_1[y_1''+P(x)y_1'+Q(x)y_1]+C_2[y_2''+P(x)y_2'+Q(x)y_2]$$
$$=0.$$

所以 $y=C_1y_1(x)+C_2y_2(x)$ 是方程（2）的解.

上面的二阶齐次线性微分方程的解 $y=C_1y_1(x)+C_2y_2(x)$ 中含有两个任意常数. 那么，这个解是否为通解？

答案是**否定的**. 因为若 $y_1(x)$ 是方程（2）的解，则 $y_2(x)=C_0y_1(x)$ 也是方程（2）的解，从而 $y=C_1y_1(x)+C_2y_2(x)=(C_1+C_2C_0)y_1(x)$ 中只有一个任意常数 $C_1+C_2C_0$，所以，它不可能是方程（2）的通解.

那么 $y_1(x)$ 和 $y_2(x)$ 之间究竟应该具备什么条件，才可以使得 $y=C_1y_1(x)+C_2y_2(x)$ 为方程（2）的通解呢？为此，引进函数组的线性相关与线性无关的概念.

定义 6.4.1 设 $y_1(x)$，$y_2(x)$，$\cdots$，$y_{n-1}(x)$，$y_n(x)$ 是定义在区间 I 上的 n 个函数，如果存在 n 个不全为零的常数 k_1，k_2，$\cdots$，k_{n-1}，k_n，使得对任意 $x\in I$，有恒等式 $k_1y_1(x)+$

$k_2y_2(x)+\cdots+k_{n-1}y_{n-1}(x)+k_ny_n(x)=0$ 成立,则称这 n 个函数在区间 I 上**线性相关**;否则称为**线性无关**.

例如,函数 $y_1=e^x$ 和 $y_2=e^{-x}$ 在其定义区间上线性无关,而函数 $y_1=\sin 2x$ 和 $y_2=2\sin 2x$ 在其定义区间上就是线性相关的.

特别地,由函数组线性相关和线性无关的定义可知,若函数组只由两个函数 $y_1(x),y_2(x)$ 组成,则当 $\dfrac{y_1(x)}{y_2(x)}\equiv$ 常数时,$y_1(x),y_2(x)$ **线性相关**;否则**线性无关**.

例如,对函数 $y_1=\sin 2x,y_2=\sin x\cos x$.因为 $\dfrac{y_1(x)}{y_2(x)}\equiv 2$,所以 $\sin 2x,\sin x\cos x$ 线性相关;因为 $\dfrac{\sin 2x}{\sin x}=2\cos x\not\equiv C$,所以 $\sin 2x$ 和 $\sin x$ 线性无关.

定理 6.4.2 若函数 $y_1(x),y_2(x)$ 是方程(2)的两个线性无关的解,则 $y_1(x),y_2(x)$ 的线性组合 $y=C_1y_1(x)+C_2y_2(x)$ 是方程(2)的通解,其中 C_1,C_2 是任意常数.

例如,$y_1(x)=\sin x,y_2(x)=\cos x$ 都是方程 $y''+y=0$ 的解,又 $\dfrac{y_1(x)}{y_2(x)}=\dfrac{\sin x}{\cos x}=\tan x\neq$ 常数,故 $y_1(x),y_2(x)$ 是线性无关的.所以 $y=C_1\sin x+C_2\cos x$ 是方程 $y''+y=0$ 的通解.

三、二阶非齐次线性微分方程解的结构

以下考虑二阶非齐次线性微分方程

$$y''+P(x)y'+Q(x)y=f(x) \tag{3}$$

解的结构,其中 $f(x)\not\equiv 0$.

定理 6.4.3 若函数 $y^*(x)$ 是非齐次线性微分方程(3)的特解,$Y(x)=C_1y_1(x)+C_2y_2(x)$ 是与方程(3)对应的齐次线性方程(2)的通解,则 $y=Y(x)+y^*(x)$ 是方程(3)的通解.

证 先验证 y 是方程(3)的解.将 y 代入到方程(3)的左端,有

$$(Y+y^*)''+P(x)(Y+y^*)'+Q(x)(Y+y^*)$$
$$=(Y''+P(x)Y'+Q(x)Y)+(y^{*''}+P(x)y^{*'}+Q(x)y^*).$$

由于 Y 是二阶齐次线性微分方程(2)的解,$y^*(x)$ 是非齐次线性微分方程(3)的解,故

$$(Y+y^*)''+P(x)(Y+y^*)'+Q(x)(Y+y^*)=0+f(x)=f(x).$$

即 y 是方程(3)的解.

又因为 Y 是二阶齐次线性微分方程(2)的通解,Y 中含有两个独立的任意常数 C_1,C_2,所以 $y=Y(x)+y^*(x)$ 中也含有两个独立的任意常数,从而它是方程(3)的通解.

📱 **小贴士**

上面的定理实际上还说明了两个非齐次方程的解之差是对应的齐次方程的解.即有下面的结论.

定理 6.4.4   若 $y_1^*(x), y_2^*(x)$ 是非齐次线性微分方程(3)的两个特解,则 $y_1^*(x) - y_2^*(x)$ 是与之对应的齐次线性微分方程(2)的解.

例 1   证明: $y = C_1 x + C_2 e^x - (x^2 + x + 1)$ 是方程 $(x-1)y'' - xy' + y = (x-1)^2$ 的通解.

证   易知 $y_1(x) = x, y_2(x) = e^x$ 是齐次方程 $(x-1)y'' - xy' + y = 0$ 的解,且 $\dfrac{y_1(x)}{y_2(x)} = \dfrac{x}{e^x}$ 不是常数,故 $y_1(x), y_2(x)$ 线性无关,于是

$$Y = C_1 x + C_2 e^x$$

是对应的齐次方程的通解.

又 $y^* = -(x^2 + x + 1)$ 满足方程 $(x-1)y'' - xy' + y = (x-1)^2$,于是由定理 6.4.3 可得, $y = C_1 x + C_2 e^x - (x^2 + x + 1)$ 是 $(x-1)y'' - xy' + y = (x-1)^2$ 的通解.

> 📱 **小贴士** ───────
>
> 由定理 6.4.3 知,求非齐次线性微分方程的通解,只要先求出其对应的齐次线性方程的通解,然后,再求出非齐次方程的一个特解,两者之和即为非齐次线性微分方程的通解.

例 2   设 $y_1 = e^x(1 + x\ln x), y_2 = xe^x(1 + \ln x), y_3 = xe^x \ln x$ 分别是 $y'' - 2y' + y = \dfrac{1}{x}e^x$ 的解,求该方程的通解.

解   由定理 6.4.4, $y_1 - y_3 = e^x$ 和 $y_2 - y_3 = xe^x$ 是对应于

$$y'' - 2y' + y = \frac{1}{x}e^x$$

的齐次方程

$$y'' - 2y' + y = 0$$

的解. 又 $\dfrac{y_1 - y_3}{y_2 - y_3} = \dfrac{1}{x}$ 不是常数,所以

$$Y = C_1 e^x + C_2 xe^x$$

为齐次方程 $y'' - 2y' + y = 0$ 的通解.

又 $y_3 = xe^x \ln x$ 是原非齐次方程的一个特解,从而

$$y = C_1 e^x + C_2 xe^x + xe^x \ln x$$

是所求的原非齐次方程的通解.

定理 6.4.5   若方程(3)的自由项 $f(x)$ 为若干个函数之和,如

$$y'' + P(x)y' + Q(x)y = f_1(x) + f_2(x) = f(x), \tag{4}$$

$y_1^*(x)$ 和 $y_2^*(x)$ 是分别对应于方程 $y'' + P(x)y' + Q(x)y = f_1(x)$ 和方程 $y'' + P(x)y' + Q(x)y = f_2(x)$ 的特解,则 $y = y_1^*(x) + y_2^*(x)$ 是方程(4)的特解.

证   将 $y = y_1^*(x) + y_2^*(x)$ 代入到方程(4)中去验证即可. 由于

$$(y_1^* + y_2^*)'' + P(x)(y_1^* + y_2^*)' + Q(x)(y_1^* + y_2^*)$$
$$= (y_1^{*\prime\prime} + P(x)y_1^{*\prime} + Q(x)y_1^*) + (y_2^{*\prime\prime} + P(x)y_2^{*\prime} + Q(x)y_2^*)$$

二阶线性微分方程解的结构测一测

$$= f_1(x) + f_2(x)$$
$$= f(x),$$

故 $y = y_1^*(x) + y_2^*(x)$ 是方程(4)的解.

> 🔲 **小贴士**
>
> 　　定理 6.4.5 指出,当自由项复杂时,可以考虑把自由项分解成若干个简单函数的和. 通常,以这些简单函数作自由项重新构造的微分方程容易求特解,这些特解之和即为原微分方程的特解. 从而使得求解的范围进一步扩大.

习题 6.4

1. 下列函数组在其定义区间内哪些是线性相关的? 哪些是线性无关的?

(1) x, x^2.　　　　　　　　　　　(2) e^{2x}, e^{3x}.

(3) e^{-x}, e^x.　　　　　　　　　　(4) $\sin^2 x, \cos^2 x$.

(5) $\sin 2x, \sin x \cos x$.　　　　　　(6) $\arcsin x, \dfrac{\pi}{2} - \arccos x$.

(7) $e^x \sin 2x, e^{2x} \sin x$.　　　　　(8) $\ln x, x \ln x$.

(9) $e^{ax}, e^{bx}\ (a \neq b)$.

2. 验证 $y_1 = \cos \omega x$ 及 $y_2 = \sin \omega x$ 都是方程 $y'' + \omega^2 y = 0$ 的解,并写出该方程的通解.

3. 验证 $y_1 = e^{x^2}$ 及 $y_2 = x e^{x^2}$ 都是方程 $y'' - 4xy' + (4x^2 - 2)y = 0$ 的解,并写出该方程的通解.

*4. 已知函数 $y_1 = e^x, y_2 = e^{-x}$ 是方程 $y'' + py' + qy = 0\,(p, q$ 为常数)的两个特解,(1) 求常数 p, q;(2) 求该方程的通解,并求满足初值条件 $y\big|_{x=0} = 1, y'\big|_{x=0} = 2$ 的特解.

第五节　二阶常系数线性微分方程

一、二阶常系数齐次线性微分方程

　　二阶常系数齐次线性微分方程的一般形式为

$$y'' + py' + qy = 0, \tag{1}$$

其中 p, q 为实常数.

　　仔细考察方程(1)可知,其解函数 y 及其一阶导数 y',二阶导数 y'' 有可能只相差一个常数因子,而指数函数 e^{rx} 具备这个特点. 因此,设解 $y = e^{rx}$,其中 r 为待定常数. 将 $y = e^{rx}, y' = re^{rx}, y'' = r^2 e^{rx}$ 代入方程(1)中有

$$(r^2 + pr + q)e^{rx} = 0,$$

由于 $e^{rx} \neq 0$,于是得到待定常数 r 满足的方程

$$r^2 + pr + q = 0. \tag{2}$$

二阶常系数齐次线性微分方程

当 r 是代数方程(2)的根时, $y = e^{rx}$ 就是方程(1)的解. 我们把方程(2)称为二阶常系数齐次线性方程(1)的**特征方程**. 称特征方程的根为方程(1)的**特征根**. 于是微分方程(1)的求解就归结为代数方程(2)的求根, 使得问题大大简化.

一元二次方程(2)的求根公式是 $r_{1,2} = \dfrac{-p \pm \sqrt{\Delta}}{2}$, 其中 $\Delta = p^2 - 4q$ 是根的判别式. 以下, 就特征根的不同情形即 Δ 的不同情形, 说明方程(1)的通解的不同求法.

1. $\Delta > 0$

当 $\Delta > 0$ 时, 方程(2)有两个不同的实根, 设为 r_1, r_2 且 $r_1 \neq r_2$. 于是 $y_1 = e^{r_1 x}, y_2 = e^{r_2 x}$ 为方程(1)的两个不同的实解. 又由于 $\dfrac{y_1}{y_2} = e^{(r_1 - r_2)x}$ 不是常数, 故 $y_1 = e^{r_1 x}, y_2 = e^{r_2 x}$ 线性无关, 从而方程(1)的通解为 $y = C_1 e^{r_1 x} + C_2 e^{r_2 x}$.

例 1   求微分方程 $y'' - 11y' + 24y = 0$ 的通解.

解   所给方程的特征方程为
$$r^2 - 11r + 24 = (r - 3)(r - 8) = 0,$$
有两个互异实根
$$r_1 = 3, \quad r_2 = 8,$$
于是所求方程的通解为 $y = C_1 e^{3x} + C_2 e^{8x}$.

2. $\Delta = 0$

当 $\Delta = 0$ 时, 方程(2)有两个相同的实根, 设为 r_0. 这时, 只知道方程(1)的一个实解 $y_1 = e^{r_0 x}$, 用常数变易法确定方程(1)的另一个线性无关的实解. 设 $y_2 = u(x) e^{r_0 x}$, 代入方程(1)中整理得
$$u'' + (2r_0 + p)u' + (r_0^2 + pr_0 + q)u = 0. \tag{3}$$

另一方面, r_0 是方程(2)的两个相同的实根, 故有
$$r_0^2 + pr_0 + q = 0 \quad \text{和} \quad 2r_0 + p = 0.$$
于是(3)式就化为
$$u'' = 0,$$
解得
$$u = C_1 x + C_2.$$

因为这里只要得到一个不为常数的解, 所以不妨取 $u = x$, 方程(1)的另一个特解为 $y_2 = x e^{r_0 x}$, 显然 y_2 与 y_1 线性无关. 所以方程(1)的通解为 $y = (C_1 + C_2 x) e^{r_0 x}$.

例 2   求微分方程 $\dfrac{d^2 x}{dt^2} + 12 \dfrac{dx}{dt} + 36x = 0$ 的通解.

?请思考

为何取 $u = x$? 是否可以取其他函数?

解   所给方程的特征方程为
$$r^2 + 12r + 36 = (r + 6)^2 = 0,$$
它的特征根为
$$r_1 = r_2 = -6.$$
所以所求的通解为 $x = (C_1 + C_2 t) e^{-6t}$.

3. $\Delta < 0$

当 $\Delta<0$ 时,方程(2)没有实根,但有一对共轭复根. 设为 $r_{1,2}=\alpha\pm\beta i$,其中 $\alpha=-\dfrac{p}{2}$,$\beta=\dfrac{\sqrt{4q-p^2}}{2}$.

这时,方程(1)有两个解 $y_1=e^{r_1x}=e^{(\alpha+\beta i)x}$,$y_2=e^{r_2x}=e^{(\alpha-\beta i)x}$,且两个解线性无关. 于是方程(1)的通解为 $y=C_1y_1+C_2y_2$. 但是 y_1,y_2 是复函数,这个通解也是复函数的形式. 而方程(1)是实函数形式的微分方程,自然,我们希望得到的解也是实函数的形式.

由欧拉公式 $e^{i\theta}=\cos\theta+i\sin\theta$ 知

$$y_1=e^{(\alpha+\beta i)x}=e^{\alpha x}(\cos\beta x+i\sin\beta x),\quad y_2=e^{(\alpha-\beta i)x}=e^{\alpha x}(\cos\beta x-i\sin\beta x).$$

于是,可得

$$e^{\alpha x}\cos\beta x=\frac{y_1+y_2}{2},\quad e^{\alpha x}\sin\beta x=\frac{y_1-y_2}{2i}.$$

实函数 $e^{\alpha x}\cos\beta x$ 和 $e^{\alpha x}\sin\beta x$ 均为 y_1 和 y_2 的线性组合,从而它们也是方程(1)的解.而

$$\frac{e^{\alpha x}\cos\beta x}{e^{\alpha x}\sin\beta x}=\cot\beta x$$

不是常数,所以这两个解还是线性无关的. 于是方程(1)的实函数形式的通解为

$$y=e^{\alpha x}(C_1\cos\beta x+C_2\sin\beta x).$$

例 3 求微分方程 $2y''+y'+2y=0$ 的通解.

解 所给方程的特征方程为

$$2r^2+r+2=0,$$

它的特征根为

$$r_{1,2}=-\frac{1}{4}\pm\frac{\sqrt{15}}{4}i.$$

于是所求方程的通解为

$$y=e^{-\frac{x}{4}}\left(C_1\cos\frac{\sqrt{15}}{4}x+C_2\sin\frac{\sqrt{15}}{4}x\right).$$

综上所述,二阶常系数齐次线性微分方程(1)的求解步骤如下:

第一步 写出方程(1)的特征方程 $r^2+pr+q=0$;

第二步 求出方程(2)的特征根 r_1,r_2;

第三步 根据特征根的不同情形得出方程(1)的对应的通解.

特征根与通解的对应列于下表:

特征方程 $r^2+pr+q=0$ 的两个根 r_1,r_2	微分方程 $y''+py'+qy=0$ 的通解
$\Delta>0$,即有两个不同的实根 r_1,r_2	$y=C_1e^{r_1x}+C_2e^{r_2x}$
$\Delta=0$,即有两个相同的实根 $r_1=r_2=r_0$	$y=(C_1+C_2x)e^{r_0x}$
$\Delta<0$,即有一对共轭复根 $r_{1,2}=\alpha\pm\beta i$	$y=e^{\alpha x}(C_1\cos\beta x+C_2\sin\beta x)$

二阶常系数线性微分方程测一测

方程(1)的特征根与解的对应关系,也可以反过来确定微分方程.

例 4 设 $y=2\mathrm{e}^x\cos 3x$ 是一个二阶常系数齐次线性微分方程的解,求此微分方程.

解 据题意可得微分方程的特征根为 $r_{1,2}=1\pm 3\mathrm{i}$,于是,微分方程对应的特征方程为

$$(r-1-3\mathrm{i})(r-1+3\mathrm{i})=(r-1)^2+9=r^2-2r+10=0,$$

从而所求的微分方程为 $y''-2y'+10y=0$.

二、二阶常系数非齐次线性微分方程

二阶常系数非齐次线性微分方程的一般形式如下:

$$y''+py'+qy=f(x),\tag{4}$$

式中 p,q 为实常数,$f(x)\neq 0$ 是自由项. 由定理 6.4.3 知,要求方程(4)的通解,只需求出(4)的一个特解和对应的齐次方程的通解. 求二阶常系数齐次线性方程的通解问题已经解决,所以这里只需讨论求二阶常系数非齐次线性方程的一个特解即可.

以下只讨论当自由项 $f(x)=P_n(x)\mathrm{e}^{\lambda x}$ 时非齐次方程的特解的求法. 这种解法叫作待定系数法.

自由项 $f(x)=P_n(x)\mathrm{e}^{\lambda x}$,$\lambda$ 是已知的实常数,$P_n(x)$ 是已知的 n 次实多项式,其形式为 $P_n(x)=a_0x^n+a_1x^{n-1}+\cdots+a_{n-1}x+a_n$,其中 $a_0,a_1,\cdots,a_{n-1},a_n$ 为给定的实系数.

由于方程的系数是常数,再考虑到 $f(x)$ 的形状,可以推测方程(4)有形如

$$y^*(x)=Q(x)\mathrm{e}^{\lambda x}$$

的特解,其中 $Q(x)$ 是待定的多项式. 这种假设是否合理,要看能否确定出多项式的次数及其系数.为此,将

$$y^*(x)=Q(x)\mathrm{e}^{\lambda x},$$
$$y^{*\prime}(x)=Q'(x)\mathrm{e}^{\lambda x}+\lambda Q(x)\mathrm{e}^{\lambda x},$$
$$y^{*\prime\prime}(x)=Q''(x)\mathrm{e}^{\lambda x}+2\lambda Q'(x)\mathrm{e}^{\lambda x}+\lambda^2 Q(x)\mathrm{e}^{\lambda x},$$

代入方程(4),并消去 $\mathrm{e}^{\lambda x}$,得

$$Q''(x)+(2\lambda+p)Q'(x)+(\lambda^2+p\lambda+q)Q(x)=P_n(x).\tag{5}$$

显然,为了要使这个等式成立,必须要求等式左端的次数与 $P_n(x)$ 的次数相同且同次项的系数也相等,故通过比较系数可定出 $Q(x)$ 的系数.

(i)若 λ 不是特征方程的根,即

$$\lambda^2+p\lambda+q\neq 0,$$

这时(4)式左端的次数就是 $Q(x)$ 的次数,它应和 $P_n(x)$ 的次数相同,即 $Q(x)$ 是 n 次多项式,所以特解的形式是

$$y^*(x)=(b_0x^n+b_1x^{n-1}+\cdots+b_n)\mathrm{e}^{\lambda x}=Q_n(x)\mathrm{e}^{\lambda x},$$

其中 $n+1$ 个系数 $b_0,b_1,\cdots,b_m$ 可由(5)通过比较同次项系数求得.

(ii)若 λ 是特征方程的单根,即

$$\lambda^2+p\lambda+q=0,\quad\text{而}\quad 2\lambda+p\neq 0,$$

这时(4)式左端的最高次数由 $Q'(x)$ 决定,如果 $Q(x)$ 仍是 n 次多项式,则(5)式左端

是 $n-1$ 次多项式.为使左端是一个 n 次多项式,自然要找如下形状的特解:

$$y^*(x) = x(b_0 x^n + b_1 x^{n-1} + \cdots + b_n) e^{\lambda x} = x Q_n(x) e^{\lambda x},$$

其中 $n+1$ 个系数可由

$$[xQ_n(x)]'' + (2\lambda + p)[xQ_n(x)]' \equiv P_n(x) \tag{6}$$

比较同次项系数确定.

（ⅲ）若 λ 是特征方程的二重根,即

$$\lambda^2 + p\lambda + q = 0, \quad 2\lambda + p = 0,$$

为使(4)式左端是一个 n 次多项式,要找形如

$$y^*(x) = x^2(b_0 x^n + b_1 x^{n-1} + \cdots + b_n) e^{\lambda x} = x^2 Q_n(x) e^{\lambda x}$$

的特解,其中 $n+1$ 个系数可由

$$[x^2 Q_n(x)]'' \equiv P_n(x) \tag{7}$$

比较同次项系数确定.

因而我们得到下面的结论:

若方程 $y'' + py' + qy = f(x)$ 的右端是 $f(x) = P_n(x) e^{\lambda x}$,则二阶常系数非齐次线性微分方程(4)具有形如

$$y^*(x) = x^k Q_n(x) e^{\lambda x}$$

的特解,其中 $Q_n(x)$ 是与 $P_n(x)$ 同次的多项式,而 k 按照 λ 不是特征方程的根、是特征方程的单根或是特征方程的重根依次取为 $0,1$ 或 2.

例 5 写出微分方程 $4y'' - 4y' + y = f(x)$ 的特解形式,其中:(1) $f(x) = 3x^2 + 2x - 1$; (2) $f(x) = x e^{\frac{x}{2}}$.

解 微分方程的特征方程为

$$4r^2 - 4r + 1 = (2r-1)^2 = 0,$$

解得特征根为

$$r_1 = r_2 = \frac{1}{2}.$$

（1）$\lambda = 0$ 不是特征根,所以 $k = 0$,又因为 $n = 2$,故特解形式为

$$y^*(x) = Ax^2 + Bx + C.$$

（2）$\lambda = \frac{1}{2}$ 是二重特征根,所以 $k = 2$,又因为 $n = 1$,故特解形式为

$$y^*(x) = x^2(Ax + B) e^{\frac{x}{2}}.$$

例 6 求 $y'' - 3y' + 2y = x e^x$ 的通解.

解 微分方程的特征方程为

$$r^2 - 3r + 2 = 0,$$

其特征根为 $r_1 = 2, r_2 = 1$,于是对应齐次方程的通解为

$$Y = C_1 e^{2x} + C_2 e^x.$$

再求非齐次方程的一个特解,因 $\lambda = 1$ 是特征方程的单根,所以 $k = 1$,又因为 $n = 1$,所以特解形式为

$$y^* = x(Ax + B) e^x,$$

求出其导数,代入非齐次方程得

$$-2Ax+(2A-B)=x,$$

比较系数得

$$\begin{cases} -2A=1, \\ 2A-B=0, \end{cases}$$

解之,得 $A=-\dfrac{1}{2}$, $B=-1$,因此,非齐次方程的特解为

$$y^*=x\left(-\frac{1}{2}x-1\right)e^x.$$

所以原方程的通解为

$$y=C_1e^{2x}+C_2e^x+\left(-\frac{1}{2}x^2-x\right)e^x.$$

　　例 7　求微分方程 $y''-y=x$ 满足初值条件 $y(0)=2$, $y'(0)=-1$ 的特解.

　　解　微分方程的特征方程为

$$r^2-1=0,$$

其特征根为

$$r_1=1, \quad r_2=-1.$$

于是对应齐次方程的通解为

$$Y=C_1e^x+C_2e^{-x}.$$

　　因为 $\lambda=0$ 不是特征根,所以 $k=0$,又因为 $n=1$,所以特解形式为

$$y^*=Ax+B,$$

代入方程可得 $-Ax-B=x$,故 $A=-1$, $B=0$.于是可得特解

$$y^*=-x.$$

从而原微分方程的通解为

$$y=C_1e^x+C_2e^{-x}-x.$$

代入初值条件 $y(0)=2$, $y'(0)=-1$ 可得 $C_1+C_2=2$, $C_1-C_2-1=-1$,解得 $C_1=C_2=1$.

　　综上所求特解为 $y=e^x+e^{-x}-x$.

习题 6.5

1. 求下列常系数齐次线性微分方程的通解:

（1）$y''+2y'=0.$　　　　　　　　　（2）$y''+2y=0.$

（3）$4y''+12y'+9y=0.$　　　　　　（4）$y''+y'-2y=0.$

（5）$y''+2y'-3y=0.$　　　　　　　（6）$y''-2y'+3y=0.$

（7）$y''+6y'+13y=0.$　　　　　　　（8）$y''+3y'+y=0.$

（9）$y''-4y'+5y=0.$　　　　　　　（10）$y''-y=0.$

2. 求下列满足给定初值条件的微分方程的特解:

（1）$y''+10y'=0$, $y(0)=0$, $y'(0)=1.$

（2）$y''+10y=0$, $y(0)=0$, $y'(0)=1.$

（3）$y''+4y'+3y=0, y(0)=2, y'(0)=3$.

（4）$4y''+4y'+y=0, y(0)=2, y'(0)=0$.

（5）$y''-4y'+13y=0, y(0)=0, y'(0)=3$.

3. 已知二阶常系数齐次线性微分方程有特解 $y_1=2e^{3x}$ 与 $y_2=e^{-x}$，试确定此方程.

4. 求下列常系数非齐次线性微分方程的通解：

（1）$y''-4y'+3y=1$. 　　　　（2）$2y''+5y'=5x^2-2x-1$.

（3）$y''+a^2y=e^{ax}$. 　　　　（4）$y''-2y=4x^2e^x$.

（5）$y''+10y'+25y=2e^{-5x}$. 　　（6）$y''-y=x$.

第六节　微分方程的简单应用

常微分方程在工程力学、流体力学、天体力学、电路振荡分析、工业自动控制以及化学、生物、经济等领域有广泛的应用.用微分方程解决实际问题可以用图 6.1 表示.

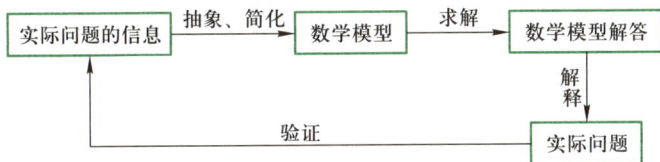

图 6.1

下面举几个具体的模型例子：

例 1（物体冷却过程的数学模型）　将某物体放置于空气中,在时刻 $t=0$ 时,测得它的温度为 $u_0=150\ ℃$,10 min 后测得温度为 $u_1=100\ ℃$.确定物体的温度与时间的关系,并计算 20 min 后物体的温度.假定空气的温度保持为 $u_a=24\ ℃$.

解　设物体在时刻 t 的温度为 $u=u(t)$,由牛顿(Newton)冷却定律可得

$$\frac{du}{dt}=-k(u-u_a)\quad (k>0,\ u>u_a),$$

这是关于未知函数 u 的一阶微分方程,分离变量得

$$\frac{du}{u-u_a}=-kdt,$$

将上式两边积分,得

$$\ln(u-u_a)=-kt+C_1, C_1\ \text{为任意常数}.$$

令 $C=e^{C_1}$,从而

$$u=u_a+Ce^{-kt}.\tag{1}$$

根据初值条件,当 $t=0$ 时,$u=u_0$,得常数 $C=u_0-u_a$.于是,有

$$u=u_a+(u_0-u_a)e^{-kt}.\tag{2}$$

再根据条件 $t=10$ min 时,$u=u_1$,得

$$u_1 = u_a + (u_0 - u_a) e^{-10k},$$

解得

$$k = \frac{1}{10} \ln \frac{u_0 - u_a}{u_1 - u_a}.$$

将 $u_0 = 150 ℃$，$u_1 = 100 ℃$，$u_a = 24 ℃$ 代入上式，得到

$$k = \frac{1}{10} \ln \frac{150-24}{100-24} = \frac{1}{10} \ln 1.66 \approx 0.051.$$

从而

$$u = 24 + 126 e^{-0.051t}. \tag{3}$$

由方程（3）得知，当 $t = 20 \, \text{min}$ 时，物体的温度 $u_2 \approx 70 ℃$，而且当 $t \to +\infty$ 时，$u \to 24 ℃$．温度与时间的关系可解释为：经过一段时间后，物体的温度和空气的温度将会没有什么差别了．事实上，经过 $2 \, \text{h}$ 后，物体的温度与空气的温度已相当接近．法医学上推断死亡时间就是用这一冷却过程的函数关系．

例 2（动力学问题） 设有一质量为 m 的物体，在空中由静止开始下落，如果空气阻力为 $R = cv$（其中 c 为常数，v 为物体运动的速度），试求物体下落的距离 s 与时间 t 的函数关系．

解 根据牛顿第二定律，有关系式

$$m \frac{\mathrm{d}^2 s}{\mathrm{d}t^2} = mg - c \frac{\mathrm{d}s}{\mathrm{d}t},$$

并且根据题设条件，得初值问题

$$\frac{\mathrm{d}^2 s}{\mathrm{d}t^2} = g - \frac{c}{m} \frac{\mathrm{d}s}{\mathrm{d}t}, \quad s \big|_{t=0} = 0, \quad \frac{\mathrm{d}s}{\mathrm{d}t} \Big|_{t=0} = 0.$$

令 $\dfrac{\mathrm{d}s}{\mathrm{d}t} = v$，方程变为 $\dfrac{\mathrm{d}v}{\mathrm{d}t} = g - \dfrac{c}{m} v$，分离变量后积分，有

$$\int \frac{\mathrm{d}v}{g - \dfrac{c}{m} v} = \int \mathrm{d}t,$$

求得

$$\ln \left(g - \frac{c}{m} v \right) = -\frac{c}{m} t + C_1,$$

代入初值条件 $v \big|_{t=0} = 0$，得 $C_1 = \ln g$，于是有

$$v = \frac{\mathrm{d}s}{\mathrm{d}t} = \frac{mg}{c} (1 - e^{-\frac{c}{m}t}),$$

将上式积分，得

$$s = \frac{mg}{c} \left(t + \frac{m}{c} e^{-\frac{c}{m}t} \right) + C_2,$$

代入初值条件 $s \big|_{t=0} = 0$，得 $C_2 = -\dfrac{m^2 g}{c^2}$．故所求特解（即下落的距离与时间的关系）为

$$s = \frac{mg}{c}\left(t+\frac{m}{c}\mathrm{e}^{-\frac{c}{m}t}-\frac{m}{c}\right) = \frac{mg}{c}t+\frac{m^2 g}{c^2}(\mathrm{e}^{-\frac{c}{m}t}-1).$$

例 3（人口模型）　英国人口统计学家马尔萨斯（Malthus）在 1798 年提出了闻名于世的马尔萨斯人口模型的基本假设是：在人口自然增长的过程中，净相对增长率（单位时间内人口的净增长数与人口总数之比）是常数，记此常数为 r（生命系数）.

解　在 t 到 $t+\Delta t$ 这段时间内人口数量 $N=N(t)$ 的增长量为

$$N(t+\Delta t)-N(t) = rN(t)\Delta t\left(\Delta t=1, r=\frac{N(t+\Delta t)-N(t)}{N(t)}\right),$$

于是 $N(t)$ 满足微分方程

$$\frac{\mathrm{d}N}{\mathrm{d}t} = rN, \tag{4}$$

将上式改写为

$$\frac{\mathrm{d}N}{N} = r\mathrm{d}t,$$

于是变量 N 和 t 被分离，两边积分，得

$$\ln N = rt+\widetilde{c},$$

即

$$N = c\mathrm{e}^{rt}, \tag{5}$$

其中 $c = \mathrm{e}^{\widetilde{c}}$ 为任意常数. 因为 $N=0$ 也是方程（8）的解.

如果设初值条件为

$$t=t_0 \text{ 时}, N(t)=N_0, \tag{6}$$

代入上式可得 $c = N_0\mathrm{e}^{-rt_0}$. 即方程（4）满足初值条件（6）的解为

$$N(t) = N_0\mathrm{e}^{r(t-t_0)}. \tag{7}$$

如果 $r>0$，上式说明人口总数 $N(t)$ 将按指数规律无限增长. 将时间 t 以 1 年或 10 年离散化，那么可以说，人口数是以 e^r 为公比的等比数列增加的.

当人口总数不大时，生存空间、资源等极充裕，人口总数指数的增长是可能的. 但当人口总数非常大时，指数增长的线性模型则不能反映这样一个事实；环境所提供的条件只能供养一定数量的人口生活，所以马尔萨斯模型在 $N(t)$ 很大时是不合理的.

荷兰生物学家费尔哈斯（Verhulst）引入常数 N_m（环境最大容纳量）表示自然资源和环境条件所容纳的最大人口数，并假设净相对增长率为 $r\left(1-\frac{N(t)}{N_m}\right)$，即净相对增长率随 $N(t)$ 的增加而减少，当 $N(t)\to N_m$ 时，净增长率 $\to 0$.

按此假定，人口增长的方程应改为

$$\frac{\mathrm{d}N}{\mathrm{d}t} = r\left(1-\frac{N}{N_m}\right)N, \tag{8}$$

这就是逻辑斯谛（Logistic）模型. 当 N_m 与 N 相比很大时，$\frac{rN^2}{N_m}$ 与 rN 相比可以忽略，则模

型变为马尔萨斯模型;但 N_m 与 N 相比不是很大时,$\dfrac{rN^2}{N_m}$ 这一项就不能忽略,人口增长的速度要缓慢下来. 我们经常用逻辑斯谛模型来预测地球未来人数.

第七节　数学思想方法选讲——数学猜想

一、数学猜想及其分类

人们认识事物是一个复杂的过程,往往需要经历若干阶段才逐渐从事物的表象认识到事物的本质.开始只能根据已有的部分事实及结果,运用某种判断推理的思维方法,对某类事实和规律提出一种推测性的看法,这种推测性的看法就是猜想.猜想是人们依据事实、凭借直觉所作出的合情推测,是一种创造性的思维活动,具有真实性、探索性、灵活性和创造性等基本特点.

在数学中,任何一个定理,只要不是其他数学定理的直接推论,就可以经过猜想而建立起来.猜想有一定的事实依据,包含着以事实作为基础的可贵的想象成分.猜想越大胆,它所包含的想象成分就越多.数学猜想就是依据某些已知事实和数学知识,对未知量及其关系作出的一种推断,是数学中的合情推理.波利亚指出:数学中有"论证推理和合情推理"两种推理,它们是思维的两种形式、两个方面,它们之间并不矛盾,在数学的发现和发明过程中起交互作用.在严格的推理之中,首要的事情是区别证明与推测,区别正确的论证与不正确的尝试;而在合情推理中,要区别理由较充分的推测与理由较不充分的推测.所以说,数学猜想是合情的推理,而不是不合理的乱猜.

猜想大致可分为如下几种类型:

1. 类比性猜想

这种猜想是通过比较两个对象或问题的相似性得出数学命题的猜想.在 A 和 B 两类事物中,A 有性质 P 成立,B 也有性质 P 成立,A 类中还有性质 Q 成立,B 类中是否也有性质 Q 成立呢? 这是一个类比猜想的思维过程.

2. 归纳性猜想

这种猜想是对研究对象或问题从一定的数量进行观察、分析,从而得出有关命题、结论或方法.归纳推理是针对一类事物而言的.一类事物 A 中的部分个体 $A_1,A_2,\cdots,A_n$ 都具有性质 P,那么 A 中的全部个体是否都具有性质 P 呢? 这就是一个归纳猜想的思维过程.

3. 对称性猜想

这种猜想是对研究的对象或问题,运用简单性、对称性、相似性、和谐性、奇异性等,结合已有的知识和经验所作出的直觉性猜想.例如,困难的问题可能存在简单的解答;对称的条件可能存在对称的结论以及可能可以用对称变换的方法加以解决;和谐的或奇异的构思可能有助于问题的明朗化或简单化等.这些都是对称性猜想的思维过程.

4. 仿造性猜想

这种猜想是运用现有的公式、定理,或是进一步限制条件,得出更一般结论,从而使定理得到延展和拓宽.

5. 逆向性猜想

在解决某些数学问题时沿一种固定思路可能难以达到效果,沿相反方向进行思考,可提出新的猜想.19 世纪,数学家高斯、罗巴切夫斯基利用逆向思维,猜想到第五公理不能由其他公理或公设推出,因而可以用相反的命题代替,这样就导致非欧几何平行公理的提出和非欧几何的诞生.

二、数学猜想应用举例

关于数学问题的猜想,有的被验证为正确的,并成为定理;有的被验证为错误的;还有一些正在验证过程中.

例 1　常数变易法

在本章第二节中为了求一阶线性微分方程 $\dfrac{\mathrm{d}y}{\mathrm{d}x}+P(x)y=Q(x)$ 的通解,我们注意到它的特殊情形——齐次方程 $\dfrac{\mathrm{d}y}{\mathrm{d}x}+P(x)y=0$ 的通解为 $y=C\mathrm{e}^{-\int P(x)\mathrm{d}x}$,其中 C 为任意常数. 既然后者是前者的特殊情况,那么后者的通解应该也是前者的特殊情况. 由于 $Q(x)\equiv 0$ 的不定积分是一个常数,当 $Q(x)$ 不恒为 0 时,其不定积分是一个函数. 所以我们应用仿照性猜想:当 $Q(x)$ 不恒为 0 时,方程的通解可以写成 $y=C(x)\mathrm{e}^{-\int P(x)\mathrm{d}x}$ 的形式吗,即把 C 换成 $C(x)$?这种猜想正确或是错误,得靠我们去验证. 如果这样的 $C(x)$ 存在且能求出,则我们的猜想是正确的. 结果,事实证明了这样的 $C(x)$ 存在且能求出,所以 $y=C(x)\mathrm{e}^{-\int P(x)\mathrm{d}x}$ 就是所求的通解.

例 2　哥德巴赫猜想

哥德巴赫猜想是否正确是数论中存在最久的未解问题之一. 这个猜想最早出现在 1742 年普鲁士人哥德巴赫与瑞士数学家欧拉的通信中. 哥德巴赫猜想可以用现代的数学语言陈述为:“任一大于 2 的偶数,都可表示成两个素数之和.”将一个给定的大于 2 的偶数分拆成两个素数之和,则被称为此数的哥德巴赫分拆. 例如,$4=2+2,6=3+3,8=3+5,10=3+7=5+5,12=5+7,14=3+11=7+7$……换句话说,哥德巴赫猜想主张每个大于 2 的偶数都是哥德巴赫数——可表示成两个素数之和的数. 哥德巴赫猜想也是 20 世纪初希尔伯特第八问题中的一个子问题.

18 世纪和 19 世纪,所有的数论专家对这个猜想的证明都没有作出实质性的推进,直到 20 世纪才有所突破. 由于直接证明哥德巴赫猜想一直未能成功,人们便采取了“迂回战术”,就是先考虑把偶数表为两数之和,而每一个数又是若干素数之积. 如果把命题“每一个大偶数可以表示成一个素因子个数不超过 a 个的数与另一个素因子不超过 b 个的数之和”记作“$a+b$”,那么哥德巴赫猜想就是要证明“1+1”成立.

至今为止"$a+b$"问题的推进情况为：

1920 年,挪威的布朗证明了"9+9".

1924 年,德国的拉特马赫证明了"7+7".

1932 年,英国的埃斯特曼证明了"6+6".

1937 年,意大利的蕾西先后证明了"5+7""4+9""3+15"和"2+366".

1938 年,苏联的布赫夕太勃证明了"5+5".

1940 年,苏联的布赫夕太勃证明了"4+4".

1956 年,中国的王元证明了"3+4",之后证明了"3+3"和"2+3".

1948 年,匈牙利的瑞尼证明了"1+c",其中 c 是一个很大的自然数.

1962 年,中国的潘承洞和苏联的巴尔巴恩证明了"1+5",中国的王元证明了"1+4".

1965 年,苏联的布赫夕太勃、小维诺格拉多夫及意大利的朋比利证明了"1+3".

1966 年,中国的陈景润证明了"1+2".

此时,距离证明"1+1"仅一步之遥,人们正企盼着新的突破.

例3 四色问题

四色问题的内容是:"任何一张地图只用四种颜色就能使具有共同边界的国家着上不同的颜色."用数学语言表示,即"将平面任意地细分为不相重叠的区域,每一个区域总可以用 1,2,3,4 这四个数字之一来标记,而不会使相邻的两个区域得到相同的数字."这里所指的相邻区域,是指有一整段边界是公共的(图 6.2).如果两个区域只相遇于一点或有限多点,就不叫相邻的.四色问题又称四色猜想或四色定理,是世界近代三大数学难题之一.

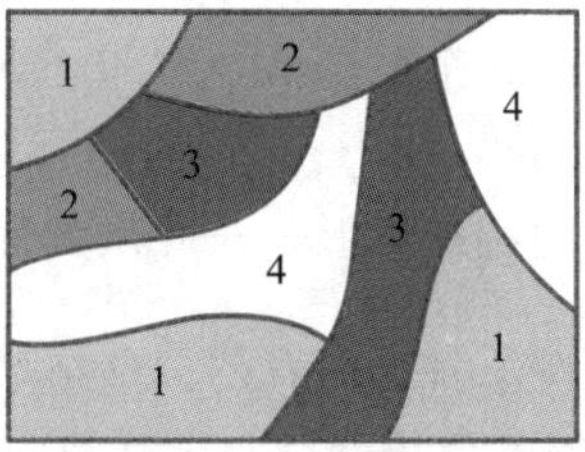

图 6.2

四色猜想是一位英国人提出的.1852 年,毕业于伦敦大学的弗南西斯·格思里来到一家科研单位搞地图着色工作时,发现了一种有趣的现象:"每幅地图都可以用四种颜色着色,使得有共同边界的国家都被填上不同的颜色."这个现象能不能从数学上加以严格证明呢?他和在大学读书的弟弟格里斯决心试一试.兄弟二人为证明这一问题而使用的稿纸已经堆了一大沓,可是研究工作没有进展.1852 年 10 月23 日,他的弟弟就这个问题的证明请教了他的老师——著名数学家德·摩根.德·摩根也没有能找到解决这个问题的途径,于是写信向自己的好友、著名数学家哈密顿爵士请教.哈密顿接到德·摩根的信后,对四色问题进行论证.但直到 1865 年哈密顿逝世,问题也没有能够解决.1872 年,英国当时最著名的数学家凯利正式向伦敦数学学会提出了这个问题,于是四色猜想成为世界数学界关注的问题.1878—1880 年,著名的律师兼数学家肯普和泰勒两人分别提交了证明四色猜想的论文,宣布证明了四色定理,大家都认为四色猜想从此也就解决了.直到 1890 年,数学家赫伍德以自己的精确计算指出肯普的证明是错误的.不久,泰勒的证明也被人们否定.1913 年,伯克霍夫在前辈研究的基础上引进了一些新技巧.后来美国数学家富兰克林于 1939 年证明了 22 国以下的地图都可以用四色着色.1950 年,有人从 22 国推进到 35 国.1960 年,有人又证明出 39 国;随后又推进到了 50 国.而这种推进仍然十分缓慢.电子计算机问世以后,演算速度迅速提高,加之人机对话的出现,大大加快了对四色猜想证明的进程.美国伊利诺伊大学的哈肯在 1970 年着手改进"放电过程",后与阿佩尔合作编制一个很好的程序.就在 1976 年 6 月,他们在美国伊利诺伊大学的两台不同的电子计算机上,用了 1 200 个小时,作了 100 亿次判断,终于完成了四色定理的证明,轰动了世界.

"四色问题"的证明解决了一个历时 100 多年的难题,而且成为数学史上一系列新思维的起点.在"四色问题"的研究过程中,不少新的数学理论随之产生,也发展了很多数学计算技巧.如将地图的着色问题化为图论问题,丰富了图论的内容.不仅如此,"四色问题"在有效地设计航空班机日程表,设计计算的编码程序上都起到了推动作用.不过不少数学家并不满足于计算机取得的成就,他们认为应该有一种简洁明快的书面证明方法.直到现在,仍有不少数学家和数学爱好者在寻找更简洁的证明方法.

三、数学猜想的意义

(1) 数学猜想是推动数学理论发展的强大动力.数学猜想是数学发展中最活跃、最主动、最积极的因素之一,是人类理性中最富有创造性的部分.数学猜想能够强烈地吸引数学家全身心投入,积极开展相关研究,从而强力推动数学发展.数学猜想一旦被证实,就将转化为定理,汇入数学理论体系之中,从而丰富了数学理论.

(2) 数学猜想是创造数学思想方法的重要途径.数学发展史表明,无论数学猜想最终是否正确,数学家在尝试验证数学猜想的过程中都创造出大量有效的数学思想方法.这些数学思想方法已渗透到数学的各个分支并在数学研究中发挥着重要作用.

(3) 数学猜想是研究科学方法论的丰富源泉.数学猜想的产生与发展规律是探讨数学科学研究方法的重要基础.数学猜想本身就是数学方法论的研究对象,通过研究解决数学猜想中展现出的一些新方法的规律性可促进数学方法论一般原理的研究.数学猜想是科学假设在数学中的一种具体体现,其类型、特点、提出方法和解决途径对一般科学方法尤其是对创造性思维方法的研究具有特殊价值.

■ 第八节　数学实验(六)——MATLAB 计算常微分方程

MATLAB 提供了 dsolve 命令可以用于对常微分方程进行求解,主要格式有

S = dsolve(eqs)　　计算常微分方程(组)eqs 的解

S = dsolve(eqs,cond)　　计算常微分方程(组)eqs 在条件 cond 下的解

对于一阶微分方程而言,输入量 eqs 和条件 cond 的构成方法:先定义抽象函数,比如 syms y(x),然后直接用这函数 y 和一阶导数 diff(y,x)去构建待解的微分方程 eqs,条件 cond 就采用题给 y(0)之类表达.假如待解微分方程、条件有多个,那么各微分方程之间,各条件之间用英文逗号分隔.

对于高阶微分方程而言,eqs 和 cond 宜采用辅助导函数表达,具体为:先定义抽象函数,比如 syms y(x);然后定义各阶导函数,比如三阶微分方程,就需要定义 Dy(x)=

diff(y(x),x),D2y(x)=diff(y(x),x,2),D3y(x)=diff(y(x),x,3);然后借助 y,Dy,D2y,D3y 写成符号方程或符号表达式用作 eqs 输入量;借助诸如 y(0)==a,Dy(0)==b,D2y(0)==c 用作 cond 输入量.

例 1 求解微分方程 $\dfrac{\mathrm{d}y}{\mathrm{d}x}+2xy=xe^{-x^2}$,并加以验证.

解 本例中微分方程在 MATLAB 中表示为:diff(y,x)+2*x*y==x*exp(-x^2),因此在 MATLAB 中输入:

```
>> syms x y(x)
>> eq1=diff(y,x)+2*x*y==x*exp(-x^2);
>> y=dsolve(eq1)
```

求出的微分方程的通解:y=C1*exp(-x^2)+(x^2*exp(-x^2))/2.

为了验证通解,只需将求出的 y 代入微分方程即可,继续输入:

```
>> I=diff(y,x)+2*x*y-x*exp(-x^2)
```

也就是将 y 代入表达式 $\dfrac{\mathrm{d}y}{\mathrm{d}x}+2xy=xe^{-x^2}$,如果通解正确,那么表达式的结果应该等于 0.但这里给出:

```
I=2*x*(C1*exp(-x^2)+(x^2*exp(-x^2))/2)
                -x^3*exp(-x^2)-2*C1*x*exp(-x^2)
```

实际上上式的结果等于 0,只是没有化简而已,使用 simplify 函数对 I 进行化简:

```
>> simplify(I)
```

结果显示为 0.

例 2 求微分方程 $xy'+2y=x^4$ 在初值条件 $y(1)=\dfrac{1}{6}$ 下的特解.

解 在 MATLAB 中输入:

```
>> syms x y(x);
>> y=dsolve(x*diff(y,x)+2*y==x^4, y(1)==1/6)
```

得到方程的特解 y=x^4/6.

例 3 求微分方程 $\dfrac{\mathrm{d}^2y}{\mathrm{d}x^2}-5\dfrac{\mathrm{d}y}{\mathrm{d}x}+6y=xe^{2x}$ 的通解.

解 在 MATLAB 中输入:

```
>> syms x y(x);
>> Dy=diff(y,x);
>> D2y=diff(y,x,2);
>> dsolve(D2y-5*Dy+6*y==x*exp(2*x))
```

得到微分方程的通解:

```
ans=C1*exp(2*x)-(x^2*exp(2*x))/2-exp(2*x)*(x+1)+C2*
exp(3*x)
```

根据微分方程理论,通解中 C1*exp(2*x)+C2*exp(3*x)是对应的齐次微分方程的通解,而-(x^2*exp(2*x))/2-exp(2*x)*(x+1)是非齐次方程的特解.

例 4　求微分方程 $\dfrac{\mathrm{d}^2y}{\mathrm{d}x^2}-4\dfrac{\mathrm{d}y}{\mathrm{d}x}+3y=0$ 满足初值条件 $y(0)=6,y'(0)=10$ 的特解.

解　微分方程在 MATLAB 中表示为:D2y-4*Dy+3*y=0,因此输入:

```
≫ syms x y(x);
≫ Dy=diff(y,x);
≫ D2y=diff(y,x,2);
≫ dsolve(D2y-4*Dy+3*y==0,y(0)==6,Dy(0)==10)
```

得到微分方程的特解:ans=2*exp(3*x)+4*exp(x).

例 5　求微分方程 $xy''-3y'=x^2$ 满足初值条件 $y(1)=0,y(5)=0$ 的特解,并画出特解图像.

解　首先求出方程的特解,在 MATLAB 中输入:

```
≫ syms x y(x);
≫ Dy=diff(y,x);
≫ D2y=diff(y,x,2);
≫ y=dsolve(x*D2y-3*Dy==x^2,y(1)==0,y(5)==0)
```

得到特解:y=(31*x^4)/468-x^3/3+125/468.

下面我们画出 y 的图像,并标出初值条件对应的点,输入命令:

```
≫ fplot(y,[-1,6])      % 在区间[-1,6]内作出函数 y 的图像
≫ hold on
≫ plot([1,5],[0,0],'.r','MarkerSize',20)     % 画出 y(1)=0,y(5)=
0 对应的点
≫ text(1,1,'y(1)=0');    % 在位置(1,1)处标出 y(1)=0
≫ text(4,1,'y(5)=0');    % 在位置(1,1)处标出 y(5)=0
≫ title('y=(31*x^4)/468-x^3/3+125/468');
≫ hold off;
```

特解函数图像如图 6.3 所示:

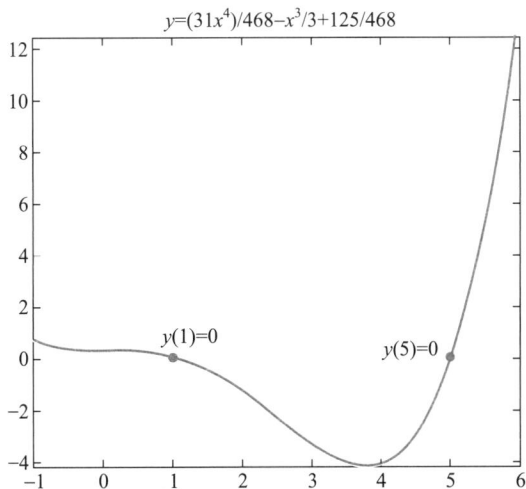

图 6.3

知 识 拓 展

(一) 二阶常系数非齐次线性微分方程

通过学习,我们了解了如何去求常系数非齐次线性微分方程

$$y''+py'+qy=f(x),\tag{1}$$

当 $f(x)=\mathrm{e}^{\lambda x}P_n(x)$ 类型时的特解.下面我们重点讨论当自由项 $f(x)=A\cos\ \omega x+B\sin\ \omega x$ 类型时非齐次方程的特解的求法. 该解法实质上是待定系数法.

$f(x)=A\cos\ \omega x+B\sin\ \omega x$ 型

自由项 $f(x)=A\cos\ \omega x+B\sin\ \omega x, A, B, \omega$ 是已知的实常数.

可以验证,方程(1)的特解形式为

$$y^*=x^k(a\cos\ \omega x+b\sin\ \omega x),$$

其中 a, b 是待定的常数,k 是整数,并且

(1) 当 $\omega\mathrm{i}$ 不是特征方程 $\lambda^2+p\lambda+q=0$ 的根时,取 $k=0$;

(2) 当 $\omega\mathrm{i}$ 是特征方程 $\lambda^2+p\lambda+q=0$ 的根时,取 $k=1$.

例 1　求微分方程 $y''+y'-6y=\sin\ x$ 的通解.

解　微分方程的特征方程为

$$r^2+r-6=(r+3)(r-2)=0,$$

特征根为

$$r_1=2,\quad r_2=-3,$$

所以对应齐次方程的通解为

$$Y=C_1\mathrm{e}^{2x}+C_2\mathrm{e}^{-3x}.$$

对 $f(x)=\sin\ x$ 有 $\omega\mathrm{i}=\mathrm{i}$,不是特征根,所以 $k=0$,故相应于非齐次方程 $y''+y'-6y=\sin\ x$ 的特解形式为 $y_1^*=a\cos\ x+b\sin\ x$,代入方程解得 $a=-\dfrac{1}{50}$, $b=-\dfrac{7}{50}$,从而特解

$$y_1^*=-\frac{1}{50}\cos\ x-\frac{7}{50}\sin\ x,$$

故所求通解为

$$y=C_1\mathrm{e}^{2x}+C_2\mathrm{e}^{-3x}-\frac{1}{50}(\cos\ x+7\sin\ x).$$

例 2　求微分方程 $y''+4y=\cos\ 2x$ 的通解.

解　微分方程的特征方程为 $r^2+4=0$,特征根为 $r_1=2\mathrm{i}, r_2=-2\mathrm{i}$. 所以对应齐次方程的通解为

$$Y=C_1\cos\ 2x+C_2\sin\ 2x.$$

对于 $f(x)=\cos\ 2x$ 有 $\omega\mathrm{i}=2\mathrm{i}$,是特征根,所以 $k=1$,故对应于非齐次方程 $y''+4y=\cos\ 2x$ 的特解形式为 $y_1^*=x(a\cos\ 2x+b\sin\ 2x)$,代入方程解得 $a=0$, $b=\dfrac{1}{4}$,从而特解

$y_1^*=\dfrac{1}{4}x\sin\ 2x.$ 故所求通解为

$$y = Y + y_1^* = C_1 \cos 2x + C_2 \sin 2x + \frac{1}{4} x \sin 2x.$$

（二）微分方程的应用

下面举几个其他领域中常微分方程应用的例子：

1. 应用一阶微分方程的知识研究电容器的充电和放电规律

此问题主要出现在电路"电工学""电工电子技术"等课程中，主要应用于研究电路中电容器充电及放电时电容电压 U_C、电容电流 i_C、电阻元件的端电压 U_R 分别随时间 t 的变化规律.

例 3　如图 6.4 所示的 RC 电路，已知在开关 K 合上前电容 C 上没有电荷，电容 C 两端的电场为零，电源的电动势为 E. 把开关 K 合上，电源对电容 C 充电，电容 C 上的电压 U_C 逐渐升高，求电压 U_C 随时间 t 变化的规律.

分析　首先建立微分方程. 根据回路电压定律可知，电容 C 上的电压 U_C 与电阻 R 上的电压 U_R 之和等于电源电动势 E，即 $U_C + U_R = E$. 电容充电时，电容上电量 Q 逐渐增加，根据电容性质，Q 与 U_C 有关系式 $Q = CU_C$. 于是，$i = \dfrac{\mathrm{d}Q}{\mathrm{d}t} = \dfrac{\mathrm{d}}{\mathrm{d}t}(CU_C) = C\dfrac{\mathrm{d}U_C}{\mathrm{d}t}$，代入 $U_C + Ri = E$ 中，得到 $U_C(t)$ 所满

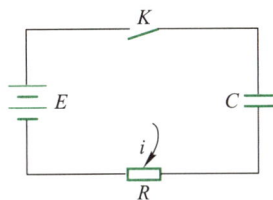

图 6.4

足的微分方程为 $R \cdot C \dfrac{\mathrm{d}U_C}{\mathrm{d}t} + U_C = E$. 然后，求此微分方程的通解与特解，便可得出电容器的充电规律.

解（计算过程略）：$U_C = E\left(1 - \mathrm{e}^{-\frac{t}{RC}}\right)$.

2. 应用二阶常系数线性微分方程知识研究机械振动现象

此问题主要出现在"机械设计基础"课程中，主要应用于研究无阻尼简谐振动、阻尼振动、有阻尼强迫振动、共振等现象和规律.

例 4　运用二阶线性微分方程知识，分析、研究阻尼振动现象及特点.

分析　把空气阻力的影响考虑进去. 由实验可知，空气阻力 F_1 与物体的运动速度成正比：$F_1 = -k_1 \dfrac{\mathrm{d}x}{\mathrm{d}t}$，其中 k_1 为比例系数（$k_1 > 0$），称为阻尼系数，负号表示阻力与运动方向相反. 这时，物体的运动方程为 $\dfrac{\mathrm{d}^2 x}{\mathrm{d}t^2} + \dfrac{k_1}{m} \cdot \dfrac{\mathrm{d}x}{\mathrm{d}t} + \dfrac{k}{m} x = 0$，这是二阶常系数齐次线性方程，其特征方程为 $\lambda^2 + \dfrac{k_1}{m}\lambda + \dfrac{k}{m} = 0$，特征根为 $\lambda_{1,2} = \dfrac{-k_1 \pm \sqrt{k_1^2 - 4km}}{2m}$. 然后，就 $k_1^2 - 4km > 0$，$k_1^2 - 4km = 0$，$k_1^2 - 4km < 0$ 三种解的情况进行讨论. 最后，分析得出阻尼振动现象及特点.

解（计算过程略，仅给出欠阻尼情况）：

当 $k_1^2 - 4km < 0$ 时，λ_1，λ_2 为一对共轭复数，其微分方程的通解为 $x(t) = \mathrm{e}^{-\frac{k_1}{2m}t}(c_1 \cos \omega_1 t + c_2 \sin \omega_1 t)$，或改写为 $x(t) = \mathrm{e}^{-\frac{k_1}{2m}t} A_1 \sin(\omega_1 t + \varphi_1)$. 此解含有周期函数，因而物体产生振动，振动角频率 $\omega_1 = \dfrac{\sqrt{4km - k_1^2}}{2m}$. 但是随着时间的延续，振幅越来越小，最后

位移消失、物体停止振动. 这种振幅随时间而减小的振动,称之为阻尼振动. 阻尼振动现象在实际应用中很有意义.

3. 应用二阶常系数线性微分方程知识研究电学中的振荡现象

此问题主要出现在"电工电子技术"课程中,应用于研究电磁振荡现象和规律. 与机械振荡相仿,在有些电路中电荷量和电流也会作周期性变化,这称为电磁振荡,能产生电磁振荡的电路称为振荡电路. 如图 6.5 所示的电路,它包括电阻 R,电容 C,电感 L 及电动势 $E = E_0 \cos \omega t$,则根据电学知识可建立关于电容器上储存的电荷量 $Q = Q(t)$ 的微分方程:

$$L \frac{\mathrm{d}^2 Q}{\mathrm{d}t^2} + R \frac{\mathrm{d}Q}{\mathrm{d}t} + \frac{1}{C} Q = E_0 \cos \omega t. \qquad (2)$$

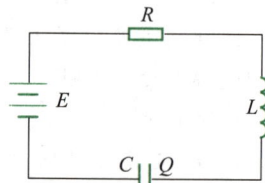

图 6.5

电磁振荡也分为阻尼振荡、受迫振荡、电共振等几种形式. 例如共振现象,当方程(2)中电动势的频率 ω 等于 LRC 回路的固有频率时,也会使电路出现共振现象.

» 本 章 小 结 «

一、知识小结

(一) 主要内容

本章主要介绍了微分方程,微分方程的阶、解、通解、初值条件和特解等概念;可分离变量微分方程、齐次方程和一阶线性微分方程等一阶微分方程的求法;可降阶的高阶微分方程的求法;二阶线性微分方程解的结构;二阶常系数线性微分方程的解法.

(二) 方法要点

1. 一阶微分方程的求解

一阶微分方程的类型较多,方程类型不同,解的方法也不一样,首先要识别微分方程的类型.

(1) 对可分变量离微分方程 $\frac{\mathrm{d}y}{\mathrm{d}x} = f(x)g(y)$:先分离变量,再两边积分得通解;

(2) 对齐次方程 $\frac{\mathrm{d}y}{\mathrm{d}x} = f\left(\frac{y}{x}\right)$:先作变量代换 $u = \frac{y}{x}$,转化为可分离变量的微分方程求解;

(3) 对一阶线性微分方程 $y' + P(x)y = Q(x)$:

直接代入通解公式 $y = \mathrm{e}^{-\int P(x)\mathrm{d}x}\left(\int Q(x)\mathrm{e}^{\int P(x)\mathrm{d}x}\mathrm{d}x + C\right)$ 求解.

2. 可降阶的高阶微分方程的求解,重点介绍 3 种类型:

(1) $y^{(n)} = f(x)$ 型:两边直接积分 n 次即可;

(2) $y'' = f(x, y')$ 型:作变量代换 $y' = p(x)$,则 $y'' = p'$,代入转化为一阶微分方程;

(3) $y'' = f(y, y')$ 型:作变量代换 $y' = p(y)$,则 $y'' = p\frac{\mathrm{d}p}{\mathrm{d}y}$,代入转化为一阶微分方程.

3. 二阶常系数线性微分方程的求解：

（1）二阶常系数齐次线性微分方程 $y''+py'+qy=0$ 求通解步骤

① 写出对应的特征方程 $r^2+pr+q=0$；

② 求出特征根 r_1，r_2；

③ 根据特征根的不同情形，按下列形式写出微分方程对应的通解：

若 $r_1 \neq r_2$ 实根，则 $y=C_1 e^{r_1 x}+C_2 e^{r_2 x}$；

若 $r_1=r_2$ 等根，则 $y=(C_1+C_2 x)e^{r_1 x}$；

若 $r_{1,2}=\alpha \pm i\beta$ 是一对共轭复根，则 $y=e^{\alpha x}(C_1 \cos \beta x+C_2 \sin \beta x)$.

（2）二阶常系数非齐次线性微分方程 $y''+py'+qy=P_n(x)e^{\lambda x}$ 求通解步骤

通解 = 对应的齐次方程的通解 + 该非齐次方程的特解.

非齐次方程特解的求法：先写出该方程的特解 $y^*(x)=x^k Q_n(x)e^{\lambda x}$，其中 $Q_n(x)$ 是与 $P_n(x)$ 同次的多项式，而 k 按照 λ 不是特征方程的根、是特征方程的单根或是特征方程的重根依次取为 0，1 或 2，然后将该特解代入方程中来确定 $Q_n(x)$ 的系数.

二、典型例题

例 1　求微分方程 $xy'+x=\cos(x+y)$ 的通解.

解　设 $u=x+y$，则 $\dfrac{du}{dx}=1+\dfrac{dy}{dx}$，代入所给方程，得

$$x\frac{du}{dx}=\cos u,$$

这是可分离变量的方程，分离变量，并积分 $\displaystyle\int \frac{du}{\cos u}=\int \frac{dx}{x}$，得

$$\ln|\sec u+\tan u|=\ln|x|+\ln C,$$

即

$$\sec u+\tan u=Cx.$$

以 $x+y$ 代替 u 即得所给微分方程的通解为

$$\sec(x+y)+\tan(x+y)=Cx.$$

例 2　求微分方程 $xy'\cos y-3\sin y=x^2$ 的通解.

解　注意到 $y'\cos y$ 是 $\sin y$ 对 x 的导数，即

$$\frac{d\sin y}{dx}=\cos y\,\frac{dy}{dx}.$$

于是，令 $z=\sin y$，则方程化为一阶线性微分方程

$$x\frac{dz}{dx}-3z=x^2,$$

即

$$\frac{dz}{dx}-\frac{3}{x}z=x,$$

其通解为

$$z = e^{\int \frac{3}{x}dx}\left(\int x e^{\int -\frac{3}{x}dx}dx + C\right) = x^3\left(\int x \frac{1}{x^3}dx + C\right) = -x^2 + Cx^3,$$

以 $\sin y$ 替换 z,即得所给微分方程的通解为

$$\sin y = Cx^3 - x^2.$$

例 3 求微分方程 $(x+y)^2\dfrac{\mathrm{d}y}{\mathrm{d}x} = 1$ 的通解.

解 此方程不是齐次方程,但也可以借鉴上面变量代换的思想来化为可分离变量的方程.

令 $x+y=u$,则 $y=u-x$,$\dfrac{\mathrm{d}y}{\mathrm{d}x} = \dfrac{\mathrm{d}u}{\mathrm{d}x} - 1$.代入原方程得

$$\frac{\mathrm{d}u}{\mathrm{d}x} - 1 = \frac{1}{u^2},$$

分离变量得

$$\frac{u^2}{1+u^2}\mathrm{d}u = \mathrm{d}x,$$

将上式两边积分,得

$$u - \arctan u = x + C,$$

代回原变量 $x+y=u$,原方程的通解为

$$y = \arctan(x+y) + C.$$

例 4 设可导函数 $\varphi(x)$ 满足 $\varphi(x)\cos x + 2\displaystyle\int_0^x \varphi(t)\sin t\,\mathrm{d}t = x + 1$,求 $\varphi(x)$.

解 在方程 $\varphi(x)\cos x + 2\displaystyle\int_0^x \varphi(t)\sin t\,\mathrm{d}t = x + 1$ 两端关于 x 求导,得

$$\varphi'(x)\cos x - \varphi(x)\sin x + 2\varphi(x)\sin x = 1,$$

即

$$\varphi'(x) + \tan x\varphi(x) = \sec x,$$

且在原方程中取 $x=0$,可得 $\varphi(0)=1$.

由一阶线性方程的通解公式,得

$$\varphi(x) = e^{-\int \tan x\mathrm{d}x}\left(\int \sec x\, e^{\int \tan x\mathrm{d}x}\mathrm{d}x + C\right)$$

$$= \cos x\left(\int \sec^2 x\mathrm{d}x + C\right)$$

$$= \sin x + C\cos x,$$

代入初值条件 $\varphi(0)=1$,可得 $C=1$,故 $\varphi(x) = \sin x + \cos x$.

例 5 已知二阶非齐次线性微分方程的两个特解为 $y_1^* = 1+x+x^3$,$y_2^* = 2-x+x^3$,对应的齐次线性微分方程的一个特解为 $y_1 = x$,求该方程满足初值条件 $y(0)=5$,$y'(0)=-2$ 的特解.

解 因为二阶非齐次线性微分方程的两个特解之差一定是对应的齐次方程的一个特解,故可得到齐次方程的另一个特解为

$$y_2 = y_1^* - y_2^* = 1+x+x^3 - (2-x+x^3) = 2x-1,$$

又

$$\frac{y_1}{y_2} = \frac{x}{2x-1} \neq 常数,$$

所以二阶非齐次线性微分方程的通解为

$$y = C_1 y_1 + C_2 y_2 + y_1^* = C_1 x + C_2(2x-1) + (1+x+x^3),$$

代入初值条件得

$$C_1 = 5, \quad C_2 = -4,$$

所以该方程满足初值条件 $y(0) = 5, y'(0) = -2$ 的特解为

$$y = 5 - 2x + x^3.$$

复 习 题 六

一、填空题

1. 微分方程 $y^{(4)} - xy^6 = \cos 2x$ 的阶数是_____.

2. 微分方程 $y' = e^{x-y}$ 的通解是_____.

3. 已知 $y = x + \dfrac{1}{2} x \sin x$ 是微分方程 $y'' + y = x + \cos x$ 的一个特解,则方程的通解

是_____.

4. 微分方程 $y'' + 4y' + 13y = 0$ 的通解为_____.

5. 微分方程 $y'' + 4y' + 4y = 0$ 的通解为_____.

6. 微分方程 $y'' + y' = 0$ 的通解为_____.

7. 以 $y = C_1 x e^x + C_2 e^x$ 为通解的二阶常系数齐次线性微分方程为_____.

二、单项选择题

1. 方程 $x^2 y \, dx - dy = x^2 \, dx + y \, dy$ 是（　　）.

A. 可分离变量方程　　　　　　　　　　B. 齐次方程

C. 一阶线性微分方程　　　　　　　　　D. 二阶线性微分方程

2. 微分方程 $y \, dx - x \, dy = x^2 e^x \, dx$ 是（　　）.

A. 可分离变量方程　　　　　　　　　　B. 齐次方程

C. 一阶线性微分方程　　　　　　　　　D. 二阶线性微分方程

3. 下列方程为可分离变量方程的是（　　）.

A. $(x+y) \, dx = y^2 \, dy$　　　　　　　　B. $x(y \, dx - dy) = y \, dx$

C. $x^2 \, dy + y \, dx = (1+x) \, dx$　　　　D. $x(dx + dy) = y(dx - dy)$

4. 二阶齐次线性微分方程有（　　）.

A. $(y')^2 + 5yy' + xy = 0$　　　　　　B. $x^2 y'' + 2y + y - x^2 = 0$

C. $yy'' + x^2 y' + y^2 = 0$　　　　　　D. $xy' + 2y'' + x^2 y = 0$

5. 方程 $y'+\dfrac{2}{x}y+x=0$ 满足条件 $y\big|_{x=2}=0$ 的特解是 $y=($ $)$.

A. $\dfrac{1}{x^2}(\ln 2-\ln x)$

B. $\dfrac{4}{x^2}-\dfrac{x^2}{4}$

C. $\dfrac{x^2}{4}-\dfrac{4}{x^2}$

D. $x^2(\ln x-\ln 2)$

6. 下列函数组中线性无关的是( ).

A. $x^2,\dfrac{2}{3}x^2$

B. $\sin 2x,\sin x\cos x$

C. $1+\cos x,\cos^2\dfrac{x}{2}$

D. e^x,e^{-2x}

*7. 微分方程 $y''-3y'+2y=xe^{2x}$ 的特解 y^* 的形式应为( ).

A. Axe^{2x}

B. $(Ax+B)e^{2x}$

C. Ax^2e^{2x}

D. $x(Ax+B)e^{2x}$

三、计算题

（一）求解下列一阶微分方程,若带初值条件,求特解.

1. $y'=\dfrac{1-x^2}{xy},y\big|_{x=1}=1$

2. $xy'=3x+2y$.

3. $y'=\dfrac{1}{2e^y-x}$.

4. $y'=1+x+y^2+xy^2$.

5. $xy'+2y=x\ln x,y(1)=-\dfrac{1}{9}$.

*6. $\dfrac{dy}{dx}=\dfrac{1}{x^2+y^2+2xy}$.

（二）求解下列微分方程.

1. $y''+\dfrac{2x}{x^2+1}y'-2x=0$.

2. $2(1+y)y''=1+(y')^2,y(0)=1,y'(0)=1$.

3. $y''=2x\ln x$.

4. $y''-y'=2e^x$.

5. $yy''-(y')^2=0$.

6. $y''+5y'+4y=3-2x$.

7. $y''-6y'+9y=(x+1)e^{3x}$.

*8. $y''=e^{2y}+e^y,y(0)=0,y'(0)=2$.

*（三）一曲线过点 $(1,2)$,曲线上任一点 P 处的法线与 x 轴的交点为 Q,且线段 PQ 被 y 轴平分,求曲线方程.

*（四）已知 $y=1,y=x,y=x^2$ 是某二阶非齐次线性微分方程的三个解,求该方程的通解.

向量代数与空间解析几何

- 理解空间直角坐标系,理解向量的概念及其表示,掌握空间两点间的距离公式
- 了解单位向量、方向余弦、向量的坐标表达式,熟练掌握用向量的坐标进行向量运算的方法
- 掌握向量的运算(线性运算、数量积、向量积),掌握两个向量垂直和平行的条件
- 掌握平面方程和直线方程及其求法
- 了解平面与平面、平面与直线、直线与直线之间的相互位置关系的判定条件
- 了解曲面方程的概念,了解常用二次曲面的方程及其图形
- 了解以坐标轴为旋转轴的旋转曲面及母线平行于坐标轴的柱面方程
- 了解空间曲线及其方程,了解空间曲线在坐标平面上的投影
- 用 MATLAB 数学软件绘制图形
- 了解数形结合的数学思想方法,发展空间形象思维,提高空间想象能力和数形转换能力

解析几何的基本思想是用代数的方法来研究几何问题,它通过点和坐标的对应,把数学研究的两个基本对象"数"和"形"统一起来,使得人们可以通过坐标把几何问题表示成代数形式,然后通过代数方程来表示和研究曲线或曲面.解析几何产生于 17世纪的欧洲,资本主义在迅速发展过程中,在机械、建筑、水利、航海、造船、显微镜和火器制造等领域中出现了以往的常量数学无法解决的问题,由此数学进入了变量数学发展时期.法国数学家笛卡儿和费马作为解析几何的创始人,对解析几何的发展做出了巨大的贡献.恩格斯对此曾经作过评价:"数学中的转折点是笛卡儿的变数,有了变数,运动进入了数学;有了变数,辩证法进入了数学;有了变数,微分和积分也就立刻成为必要的了."

传说笛卡儿建立直角坐标系的灵感来自于一只在墙角结网的蜘蛛,虽然不知真假,但有一点是可以肯定的,就是笛卡儿是个勤于思考的人.直角坐标系的创建,在代数和几何上架起了一座桥梁.它使几何概念得以用代数的方法来描述,几何图形可以

通过代数形式来表达,这样便可将先进的代数方法应用于几何学的研究.这就是我们今天常常把直角坐标系叫作笛卡儿坐标系的原因.坐标系的种类有很多,除了笛卡儿直角坐标系还有平面极坐标系、柱面坐标系和球面坐标系等.我国古代战国中期魏国天文学家石申用入宿度和去极度两个数据来表示恒星在天球上位置的星表,就是一种球面坐标系统的坐标法.西晋人裴秀提出"制图六体",在地图绘制中使用了相当完备的平面网络坐标法.

解析几何即坐标几何,包括平面解析几何和立体解析几何两部分.解析几何通过平面直角坐标系和空间直角坐标系,建立点与实数对之间的一一对应关系,从而建立起曲线或曲面与方程之间的一一对应关系,因而就能用代数方法研究几何问题,或用几何方法研究代数问题.

在理工类专业中,图形设计、模具制作等实际应用模型是必不可少的,向量代数与空间解析几何就是图形设计与计算的基础.这一章是借助于空间直角坐标系建立空间中的点与三元数组(空间中点的坐标)之间的一一对应关系,利用代数的方法来研究空间几何问题.

空间三点所围三角形的面积 已知空间三点,$A(1,2,3)$,$B(3,4,5)$,$C(2,4,7)$,那么由这三点所围三角形 ABC 的面积如何计算呢?

这个问题,在计算出三角形三条边的长度后,可以用海伦公式计算出三角形的面积.我们也可以利用向量的向量积进行求解,方法上要简单很多.

第一节　向量及其线性运算

一、空间直角坐标系

空间直角坐标系 $Oxyz$:过空间定点 O 作三条互相垂直的数轴,它们都以 O 为原点,并且通常取相同的长度单位.这三条数轴分别称为 **x 轴(横轴)**,**y 轴(纵轴)**,**z 轴(竖轴)**.各轴正向之间的顺序通常按下述**右手法则**确定:以右手握住 z 轴,让右手的四指从 x 轴的正向,以 $\frac{\pi}{2}$ 的角度转向 y 轴的正向,这时大拇指所指的方向就是 z 轴的正向.如图 7.1 所示.

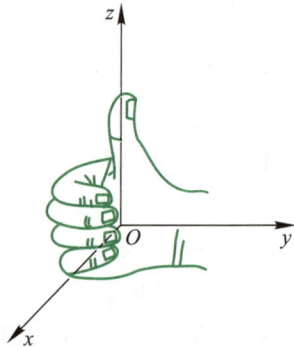
图 7.1

空间直角坐标系（二维码）

小贴士

习惯上将 x 轴和 y 轴配置在水平面上,而 z 轴则是铅垂线,但事实上,它们的画法并不唯一,只需要满足两两垂直和右手法则即可.

坐标面:在空间直角坐标系中,任意两个坐标轴可以确定一个平面,这种平面称为坐标面. x 轴及 y 轴所确定的坐标面叫作 xOy 面, y 轴及 z 轴所确定的坐标面叫作 yOz 面, z 轴及 x 轴所确定的坐标面叫作 zOx 面.

🔍 **小贴士**

坐标面是三个两两垂直的平面.

八个卦限:第一卦限 $\{(x,y,z)\mid x>0,y>0,z>0\}$;第二卦限 $\{(x,y,z)\mid x<0,y>0,z>0\}$;第三卦限 $\{(x,y,z)\mid x<0,y<0,z>0\}$;第四卦限 $\{(x,y,z)\mid x>0,y<0,z>0\}$;第五卦限 $\{(x,y,z)\mid x>0,y>0,z<0\}$;第六卦限 $\{(x,y,z)\mid x<0,y>0,z<0\}$;第七卦限 $\{(x,y,z)\mid x<0,y<0,z<0\}$;第八卦限 $\{(x,y,z)\mid x>0,y<0,z<0\}$.八个卦限分别用罗马数字 I,II,III,IV,V,VI,VII,VIII 表示.如图 7.2 所示.

设 M 为空间一已知点,我们过点 M 作三个平面分别垂直于 x 轴、y 轴和 z 轴,它们与 x 轴、y 轴和 z 轴的交点依次为 P,Q,R(图 7.3).这三点在 x 轴、y 轴和 z 轴的坐标依次为 x,y 和 z,于是空间的一点 M 就唯一确定了一个有序数组 (x,y,z);反过来,已知一有序数组 (x,y,z),我们可以在 x 轴上取坐标为 x 的点 P,在 y 轴上取坐标为 y 的点 Q,在 z 轴上取坐标为 z 的点 R,然后通过 P,Q,R 分别作 x 轴、y 轴和 z 轴的垂直平面,这三个垂直平面的交点 M 便是由有序数组 (x,y,z) 所确定的唯一的点,这样就建立了空间点 M 和有序数组 x,y,z 之间的一一对应关系,这组数 (x,y,z) 就叫作点 M 的坐标,并依次称 x,y 和 z 为点 M 的横坐标、纵坐标和竖坐标,坐标为 x,y 和 z 的点 M 通常记为 $M(x,y,z)$.

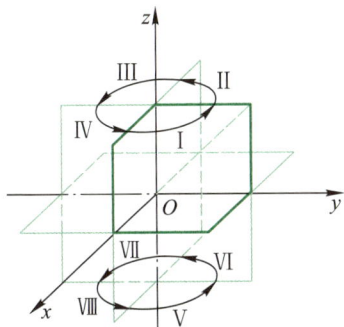

图 7.2

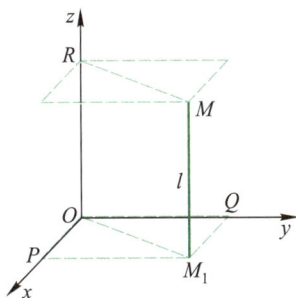

图 7.3

坐标面和坐标轴上的点,其坐标各有一定的特征.例如在坐标面 xOy,yOz 和 zOx 的点的坐标分别为 $(x,y,0),(0,y,z),(x,0,z)$,在 x 轴、y 轴和 z 轴上的点的坐标分别为 $(x,0,0),(0,y,0),(0,0,z)$,坐标原点的坐标是 $(0,0,0)$.

类似于平面直角坐标系下的情形,可以讨论关于坐标轴、坐标面、坐标原点对称的点的坐标关系.例如,与点 (x,y,z) 关于 x 轴对称的点为 $(x,-y,-z)$;与点 (x,y,z) 关于 xOy 坐标面对称的点为 $(x,y,-z)$;与点 (x,y,z) 关于原点对称的点为 $(-x,-y,-z)$ 等.

⭐ **小点睛**

  数形结合是一种数学思想方法.数形结合思想就是通过数和形之间的对应关系和相互转化来解决问题的思想方法.数学是研究现实世界的数量关系与空间形式的科学,数和形之间是既对立又统一的关系,在一定的条件下可以相互转化.这里的数是指数字、代数式、方程、函数、数量关系式等,这里的形是指几何图形和函数图像.在数学的发展史上,直角坐标系的出现给几何研究带来了新的工具,直角坐标系与几何图形相结合,也就是把几何图形放在坐标系中,使得几何图形上的每个点都可以用坐标里的坐标(有序实数组)来表示,这样可以用代数的方法来研究图形的性质,堪称数形结合的完美体现.

二、空间两点的距离

  设 $M_1(x_1,y_1,z_1)$ 与 $M_2(x_2,y_2,z_2)$ 是空间的两点,为了用两点的坐标来表达它们间的距离 d,我们过 M_1,M_2 各作三个分别垂直于三条坐标轴的平面,这六个平面围成一个以 M_1M_2 为对角线的长方体(图 7.4).

  由于 $\triangle M_1NM_2$ 为直角三角形,所以 $d^2=|M_1M_2|^2=|M_1N|^2+|NM_2|^2$,又 $\triangle M_1PN$ 也为直角三角形,且 $|M_1N|^2=|M_1P|^2+|PN|^2$,所以

$$d^2=|M_1M_2|^2=|M_1P|^2+|PN|^2+|NM_2|^2.$$

又由于 $|M_1P|=|P_1P_2|=|x_2-x_1|$,$|PN|=|Q_1Q_2|=|y_2-y_1|$,$|NM_2|=|R_1R_2|=|z_2-z_1|$,所以

$$d=|M_1M_2|=\sqrt{(x_2-x_1)^2+(y_2-y_1)^2+(z_2-z_1)^2}. \tag{1}$$

这就是空间两点间的距离公式.

  特殊地,点 $M(x,y,z)$ 与坐标原点 $O(0,0,0)$ 的距离为

$$d=|OM|=\sqrt{x^2+y^2+z^2}. \tag{2}$$

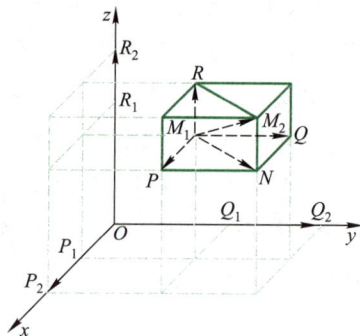

图 7.4

⭐ **小点睛**

  类比法是由两个或两类思考对象在某些属性上相同或相似推出它们在另一属性上也相同或相似的一种推理方法,它是从特殊到特殊的逻辑推理方法.类比平面直角坐标系中两点之间的距离公式,就可以得到空间中两点间的距离公式.

  例 1 在 y 轴上求与点 $A(1,-3,7)$ 和 $B(5,7,-5)$ 等距离的点.

  解 因为所求的点在 y 轴上,故可设它为 $M(0,y,0)$,依题意有

$$|MA|=|MB|,$$

即有

$$\sqrt{(1-0)^2+(-3-y)^2+(7-0)^2}=\sqrt{(5-0)^2+(7-y)^2+(-5-0)^2},$$

解得

$$y = 2,$$

因此,所求的点为 $M(0,2,0)$.

例 2　设有三点 $M_1(2,1,-1)$, $M_2(5,-1,0)$, $M_3(3,0,1)$, 求证 $\triangle M_1M_2M_3$ 是等腰三角形.

证　利用公式(1)计算:

$$|M_1M_2| = \sqrt{(5-2)^2 + (-1-1)^2 + (0+1)^2} = \sqrt{14},$$

$$|M_2M_3| = \sqrt{(3-5)^2 + (0+1)^2 + (1-0)^2} = \sqrt{6},$$

$$|M_3M_1| = \sqrt{(2-3)^2 + (1-0)^2 + (-1-1)^2} = \sqrt{6},$$

由于 $|M_2M_3| = |M_3M_1|$, 且 $|M_2M_3| + |M_3M_1| = 2\sqrt{6} > \sqrt{14} = |M_1M_2|$, 故 $\triangle M_1M_2M_3$ 是等腰三角形.

三、空间向量的概念

(1) **向量**:既有大小,又有方向的量. 例如力、力矩、位移、速度、加速度等.在数学上用有向线段来表示向量,其长度表示向量的大小,其方向表示向量的方向.在数学上只研究与起点无关的自由向量(以后简称向量).

(2) **向量的表示方法**:有向线段 $\overrightarrow{M_1M_2}$(其中 M_1 是起点, M_2 是终点);向量可用粗体字母表示,也可用上加箭头的书写体字母表示,例如 $\boldsymbol{a}, \boldsymbol{i}, \boldsymbol{F}, \vec{a}, \vec{i}, \vec{F}$ 等.

如果向量 $\boldsymbol{a}$ 和 $\boldsymbol{b}$ 的大小相等,且方向相同,则说向量 $\boldsymbol{a}$ 和 $\boldsymbol{b}$ 是相等的,记为 $\boldsymbol{a} = \boldsymbol{b}$. 相等的向量经过平移后可以完全重合.

以坐标原点 O 为起点, M 点为终点的向量 $\overrightarrow{OM}$ 称为**向径**.

(3) **向量的模**:向量的大小称为向量的模,记作 $|\overrightarrow{M_1M_2}|$ 或 $|\boldsymbol{a}|$.

(4) **单位向量**:模为 1 的向量称为单位向量.

(5) **负向量**:与 $\boldsymbol{a}$ 大小相等,方向相反的向量,称为 $\boldsymbol{a}$ 的负向量,记为 $-\boldsymbol{a}$.

(6) **零向量**:模为零的向量称为零向量,记作 $\boldsymbol{0}$.零向量的起点与终点重合,它的方向可以看作是任意的.

(7) **向量平行**:两个非零向量如果它们的方向相同或相反,就称这两个向量平行.向量 $\boldsymbol{a}$ 与 $\boldsymbol{b}$ 平行,记作 $\boldsymbol{a} /\!/ \boldsymbol{b}$.零向量认为是与任何向量都平行.

当两个平行向量的起点平移到同一点时,它们的终点和公共的起点在一条直线上. 因此,两向量平行又称两向量共线.

🔲 **小贴士**

类似还有共面的概念. 设有 $k(k \geqslant 3)$ 个向量,当把它们的起点放在同一点时,如果 k 个终点和公共起点在一个平面上,就称这 k 个向量共面.

（8）**向量的夹角**：如图7.5所示，向量 **a** 与 **b** 正向之间的夹角 $\theta(0 \leqslant \theta \leqslant \pi)$，记作 $\theta = (\widehat{\textbf{a}, \textbf{b}})$. 且有 $(\widehat{\textbf{a}, \textbf{b}}) = (\widehat{\textbf{b}, \textbf{a}})$.

当 $(\widehat{\textbf{a}, \textbf{b}}) = \dfrac{\pi}{2}$ 时，就称向量 **a** 与 **b** **垂直**，记作 $\textbf{a} \perp \textbf{b}$.特别地，零向量与任何向量都垂直.

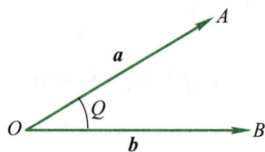

图 7.5

🔲 **小贴士**

如果两个向量是平行的，那么它们的夹角为 0 或者 π.

四、向量的线性运算

向量的加法，数与向量乘法统称为向量的**线性运算**.

1. 向量加减运算的定义及性质

位移的合成案例　2004 年时上海和台北还没有直航，因此春节探亲，要先从台北到香港，再从香港到上海，这两次位移之和是什么？

设从台北到香港的位移为 **a**，从香港到上海的位移为 **b**，那么两次位移之和就是从台北直飞上海的位移也就是向量 **a** 与 **b** 的和，记作 **a**+**b**（图 7.6）.

平行四边形法则　将两向量 **a** 与 **b** 平移到同一起点 O，以此两向量为邻边作平行四边形，定义由起点 O 到对顶点 B 的向量 $\overrightarrow{OB}$ 为向量 **a** 与 **b** 之和，$\textbf{a}+\textbf{b} = \overrightarrow{OB}$（图 7.7）.

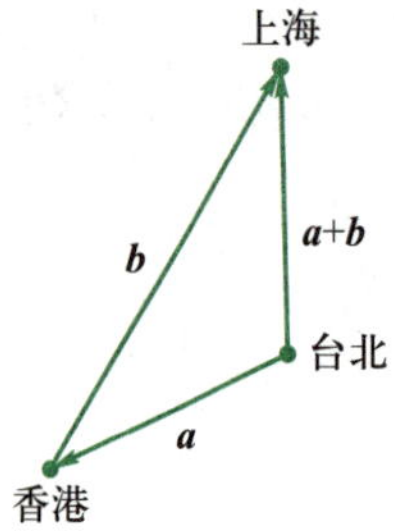

图 7.6

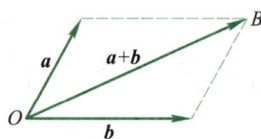

图 7.7

🔲 **小贴士**

平行四边形法则的口诀是：共同起点对角线.

三角形法则　将向量 **b** 的起点平移到与向量 **a** 的终点重合，则以向量 **a** 的起点为始点，向量 **b** 的终点为终点的向量，就是向量 **a** 与 **b** 的和（图 7.8）.

🔲 **小贴士**

形象地来说，三角形法则的做法就是将两个向量首尾相接连首尾.我们很容易将三角形法则推广到多个向量求和的情况.

向量的减法　将 b 变成 $-b$，再与 a 相加（图 7.9），即：$a-b=a+(-b)$.

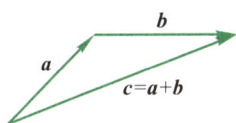

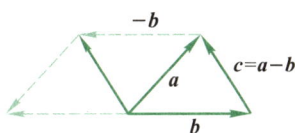

图 7.8　　　　　　　　　　　　　　　图 7.9

任一个向量与零向量的和等于它本身.

向量的加法符合下列**运算规律**：

（1）交换律：$a+b=b+a$.

（2）结合律：$(a+b)+c=a+(b+c)$.

2. 向量与数的乘法

设 λ 是一个数，向量 a 与 λ 的乘积 λa 规定为

（1）$\lambda>0$ 时，λa 与 a 同向，$|\lambda a|=\lambda|a|$.

（2）$\lambda=0$ 时，$\lambda a=\mathbf{0}$.

（3）$\lambda<0$ 时，λa 与 a 反向，$|\lambda a|=|\lambda||a|$.

数与向量的乘积具有下列运算律：

（1）结合律：$\lambda(\mu a)=\mu(\lambda a)=(\lambda\mu)a$.

（2）分配律：$\lambda(a+b)=\lambda a+\lambda b$；$(\lambda+\mu)a=\lambda a+\mu a$.

设向量 $|a|\neq0$，与 a 同向的单位向量以 e_a 表示，则 $e_a=\dfrac{a}{|a|}$.

由于向量 λa 与 a 平行，因此我们常用向量与数的乘积来说明两个向量的平行关系.

定理 7.1.1　设向量 $|a|\neq0$，那么向量 b 平行于向量 a 的充分必要条件是存在唯一的实数 λ，使 $b=\lambda a$.

> **？请思考**
>
> 与非零向量 a 平行的单位向量如何求？

我们知道，给定一个点及一个单位向量就确定了一条数轴. 设点 O 及单位向量 i 确定了数轴 Ox，对于轴上任一点 P，对应一个向量 $\overrightarrow{OP}$，由 $\overrightarrow{OP}/\!/i$，根据定理 7.1.1，必有唯一的实数 x，使 $\overrightarrow{OP}=xi$（实数 x 叫作轴上有向线段 $\overrightarrow{OP}$ 的值），并且 $\overrightarrow{OP}$ 与实数 x 一一对应. 所以轴上的点 P 与实数 x 有一一对应的关系. 定义实数 x 为轴上点 P 的坐标.

由此可知，轴上点 P 的坐标为 x 的充分必要条件是 $\overrightarrow{OP}=xi$.

五、向量的坐标表示

1. 向量在轴上的投影

首先我们来引进轴上的有向线段的值的概念.

向量的坐标表示

设有一轴 u, $\overrightarrow{AB}$ 是轴 u 上的有向线段
(图 7.10),如果数 λ 满足 $|\lambda| = |\overrightarrow{AB}|$,且当
$\overrightarrow{AB}$ 与 u 轴同向时 λ 是正的,当 $\overrightarrow{AB}$ 与 u 轴反向时

图 7.10

λ 是负的,那么数 λ 叫作轴 u 上有向线段 $\overrightarrow{AB}$ 的值,记作 AB,即 $\lambda = AB$.

如果向量 $\boldsymbol{a}$ 与 $\boldsymbol{b}$ 中有一个是零向量,规定它们的夹角可在 0 与 π 之间任意取值.

空间一点在轴上的投影 设已知空间一点 A 以及一轴 u,通过点 A 做轴 u 的垂直平面 α,那么平面 α 与轴 u 的交点 A' 叫作点 A 在轴 u 上的投影(图 7.11).

空间一向量在轴上的投影 设已知向量 $\overrightarrow{AB}$ 的起点 A 和终点 B 在轴 u 上的投影分别为点 A' 和 B'(图 7.12),那么轴 u 上的有向线段 $\overrightarrow{A'B'}$ 的值 $A'B'$ 叫作向量 $\overrightarrow{AB}$ 在轴 u 上的投影,记作 $\mathrm{Prj}_u \overrightarrow{AB}$ 或 $(\overrightarrow{AB})_u$,即 $\mathrm{Prj}_u \overrightarrow{AB} = A'B'$,轴 u 叫作投影轴.

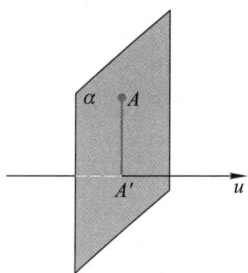

图 7.11

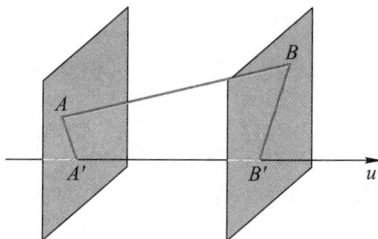

图 7.12

向量的投影有如下性质:

性质 1(投影定理) 向量 $\boldsymbol{a}$ 在轴 u 上的投影等于向量的模乘轴与向量的夹角 φ 的余弦: $\mathrm{Prj}_u \boldsymbol{a} = a\cos\varphi$.

性质 2 两个向量的和在轴上的投影等于两个向量在该轴上的投影之和(图 7.13).即

$$\mathrm{Prj}_u(\boldsymbol{a}+\boldsymbol{b}) = \mathrm{Prj}_u\boldsymbol{a} + \mathrm{Prj}_u\boldsymbol{b}.$$

性质 3 向量与数的乘积在轴上的投影等于向量在该轴上的投影与数的乘积,即

$$\mathrm{Prj}_u(\lambda\boldsymbol{a}) = \lambda\mathrm{Prj}_u\boldsymbol{a}.$$

说明:

(1) $0 \leqslant \varphi < \dfrac{\pi}{2}$ 时,投影为正;

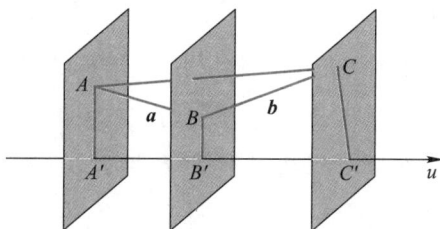

图 7.13

(2) $\dfrac{\pi}{2} < \varphi \leqslant \pi$ 时,投影为负;

(3) $\varphi = \dfrac{\pi}{2}$ 时,投影为零;

(4) 相等的向量在同一轴上投影相等.

2. 向量在坐标轴上的分向量与向量的坐标

建立空间直角坐标系后,在 x 轴、y 轴、z 轴的正方向各取一个单位向量,分别记作 i,j,k,我们称之为这一坐标系的**基本单位向量**.

设点 M 的坐标为 (x,y,z),过点 M 作 xOy 坐标平面的垂线,垂足为 N(图 7.14),则 $r=\overrightarrow{OM}=\overrightarrow{ON}+\overrightarrow{NM}$.

向径 $\overrightarrow{ON}$ 在 xOy 坐标平面上,且有 $\overrightarrow{ON}=xi+yj$,而且 $\overrightarrow{NM}=zk$,于是

$$r=\overrightarrow{OM}=xi+yj+zk. \tag{3}$$

我们把(3)式叫作向量 $\overrightarrow{OM}$ 的**坐标分解式**,x,y,z 叫作向量 $\overrightarrow{OM}$ 的坐标,向量的坐标就是向量在各坐标轴上的投影,向量 xi,yj,zk 分别叫作向量 $\overrightarrow{OM}$ 在 x,y,z 轴上的**分向量**.

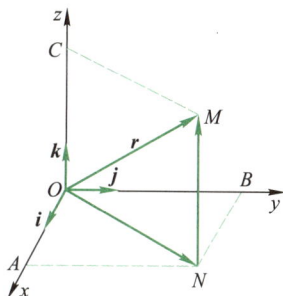

图 7.14

向量 $\overrightarrow{OM}$ 的坐标表达式也可简写为 $\overrightarrow{OM}=(x,y,z)$.

小贴士

(1) 向量在坐标轴上的分向量与向量在坐标轴上的投影(即向量的坐标)有本质的区别,向量 $\overrightarrow{OM}$ 在坐标轴上的投影是三个数 x,y 和 z,而向量在坐标轴上的分向量是三个向量 xi,yj 和 zk.

(2) 向径 $\overrightarrow{OM}$ 的坐标就等于它的终点 M 的坐标.

如果一向量 $\overrightarrow{M_1M_2}$ 的起点 M_1 与终点 M_2 的坐标分别为 (x_1,y_1,z_1),(x_2,y_2,z_2),作两个向径 $\overrightarrow{OM_1}$,$\overrightarrow{OM_2}$,就得到 $\overrightarrow{M_1M_2}=\overrightarrow{OM_2}-\overrightarrow{OM_1}$(图 7.15).因为 $\overrightarrow{OM_1}=(x_1,y_1,z_1)$,$\overrightarrow{OM_2}=(x_2,y_2,z_2)$,所以有

$$\overrightarrow{M_1M_2}=(x_2-x_1)i+(y_2-y_1)j+(z_2-z_1)k, \tag{4}$$

或

$$\overrightarrow{M_1M_2}=(x_2-x_1,y_2-y_1,z_2-z_1). \tag{5}$$

图 7.15

若向量 $a=\overrightarrow{M_1M_2}$,令

$$a_x=x_2-x_1,\quad a_y=y_2-y_1,\quad a_z=z_2-z_1,$$

则 a 的**坐标分解式**为

$$a=a_xi+a_yj+a_zk.$$

a 在三个坐标轴上的**分向量**:a_xi,a_yj,a_zk.

a 的坐标表达式为 $a=(a_x,a_y,a_z)$.

a 的**横坐标、纵坐标、竖坐标**分别为 a_x,a_y,a_z.

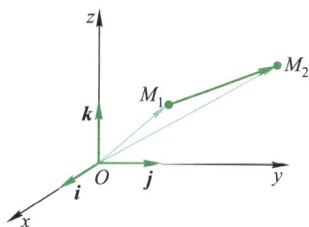

🔖 **小贴士**

向量的坐标等于它的终点的坐标减去起点的相应坐标.

利用向量的坐标,可得向量的加法、减法及向量与数的乘法的运算如下:

设 $\boldsymbol{a} = (a_x, a_y, a_z)$, $\boldsymbol{b} = (b_x, b_y, b_z)$,则

$$\boldsymbol{a} \pm \boldsymbol{b} = (a_x \pm b_x)\boldsymbol{i} + (a_y \pm b_y)\boldsymbol{j} + (a_z \pm b_z)\boldsymbol{k}, \tag{6}$$

$$\lambda \boldsymbol{a} = (\lambda a_x)\boldsymbol{i} + (\lambda a_y)\boldsymbol{j} + (\lambda a_z)\boldsymbol{k}. \tag{7}$$

由此可见,对向量进行加、减及数乘,只需对向量的各个坐标分别进行相应的数量运算即可.

进而,根据向量的数乘运算可知,非零向量 $\boldsymbol{a}$ 与向量 $\boldsymbol{b}$ 平行的充要条件为,存在数 λ,使 $\boldsymbol{b} = \lambda \boldsymbol{a}$,即

$$(b_x, b_y, b_z) = \lambda(a_x, a_y, a_z),$$

或写作

$$\frac{a_x}{b_x} = \frac{a_y}{b_y} = \frac{a_z}{b_z} = \lambda,$$

即向量 $\boldsymbol{a}$ 与 $\boldsymbol{b}$ 对应的坐标成比例.

🔖 **小贴士**

若 b_x, b_y, b_z 中某一个或两个为零,则上式应理解为相应的分子也为零.例如 $\dfrac{a_x}{0} = \dfrac{a_y}{b_y} = \dfrac{a_z}{b_z}$,应理解为 $a_x = 0, \dfrac{a_y}{b_y} = \dfrac{a_z}{b_z}$.

例 3 已知向量 $\boldsymbol{a} = \overrightarrow{AB} = (-3, 0, 1)$,始点 A 的坐标为 $(-3, 1, 4)$,求终点 B 的坐标.

解 设 $B(x, y, z)$,则

$$\overrightarrow{AB} = (x+3, y-1, z-4) = (-3, 0, 1),$$

所以 $x = -6, y = 1, z = 5$,即 $B = (-6, 1, 5)$.

例 4 设有点 $A(3, -1, 2)$ 和 $B(2, 4, 0)$,求向量 $\overrightarrow{OA} + \overrightarrow{OB}$ 和 $2\overrightarrow{OA} - 3\overrightarrow{OB}$.

解 $\overrightarrow{OA} + \overrightarrow{OB} = (3, -1, 2) + (2, 4, 0) = (5, 3, 2)$,

$2\overrightarrow{OA} - 3\overrightarrow{OB} = 2(3, -1, 2) - 3(2, 4, 0) = (6, -2, 4) - (6, 12, 0) = (0, -14, 4)$.

例 5 设向量 $\boldsymbol{a} = \lambda \boldsymbol{i} + 2\boldsymbol{j} - \boldsymbol{k}$, $\boldsymbol{b} = -\boldsymbol{j} + \mu \boldsymbol{k}$.问数 λ, μ 为何值时,$\boldsymbol{a}$ 与 $\boldsymbol{b}$ 平行.

解 因为 $\boldsymbol{a} /\!/ \boldsymbol{b}$,所以 $\dfrac{\lambda}{0} = \dfrac{2}{-1} = \dfrac{-1}{\mu}$,即

$$\lambda = 0, \quad \frac{2}{-1} = \frac{-1}{\mu},$$

所以 $\lambda = 0, \mu = \dfrac{1}{2}$.

六、向量的模与方向余弦的坐标表达式

向量的两个要素是它的模和方向,要想把向量完整地用数学的方式表达出来,就要用数学的形式描述这两个要素,即建立向量的模与方向余弦的坐标表达式.

设非零向量 $\boldsymbol{a}=\overrightarrow{M_1M_2}=(a_x,a_y,a_z)$,过 M_1,M_2 分别作垂直于坐标轴的平面,它们围成一个长方体,M_1M_2 是一条对角线(图 7.16).

向量的大小就是向量的模,从图中可看出,向量 $\boldsymbol{a}$ 的模为

$$|\boldsymbol{a}|=|\overrightarrow{M_1M_2}|=\sqrt{|M_1P|^2+|M_1Q|^2+|M_1R|^2},$$

而 $M_1P=a_x,M_1Q=a_y,M_1R=a_z$,故 $|\boldsymbol{a}|=\sqrt{a_x^2+a_y^2+a_z^2}$.

特别地,若一向径 $\overrightarrow{OP}$ 的终点为 (x,y,z),则其模为

$$|\overrightarrow{OP}|=\sqrt{x^2+y^2+z^2}.$$

对于非零向量 $\overrightarrow{M_1M_2}$ 的方向,可以用它与三条坐标轴正向之间的夹角 α,β,γ 来表示(图 7.17),并规定 $0\leqslant\alpha\leqslant\pi,0\leqslant\beta\leqslant\pi,0\leqslant\gamma\leqslant\pi$,称 α,β,γ 为向量 $\overrightarrow{M_1M_2}$ 的方向角,而 $\cos\alpha,\cos\beta,\cos\gamma$ 叫作向量 $\overrightarrow{M_1M_2}$ 的方向余弦.显然,给定三个方向角,向量的方向也随之确定.由投影的性质 1 可知

$$a_x=|\boldsymbol{a}|\cos\alpha,\quad a_y=|\boldsymbol{a}|\cos\beta,\quad a_z=|\boldsymbol{a}|\cos\gamma,$$

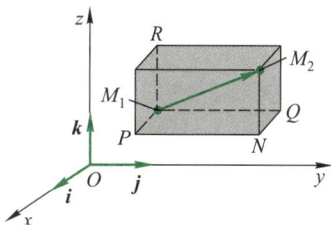

图 7.16

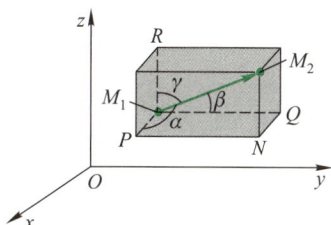

图 7.17

所以,三个方向余弦为

$$\cos\alpha=\frac{a_x}{\sqrt{a_x^2+a_y^2+a_z^2}},\cos\beta=\frac{a_y}{\sqrt{a_x^2+a_y^2+a_z^2}},\cos\gamma=\frac{a_z}{\sqrt{a_x^2+a_y^2+a_z^2}}. \tag{8}$$

显然有

$$\cos^2\alpha+\cos^2\beta+\cos^2\gamma=1.$$

即任一非零向量的方向余弦的平方和为 1.

显然,与非零向量 $\boldsymbol{a}$ 同向的单位向量为

$$\boldsymbol{e}_a=\frac{\boldsymbol{a}}{|\boldsymbol{a}|}=\frac{1}{|\boldsymbol{a}|}(a_x,a_y,a_z)=(\cos\alpha,\cos\beta,\cos\gamma).$$

例 6 已知两点 $M_1(2,2,\sqrt{2})$ 与 $M_2(1,3,0)$,求向量 $\overrightarrow{M_1M_2}$ 的模、方向余弦和方向角.

解 向量 $\overrightarrow{M_1M_2}=(1-2,3-2,0-\sqrt{2})=(-1,1,-\sqrt{2})$,

$$|\overrightarrow{M_1M_2}| = \sqrt{(-1)^2 + 1^2 + (-\sqrt{2})^2} = 2,$$

故 $\cos\alpha = -\dfrac{1}{2}, \cos\beta = \dfrac{1}{2}, \cos\gamma = -\dfrac{\sqrt{2}}{2}; \alpha = \dfrac{2\pi}{3}, \beta = \dfrac{\pi}{3}, \gamma = \dfrac{3\pi}{4}.$

例 7 设已知两点 $A(4,0,5)$ 和 $B(7,1,3)$，求与 $\overrightarrow{AB}$ 同向的单位向量.

解 因为 $\overrightarrow{AB} = (7-4, 1-0, 3-5) = (3,1,-2)$，于是

$$|\overrightarrow{AB}| = \sqrt{3^2 + 1^2 + (-2)^2} = \sqrt{14}.$$

设 $\boldsymbol{e}_{\overrightarrow{AB}}$ 为和 $\overrightarrow{AB}$ 同向的单位向量，则

$$\boldsymbol{e}_{\overrightarrow{AB}} = \frac{\overrightarrow{AB}}{|AB|} = \left(\frac{3}{\sqrt{14}}, \frac{1}{\sqrt{14}}, -\frac{2}{\sqrt{14}}\right).$$

例 8 设向量 $\boldsymbol{a}$ 的方向角 $\alpha = \dfrac{\pi}{4}, \beta = \dfrac{\pi}{2}, \gamma$ 为锐角，且 $|\boldsymbol{a}| = 2$，求向量 $\boldsymbol{a}$ 的坐标表达式.

解 因为

$$\cos^2\frac{\pi}{4} + \cos^2\frac{\pi}{2} + \cos^2\gamma = 1,$$

于是有

$$\cos\gamma = \pm\frac{\sqrt{2}}{2} \quad (\gamma \text{ 是锐角，负的舍去}),$$

故

$$a_x = |\boldsymbol{a}|\cos\alpha = 2\cos\frac{\pi}{4} = \sqrt{2},$$

$$a_y = |\boldsymbol{a}|\cos\beta = 2\cos\frac{\pi}{2} = 0,$$

$$a_z = |\boldsymbol{a}|\cos\gamma = 2 \cdot \frac{\sqrt{2}}{2} = \sqrt{2},$$

所以，向量 $\boldsymbol{a}$ 的坐标表示为 $\boldsymbol{a} = (\sqrt{2}, 0, \sqrt{2})$

习题 7.1

1. 写出下列特殊点的坐标：

（1）原点.

（2）x 轴上的点.

（3）y 轴上的点.

（4）z 轴上的点.

（5）xOy 面上的点.

（6）yOz 面上的点.

（7）zOx 面上的点.

2. 点 (a,b,c) 关于 xOy 平面，yOz 平面，zOx 平面，x 轴，y 轴，z 轴，原点的对称点坐

标依次为＿＿＿＿＿＿＿＿＿，＿＿＿＿＿＿＿＿＿，＿＿＿＿＿＿＿＿＿，＿＿＿＿＿＿＿＿＿，
＿＿＿＿＿＿＿＿＿，＿＿＿＿＿＿＿＿＿，＿＿＿＿＿＿＿＿＿．

3. 点 (a,b,c) 到 xOy 平面，yOz 平面，zOx 平面，x 轴、y 轴、z 轴的距离依次为
＿＿＿＿＿＿＿＿＿，＿＿＿＿＿＿＿＿＿，＿＿＿＿＿＿＿＿＿，＿＿＿＿＿＿＿＿＿，
＿＿＿＿＿＿＿＿＿，＿＿＿＿＿＿＿＿＿．

4. 求两点 $A(-2,1,3)$，$B(0,-1,2)$ 之间的距离.

5. 设两点 $M_1(4,\sqrt{2},1)$，$M_2(3,0,2)$，求向量 $\overrightarrow{M_1M_2}$ 的模、方向余弦、方向角.

6. 已知向量 $\overrightarrow{M_1M_2}=(4,-4,7)$，它的终点的坐标为 $M_2(2,-1,7)$，求它的始点 M_1 的坐标.

7. 在 xOy 面上求与点 $A(1,-1,5)$，$B(3,4,4)$ 和 $C(4,6,1)$ 等距离的点.

8. 设向量 $a=3i-j+2k$，$b=-2i-2j+k$，求 $-3a$，$a+b$，$a-b$，$2a-3b$.

9. 设 $b=(2,2,-2)$，$2a-b=(-5,0,-4)$，求 a.

10. 设 $a=i+3j+6k$，$b=-i-j+k$，试求向量 c，使 c 与 $a+b$ 方向相反而长度为 10.

11. 设向量 r 的模为 4，r 与 x,y,z 轴的夹角分别为 $\dfrac{\pi}{3}$，$\dfrac{\pi}{3}$，$\dfrac{3\pi}{4}$，求向量 r 的坐标.

第二节　向量的数量积与向量积

一、向量的数量积

常力做功问题案例　如图 7.18，设一物体在常力 F 作用下沿直线运动，移动的位移为 s，力 F 与位移 s 的夹角为 θ，那么力 F 所做的功为 $W=|F||s|\cos\theta$.

从此问题看出，有时我们要对向量 a 和 b 作这样的运算，即作 $|a|$，$|b|$ 及它们的夹角 $\theta(0\leqslant\theta\leqslant\pi)$ 的余弦的乘积. 下面我们给出向量的数量积的概念.

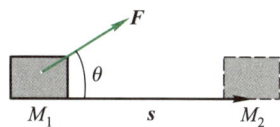

图 7.18

定义 7.2.1　两个向量 a 和 b 的模与它们的夹角 $\theta(0\leqslant\theta\leqslant\pi)$ 的余弦的乘积称为两个向量 a 与 b 的数量积（点积），记作 $a\cdot b$，即 $a\cdot b=|a||b|\cos\theta$.

根据该定义，上述问题中力所做的功是力 F 与位移 s 的数量积，即
$$W=F\cdot s=|F||s|\cos\theta.$$

数量积与投影　如图 7.19，当 $a\neq0$ 时，$|b|\cos\theta=|b|\cos(\widehat{a,b})$ 是向量 b 在向量 a 的方向上的投影，如用 $\mathrm{Prj}_a b$ 来表示该投影，便有 $a\cdot b=|a|\mathrm{Prj}_a b$.

同理，当 $b\neq0$ 时，$a\cdot b=|b|\mathrm{Prj}_b a$. 即两个向量的数量积等于其中一个向量的模和另一个向量在此向量方向上的投影的乘积.

由向量的数量积的定义可推得：

图 7.19

（1）$a \cdot a = |a|^2$.

因为夹角 $\theta = 0$，所以 $a \cdot a = |a|^2 \cos 0 = |a|^2$.

（2）对于两个非零向量 $a, b, a \perp b$ 的充要条件为 $a \cdot b = 0$.

因为如果 $a \cdot b = 0$，由于 $|a| \neq 0$，$|b| \neq 0$，所以 $\cos \theta = 0$，从而 $\theta = \dfrac{\pi}{2}$，即 $a \perp b$；反之，如果 $a \perp b$，所以 $\theta = \dfrac{\pi}{2}$，$\cos \theta = 0$，则 $a \cdot b = 0$.

向量的数量积满足下列运算规律：

（1）交换律　$a \cdot b = b \cdot a$；

（2）结合律　$(\lambda a) \cdot b = \lambda (a \cdot b)$，$\lambda$ 为数；

（3）分配律　$a \cdot (b+c) = a \cdot b + a \cdot c$.

例 1　已知 $(\widehat{a, b}) = \dfrac{2}{3}\pi$，$|a| = 3$，$|b| = 4$，求向量 $c = 3a + 2b$ 的模.

解　$|c|^2 = c \cdot c = (3a + 2b) \cdot (3a + 2b) = 3a \cdot (3a + 2b) + 2b \cdot (3a + 2b)$

$\qquad = 3a \cdot 3a + 3a \cdot 2b + 2b \cdot 3a + 2b \cdot 2b$

$\qquad = 9a^2 + 12a \cdot b + 4b^2$

$\qquad = 9|a|^2 + 12a \cdot b + 4|b|^2$，

将 $(\widehat{a, b}) = \dfrac{2}{3}\pi$，$|a| = 3$，$|b| = 4$ 代入，即得

$$|c|^2 = 9 \times 3^2 + 12 \times 3 \times 4 \cos \dfrac{2}{3}\pi + 4 \times 4^2 = 73,$$

所以，$|c| = \sqrt{73}$.

下面我们来推导数量积的坐标表达式.

设向量 $a = a_x i + a_y j + a_z k$，$b = b_x i + b_y j + b_z k$，则

$a \cdot b = (a_x i + a_y j + a_z k) \cdot (b_x i + b_y j + b_z k)$

$\qquad = a_x i \cdot (b_x i + b_y j + b_z k) + a_y j \cdot (b_x i + b_y j + b_z k) + a_z k \cdot (b_x i + b_y j + b_z k)$

$\qquad = a_x b_x i \cdot i + a_x b_y i \cdot j + a_x b_z i \cdot k + a_y b_x j \cdot i + a_y b_y j \cdot j + a_y b_z j \cdot k + a_z b_x k \cdot i$

$\qquad \quad + a_z b_y k \cdot j + a_z b_z k \cdot k,$

因为 i, j, k 为基本单位向量，根据数量积的定义得出：

$$i \cdot i = j \cdot j = k \cdot k = 1, \quad i \cdot j = j \cdot i = j \cdot k = k \cdot j = k \cdot i = i \cdot k = 0,$$

因此得到两向量的数量积的表达式：$a \cdot b = a_x b_x + a_y b_y + a_z b_z$.

🔖 **小贴士**

　　两个向量的数量积等于它们的对应坐标乘积之和.

当 $a = b$ 时，由此式还可得到向量 a 的模的坐标表示式：

$$|a| = \sqrt{a^2} = \sqrt{a \cdot a} = \sqrt{a_x^2 + a_y^2 + a_z^2}.$$

由于 $a \cdot b = |a||b| \cos(\widehat{a, b})$，故对两个非零向量 a 和 b，它们之间夹角余弦的计算公式为

$$\cos(\widehat{\boldsymbol{a},\boldsymbol{b}}) = \frac{\boldsymbol{a}\cdot\boldsymbol{b}}{|\boldsymbol{a}||\boldsymbol{b}|} = \frac{a_xb_x+a_yb_y+a_zb_z}{\sqrt{a_x^2+a_y^2+a_z^2}\sqrt{b_x^2+b_y^2+b_z^2}}.$$

例 2　已知三点 $M(1,1,1)$，$A(2,2,1)$ 和 $B(2,1,2)$，求 $\angle AMB$.

解　作向量 $\overrightarrow{MA}$ 及 $\overrightarrow{MB}$，$\angle AMB$ 就是向量 $\overrightarrow{MA}$ 与 $\overrightarrow{MB}$ 的夹角（图 7.20），这里，$\overrightarrow{MA}=(1,1,0)$，$\overrightarrow{MB}=(1,0,1)$，从而

$$\overrightarrow{MA}\cdot\overrightarrow{MB} = 1\times1+1\times0+0\times1 = 1,$$
$$|\overrightarrow{MA}| = \sqrt{1^2+1^2+0^2} = \sqrt{2},$$
$$|\overrightarrow{MB}| = \sqrt{1^2+0^2+1^2} = \sqrt{2},$$

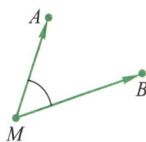

图 7.20

代入两向量夹角余弦的表达式，得

$$\cos\angle AMB = \frac{\overrightarrow{MA}\cdot\overrightarrow{MB}}{|\overrightarrow{MA}||\overrightarrow{MB}|} = \frac{1}{\sqrt{2}\cdot\sqrt{2}} = \frac{1}{2}.$$

故 $\angle AMB = \dfrac{\pi}{3}$.

例 3　设 $\boldsymbol{a}=-\boldsymbol{i}+\boldsymbol{j}$，$\boldsymbol{b}=2\boldsymbol{i}+\boldsymbol{j}-2\boldsymbol{k}$，求 $\boldsymbol{a}\cdot\boldsymbol{b}$，$\mathrm{Prj}_{\boldsymbol{b}}\boldsymbol{a}$.

解　　　　　$\boldsymbol{a}\cdot\boldsymbol{b} = (-1)\times2+1\times1+0\times(-2) = -1$，

因为 $\boldsymbol{a}\cdot\boldsymbol{b} = |\boldsymbol{b}|\mathrm{Prj}_{\boldsymbol{b}}\boldsymbol{a}$，而

$$|\boldsymbol{b}| = \sqrt{2^2+1^2+(-2)^2} = 3,$$

所以

$$\mathrm{Prj}_{\boldsymbol{b}}\boldsymbol{a} = \frac{\boldsymbol{a}\cdot\boldsymbol{b}}{|\boldsymbol{b}|} = -\frac{1}{3}.$$

二、向量的向量积

力矩问题案例　现有一个杠杆 L，其支点为 O，设有一个常力 $\boldsymbol{F}$ 作用于杠杆的 P 点处，$\boldsymbol{F}$ 与 $\overrightarrow{OP}$ 的夹角为 θ（图 7.21），那么力 $\boldsymbol{F}$ 对支点 O 的力矩是一个向量 $\boldsymbol{M}$，它的模为 $|\boldsymbol{M}| = |\overrightarrow{OQ}||\boldsymbol{F}| = |\overrightarrow{OP}||\boldsymbol{F}|\sin\theta$，而 $\boldsymbol{M}$ 的方向垂直于 $\overrightarrow{OP}$ 与 $\boldsymbol{F}$ 所决定的平面，$\boldsymbol{M}$ 的指向是按右手法则从 $\overrightarrow{OP}$ 以不超过 π 的角转向 $\boldsymbol{F}$ 来确定的，即当右手的四个手指从 $\overrightarrow{OP}$ 以不超过 π 的角转向 $\boldsymbol{F}$ 握拳时，大拇指的指向就是 $\boldsymbol{M}$ 的指向（图 7.22）.

向量的向量积

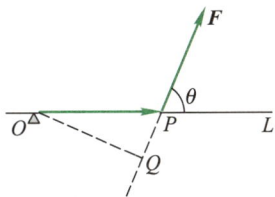

图 7.21

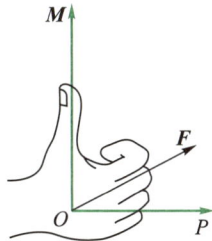

图 7.22

这种由两个已知向量按上述法则确定另一个向量的情况,在其他问题中经常会遇到,我们把它规定为向量的一种新的运算,叫作向量积.

定义 7.2.2　两向量 a 与 b 的向量积是一个向量 c,记为 $c=a{\times}b$. c 由下列条件确定:

（1）$|c|=|a||b|\sin(\widehat{a,b})\ (0\leqslant(\widehat{a,b})\leqslant\pi)$；

（2）$c\perp a$ 且 $c\perp b$；

（3）c 的方向按右手法则从 a 转向 b 来确定.

小贴士

c 的方向垂直于 a 与 b 所决定的平面,c 的指向按右手规则从 a 转向 b 来确定.

因此,上面的力矩 M 等于 $\overrightarrow{OP}$ 与 F 的向量积,即 $M=\overrightarrow{OP}{\times}F$.

向量积又称为叉积或外积,向量积的模 $|a{\times}b|$ 的几何意义是:它的数值是以 a,b 为邻边的平行四边形的面积(图 7.23).

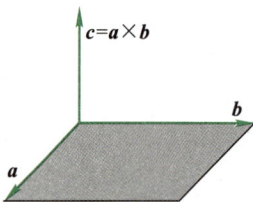

图 7.23

请思考

以 a,b 为邻边的三角形的面积如何求?

以 a,b 为邻边的三角形面积 $S_{\triangle}=\dfrac{1}{2}|a{\times}b|$.

由向量积的定义可以推得:

（1）$a{\times}a=0$.

因为 $(\widehat{a,a})=0$,所以 $|a{\times}a|=|a||a|\sin(\widehat{a,a})=0$.

（2）若 a,b 为非零向量,则 $a/\!/b$ 的充要条件是 $a{\times}b=0$.

事实上,若向量 $a/\!/b$ 平行,则它们的夹角等于 0 或等于 π,则 $\sin(\widehat{a,b})=0$,所以 $|a{\times}b|=|a||b|\sin(\widehat{a,b})=0$,即 $a{\times}b=0$,反之,若 $a{\times}b=0$,由于 $|a|\neq 0$,$|b|\neq 0$,所以 $\sin(\widehat{a,b})=0$,于是 $(\widehat{a,b})=0$ 或 $(\widehat{a,b})=\pi$,即向量 a,b 平行.

向量积满足下列运算律:

（1）反交换律　$a{\times}b=-b{\times}a$；

（2）结合律　$(\lambda a){\times}b=\lambda(a{\times}b)=a{\times}(\lambda b)$（$\lambda$ 是数）；

（3）分配律　$a{\times}(b+c)=a{\times}b+a{\times}c$,

$\qquad\qquad(b+c){\times}a=b{\times}a+c{\times}a$.

下面来推导向量积的坐标表达式.

设向量 $a=a_x i+a_y j+a_z k$,$b=b_x i+b_y j+b_z k$,则

$$a{\times}b=(a_x i+a_y j+a_z k){\times}(b_x i+b_y j+b_z k)$$

$$=a_x i{\times}(b_x i+b_y j+b_z k)+a_y j{\times}(b_x i+b_y j+b_z k)+a_z k{\times}(b_x i+b_y j+b_z k)$$

$$=a_x b_x(i{\times}i)+a_x b_y(i{\times}j)+a_x b_z(i{\times}k)$$

$$+a_y b_x(\boldsymbol{j}\times\boldsymbol{i})+a_y b_y(\boldsymbol{j}\times\boldsymbol{j})+a_y b_z(\boldsymbol{j}\times\boldsymbol{k})$$
$$+a_z b_x(\boldsymbol{k}\times\boldsymbol{i})+a_z b_y(\boldsymbol{k}\times\boldsymbol{j})+a_z b_z(\boldsymbol{k}\times\boldsymbol{k}).$$

因为 $\boldsymbol{i},\boldsymbol{j},\boldsymbol{k}$ 为基本单位向量,根据向量积的定义得出:

$$\boldsymbol{i}\times\boldsymbol{i}=\boldsymbol{j}\times\boldsymbol{j}=\boldsymbol{k}\times\boldsymbol{k}=\boldsymbol{0},$$

$$\boldsymbol{i}\times\boldsymbol{j}=\boldsymbol{k},\boldsymbol{j}\times\boldsymbol{k}=\boldsymbol{i},\boldsymbol{k}\times\boldsymbol{i}=\boldsymbol{j},\boldsymbol{j}\times\boldsymbol{i}=-\boldsymbol{k},\boldsymbol{k}\times\boldsymbol{j}=-\boldsymbol{i},\boldsymbol{i}\times\boldsymbol{k}=-\boldsymbol{j}.$$

因此得到两向量的向量积的表达式

$$\boldsymbol{a}\times\boldsymbol{b}=(a_y b_z-a_z b_y)\boldsymbol{i}+(a_z b_x-a_x b_z)\boldsymbol{j}+(a_x b_y-a_y b_x)\boldsymbol{k}.$$

为了便于记忆,可将 $\boldsymbol{a}$ 与 $\boldsymbol{b}$ 的向量积写成如下行列式的形式:

$$\boldsymbol{a}\times\boldsymbol{b}=\begin{vmatrix} \boldsymbol{i} & \boldsymbol{j} & \boldsymbol{k} \\ a_x & a_y & a_z \\ b_x & b_y & b_z \end{vmatrix}=\boldsymbol{i}\begin{vmatrix} a_y & a_z \\ b_y & b_z \end{vmatrix}-\boldsymbol{j}\begin{vmatrix} a_x & a_z \\ b_x & b_z \end{vmatrix}+\boldsymbol{k}\begin{vmatrix} a_x & a_y \\ b_x & b_y \end{vmatrix}$$

$$=(a_y b_z-a_z b_y)\boldsymbol{i}+(a_z b_x-a_x b_z)\boldsymbol{j}+(a_x b_y-a_y b_x)\boldsymbol{k}.$$

从 $\boldsymbol{a}\times\boldsymbol{b}$ 的坐标表达式可以看出,$\boldsymbol{a}$ 与 $\boldsymbol{b}$ 平行相当于

$$a_y b_z-a_z b_y=0, \quad a_z b_x-a_x b_z=0, \quad a_x b_y-a_y b_x=0,$$

或 $\dfrac{a_x}{b_x}=\dfrac{a_y}{b_y}=\dfrac{a_z}{b_z}.$

小贴士

$\boldsymbol{a}$ 与 $\boldsymbol{b}$ 平行的充要条件是 $\boldsymbol{a}$ 与 $\boldsymbol{b}$ 的对应坐标成比例.

例 4 设 $\boldsymbol{a}=(2,1,-1),\boldsymbol{b}=(1,-1,2)$,计算 $\boldsymbol{a}\times\boldsymbol{b}$.

解 $\boldsymbol{a}\times\boldsymbol{b}=\begin{vmatrix} \boldsymbol{i} & \boldsymbol{j} & \boldsymbol{k} \\ 2 & 1 & -1 \\ 1 & -1 & 2 \end{vmatrix}=\boldsymbol{i}\begin{vmatrix} 1 & -1 \\ -1 & 2 \end{vmatrix}-\boldsymbol{j}\begin{vmatrix} 2 & -1 \\ 1 & 2 \end{vmatrix}+\boldsymbol{k}\begin{vmatrix} 2 & 1 \\ 1 & -1 \end{vmatrix}=\boldsymbol{i}-5\boldsymbol{j}-3\boldsymbol{k}.$

例 5 求与 $\boldsymbol{a}=(3,-2,4),\boldsymbol{b}=(1,1,-2)$ 都垂直的单位向量.

解 设

$$\boldsymbol{c}=\boldsymbol{a}\times\boldsymbol{b}=\begin{vmatrix} \boldsymbol{i} & \boldsymbol{j} & \boldsymbol{k} \\ 3 & -2 & 4 \\ 1 & 1 & -2 \end{vmatrix}=10\boldsymbol{j}+5\boldsymbol{k},$$

则 $\boldsymbol{c}\perp\boldsymbol{a}$ 且 $\boldsymbol{c}\perp\boldsymbol{b}$,同时 $-\boldsymbol{c}\perp\boldsymbol{a}$ 且 $-\boldsymbol{c}\perp\boldsymbol{b}$.因为

$$|\boldsymbol{c}|=\sqrt{10^2+5^2}=5\sqrt{5},$$

所以

$$\boldsymbol{e}_c=\pm\frac{\boldsymbol{c}}{|\boldsymbol{c}|}=\pm\left(\frac{2\sqrt{5}}{5}\boldsymbol{j}+\frac{\sqrt{5}}{5}\boldsymbol{k}\right).$$

现在我们来解决本章开头所提出的空间三点所围三角形的面积问题.

空间三点所围三角形的面积 已知空间三点,$A(1,2,3),B(3,4,5),C(2,4,7)$,那么由这三点所围三角形 ABC 的面积如何计算呢?

解 根据向量积的定义,可知三角形的面积

向量的数量积与向量积
测一测

$$S_{\triangle ABC} = \frac{1}{2} \mid \overrightarrow{AB} \parallel \overrightarrow{AC} \mid \sin \angle A = \frac{1}{2} \mid \overrightarrow{AB} \times \overrightarrow{AC} \mid,$$

由于 $\overrightarrow{AB} = (2,2,2)$, $\overrightarrow{AC} = (1,2,4)$, 因此

$$\overrightarrow{AB} \times \overrightarrow{AC} = \begin{vmatrix} \boldsymbol{i} & \boldsymbol{j} & \boldsymbol{k} \\ 2 & 2 & 2 \\ 1 & 2 & 4 \end{vmatrix} = 4\boldsymbol{i} - 6\boldsymbol{j} + 2\boldsymbol{k}.$$

于是

$$S_{\triangle ABC} = \frac{1}{2} \mid 4\boldsymbol{i} - 6\boldsymbol{j} + 2\boldsymbol{k} \mid = \frac{1}{2}\sqrt{4^2 + (-6)^2 + 2^2} = \sqrt{14}.$$

习题 7.2

1. 设 $\boldsymbol{a} = 3\boldsymbol{i} - \boldsymbol{j} - 2\boldsymbol{k}$, $\boldsymbol{b} = \boldsymbol{i} + 2\boldsymbol{j} - \boldsymbol{k}$, 求:

(1) $(-2\boldsymbol{a}) \cdot 3\boldsymbol{b}$ 及 $\boldsymbol{a} \times \boldsymbol{b}$. (2) $\boldsymbol{a}$, $\boldsymbol{b}$ 夹角的余弦.

2. 设 $\boldsymbol{a} = (-2,1,z)$, $\boldsymbol{b} = (3,0,1)$, $\boldsymbol{c} = \left(1, -\frac{1}{2}, 3\right)$. 在下列条件下求 z 的值:

(1) $\boldsymbol{a} \perp \boldsymbol{b}$. (2) $\boldsymbol{a} /\!/ \boldsymbol{c}$.

3. 已知 $\mid \boldsymbol{a} \mid = 3$, $\mid \boldsymbol{b} \mid = 2$, $(\widehat{\boldsymbol{a}, \boldsymbol{b}}) = \frac{\pi}{3}$, 求 $(3\boldsymbol{a} + 2\boldsymbol{b}) \cdot (2\boldsymbol{a} - 5\boldsymbol{b})$.

4. 已知四点 $A(1,2,3)$, $B(5,-1,7)$, $C(1,1,1)$, $D(3,3,2)$, 求与 $\overrightarrow{AB}$, $\overrightarrow{CD}$ 同时垂直的单位向量.

5. 已知向量 $\boldsymbol{a} = 2\boldsymbol{i} - 3\boldsymbol{j} + \boldsymbol{k}$, $\boldsymbol{b} = \boldsymbol{i} - \boldsymbol{j} + 3\boldsymbol{k}$ 和 $\boldsymbol{c} = \boldsymbol{i} - 2\boldsymbol{j}$, 计算:

(1) $\boldsymbol{a} \cdot \boldsymbol{b} - (\boldsymbol{a} - \boldsymbol{c}) \cdot \boldsymbol{b}$. (2) $(\boldsymbol{a} + \boldsymbol{b}) \times (\boldsymbol{b} + \boldsymbol{c})$.

(3) $(\boldsymbol{a} \times \boldsymbol{b}) \cdot \boldsymbol{c}$.

6. 已知 $\overrightarrow{OA} = \boldsymbol{i} + 3\boldsymbol{k}$, $\overrightarrow{OB} = \boldsymbol{j} + 8\boldsymbol{k}$, 求 $\triangle ABO$ 的面积.

7. 求以 $\boldsymbol{a} = \boldsymbol{i} - 3\boldsymbol{j} + \boldsymbol{k}$ 与 $\boldsymbol{b} = 2\boldsymbol{i} - \boldsymbol{j} + 3\boldsymbol{k}$ 为两邻边的平行四边形的面积.

第三节 平面、空间直线方程

在空间解析几何中, 平面与直线是最简单的图形, 本节利用前面所学的向量这一工具将它们和其方程联系起来, 使之解析化, 从而可以用代数中的方法来研究其性态.

一、空间平面方程

1. 平面的点法式方程

如果一非零向量垂直于一平面, 此向量就叫作该平面的**法向量**, 显然平面上的任一向量均与该平面的法向量垂直. 通常, 平面的法向量记作 $\boldsymbol{n}$.

空间平面点
法式方程

　　如果一个向量同时垂直于平面内的两个不共线的向量,那么该向量必垂直于该平面.

　　因为过空间一点有且只有一平面垂直于一已知向量,所以若已知平面上的一点以及平面的一个法向量,那么该平面的位置就完全确定了.

❓ 请思考

　　一个空间平面的法向量有多少个?法向量的方向有几个?

　　设 $M_0(x_0,y_0,z_0)$ 是平面 Π 上一点,$n=(A,B,C)$ 是平面 Π 的一个法向量(图 7.24),下面建立此平面的方程.

　　在该平面上任取一点 $M(x,y,z)$,因为 $n \perp \Pi$,所以 $n \perp \overrightarrow{M_0M}$,即它们的数量积为零,即
$$n \cdot \overrightarrow{M_0M} = 0,$$
由于 $n=(A,B,C)$,$\overrightarrow{M_0M}=(x-x_0,y-y_0,z-z_0)$,因此

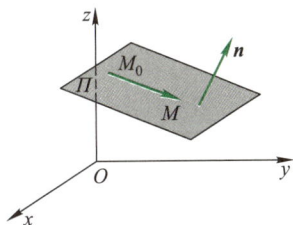

图 7.24

$$A(x-x_0)+B(y-y_0)+C(z-z_0)=0. \qquad (1)$$
这就是平面 Π 上任一点 M 的坐标 x,y,z 所满足的方程.

　　反过来,如果 $M(x,y,z)$ 不在平面 Π 上,那么向量 $\overrightarrow{M_0M}$ 与法线向量 n 不垂直,从而 $n \cdot \overrightarrow{M_0M} \neq 0$,即不在平面 Π 上的点 M 的坐标 x,y,z 不满足此方程.

　　由此可知,方程 $A(x-x_0)+B(y-y_0)+C(z-z_0)=0$ 就是平面 Π 的方程.而平面 Π 就是平面方程的图形.由于方程 $A(x-x_0)+B(y-y_0)+C(z-z_0)=0$ 是由平面 Π 上的一点 $M_0(x_0,y_0,z_0)$ 及它的一个法线向量 $n=(A,B,C)$ 确定的,所以此方程叫作平面 Π 的**点法式方程**.

　　确定平面内的一个点及平面的一个法向量就可以写出该平面方程,这是我们求一个平面方程的一般思路.

　　例 1　求过点 $M_0(1,-2,0)$,且以 $n=(2,-1,5)$ 为法向量的平面的方程.

　　解　根据平面的点法式方程,所求平面的方程为
$$2(x-1)-(y+2)+5(z-0)=0,$$
$$2x-y+5z-4=0.$$

　　例 2　已知平面上的三点 $M_1(1,1,1)$,$M_2(-3,2,1)$ 及 $M_3(4,3,2)$,求此平面的方程.

　　解　显然,要想建立平面的方程,必须先求出平面的法向量 n,因为法向量 n 与向量 $\overrightarrow{M_1M_2}$、$\overrightarrow{M_1M_3}$ 都垂直,而 $\overrightarrow{M_1M_2}=(-4,1,0)$,$\overrightarrow{M_1M_3}=(3,2,1)$,所以可取它们的向量积为 n,

$$n = \begin{vmatrix} i & j & k \\ -4 & 1 & 0 \\ 3 & 2 & 1 \end{vmatrix} = i+4j-11k,$$

即 $\boldsymbol{n} = (1,4,-11)$. 根据平面的点法式方程, 所求平面的方程为

$$(x-1) + 4(y-1) - 11(z-1) = 0,$$

化简得 $x + 4y - 11z + 6 = 0$.

例3 求过点 $(1,1,1)$, 且垂直于平面 $x - y + z = 7$ 和 $3x + 2y - 12z + 5 = 0$ 的平面方程.

解 设平面 $x - y + z = 7$ 和 $3x + 2y - 12z + 5 = 0$ 的法向量分别为 $\boldsymbol{n}_1$ 和 $\boldsymbol{n}_2$, 则

$$\boldsymbol{n}_1 = (1,-1,1), \quad \boldsymbol{n}_2 = (3,2,-12)$$

取所求平面的法向量 $\boldsymbol{n} = \boldsymbol{n}_1 \times \boldsymbol{n}_2 = (10, \ 15, \ 5)$, 所以所求平面方程为

$$10(x-1) + 15(y-1) + 5(z-1) = 0,$$

化简得 $2x + 3y + z - 6 = 0$.

2. 平面的一般式方程

将 (1) 式展开, 得

$$Ax + By + Cz - (Ax_0 + By_0 + Cz_0) = 0.$$

若记 $D = -(Ax_0 + By_0 + Cz_0)$, 则 (3) 成为

$$Ax + By + Cz + D = 0. \tag{2}$$

即过点 $M_0(x_0, y_0, z_0)$, 以 $\boldsymbol{n} = (A, B, C)$ 为法向量的平面方程必定可以写成 (2) 式的形式, 所以任何一个平面都可以用三元一次方程来表示.

反过来, 设有三元一次方程 $Ax + By + Cz + D = 0$, 我们任取满足方程的一组数 x_0, y_0, z_0, 则

$$Ax_0 + By_0 + Cz_0 + D = 0, \tag{3}$$

把上述两式相减, 得

$$A(x-x_0) + B(y-y_0) + C(z-z_0) = 0. \tag{4}$$

把方程 (4) 与方程 (1) 相比较, 可知方程 (4) 是通过点 $M_0(x_0, y_0, z_0)$, 以 $\boldsymbol{n} = (A, B, C)$ 为法向量的平面的方程, 从而可知, 任意三元一次方程 (2) 表示平面方程, 我们把方程 (2) 叫作**平面的一般式方程**, 其中 x, y, z 的系数就是该平面的一个法向量, 即 $\boldsymbol{n} = (A, B, C)$.

由平面的一般式方程, 根据系数的特殊取值, 我们归纳其图形特点如下:

(1) 若 $D = 0$, 则 $Ax + By + Cz = 0$ 表示经过坐标原点的平面 (图 7.25).

(2) 若 $A = 0$, $D \neq 0$, 则 $By + Cz + D = 0$ 表示与 x 轴平行的平面 (图 7.26).

同样 $Ax + Cz + D = 0$ 表示与 y 轴平行的平面, $Ax + By + D = 0$ 表示与 z 轴平行的平面.

(3) 若 $A = D = 0$, 则 $By + Cz = 0$ 表示过 x 轴的平面 (图 7.27).

同样 $Ax + Cz = 0$ 表示过 y 轴的平面, $Ax + By = 0$ 表示过 z 轴的平面.

(4) 若 $A = B = 0$, $D \neq 0$ 则 $Cz + D = 0$ 表示平行于 xOy 坐标面的平面 (图 7.28).

同样 $By + D = 0$ 表示平行于 zOx 坐标面的平面, $Ax + D = 0$ 表示平行于 yOz 坐标面的平面.

空间平面一般方程

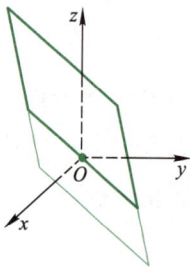

图 7.25　　图 7.26

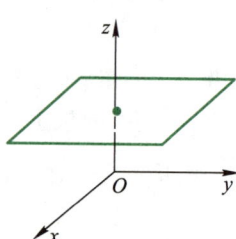

图 7.27　　图 7.28

（5）若 $B=C=D=0$，则 $x=0$ 表示 yOz 坐标平面.

同样 $y=0$ 表示 zOx 坐标平面，$z=0$ 表示 xOy 坐标平面.

例 4　求一个通过 x 轴和点 $(3,1,-1)$ 的平面方程.

解　因为所求平面通过 x 轴，故 $A=0,D=0$.故可设所求的平面方程为 $By+Cz=0$，将点 $(3,1,-1)$ 代入 $By+Cz=0$，得

$$B-C=0, \quad B=C,$$

即 $Cy+Cz=0$，因为 $C\neq0$，故所求的平面方程为 $y+z=0$.

例 5　求过三点 $P(a,0,0),Q(0,b,0),R(0,0,c)$ 的平面方程（其中 a,b,c 为不等于零的常数）（图 7.29）.

解　设所求的平面的方程为 $Ax+By+Cz+D=0$，

因为平面经过 P,Q,R 三点，故其坐标都满足方程，则有

$$\begin{cases} aA+D=0, \\ bB+D=0, \\ cC+D=0. \end{cases}$$

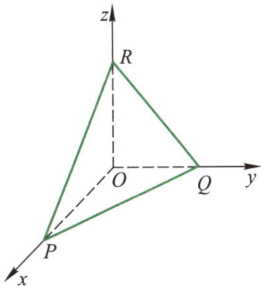

图 7.29

即得 $A=-\dfrac{D}{a}$，$B=-\dfrac{D}{b}$，$C=-\dfrac{D}{c}$，将其代入所设方程并除以 $D(D\neq0)$，便得所求方程为

$$\frac{x}{a}+\frac{y}{b}+\frac{z}{c}=1. \tag{5}$$

方程（5）叫作平面的**截距式方程**，而 a,b,c 依次叫作平面在 x,y,z 轴上的截距.

⭐ **小点睛**

空间平面的截距式方程可以类比平面直线的截距式方程.

3. 两平面的夹角

两个平面的法向量夹角中不超过 $\dfrac{\pi}{2}$ 的角称为两平面的夹角.

设平面 Π_1,Π_2 的法线向量依次为 $\boldsymbol{n}_1=(A_1,B_1,C_1)$ 和 $\boldsymbol{n}_2=(A_2,B_2,C_2)$，那么两个平面的夹角 θ 为 $(\widehat{\boldsymbol{n}_1,\boldsymbol{n}_2})$ 和 $(\widehat{-\boldsymbol{n}_1,\boldsymbol{n}_2})(=\pi-(\widehat{\boldsymbol{n}_1,\boldsymbol{n}_2}))$ 两者中的锐角或直角，因此 $\cos\theta=|\cos(\widehat{\boldsymbol{n}_1,\boldsymbol{n}_2})|$，按两向量夹角的余弦的坐标表示式，平面 Π_1,Π_2 的夹角 θ 可由公式

$$\cos\theta=\frac{|\boldsymbol{n}_1\cdot\boldsymbol{n}_2|}{|\boldsymbol{n}_1||\boldsymbol{n}_2|}\frac{|A_1A_2+B_1B_2+C_1C_2|}{\sqrt{A_1^2+B_1^2+C_1^2}\cdot\sqrt{A_2^2+B_2^2+C_2^2}} \tag{6}$$

来确定（图 7.30）.

从两向量垂直、平行的充分必要条件可得如下结论：

平面 Π_1,Π_2 互相垂直 $\Leftrightarrow A_1A_2+B_1B_2+C_1C_2=0$.

平面 Π_1,Π_2 互相平行 $\Leftrightarrow \dfrac{A_1}{A_2}=\dfrac{B_1}{B_2}=\dfrac{C_1}{C_2}$.

例 6　求两平面 $x-y+2z=6$ 和 $2x+y+z-5=0$ 的夹角.

解　由公式（6）有

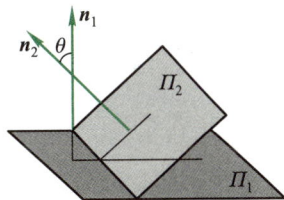

图 7.30

$$\cos \theta = \frac{|1\times2+(-1)\times1+2\times1|}{\sqrt{1^2+(-1)^2+2^2} \cdot \sqrt{2^2+1^2+1^2}} = \frac{1}{2},$$

因此所求的夹角为 $\theta = \dfrac{\pi}{3}$.

例 7 设 $P_0(x_0,y_0,z_0)$ 是平面 $Ax+By+Cz+D=0$ 外的一点,求 P_0 到该平面的距离.

解 过点 P_0 作 P_0N 垂直于平面 Π,垂足为 N;在平面 Π 上任取一点 $P_1(x_1,y_1,z_1)$,连结 $\overrightarrow{P_1P_0}$;作平面 Π 的一个法向量 $\boldsymbol{n}$,由图 7.31,考虑到 $\overrightarrow{P_1P_0}$ 与 $\boldsymbol{n}$ 的夹角也可能是钝角,得所求的距离

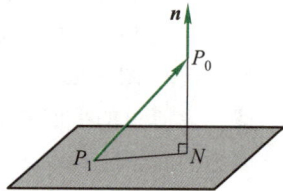

图 7.31

$$d = \left| \mathrm{Prj}_n \overrightarrow{P_1P_0} \right| = \frac{\left| \overrightarrow{P_1P_0} \cdot \boldsymbol{n} \right|}{|\boldsymbol{n}|}$$

$$= \frac{|A(x_0-x_1)+B(y_0-y_1)+C(z_0-z_1)|}{\sqrt{A^2+B^2+C^2}},$$

由于 $Ax_1+By_1+Cz_1+D=0$,由此得点 $P_0(x_0,y_0,z_0)$ 到平面 $Ax+By+Cz+D=0$ 的距离公式:

$$d = \frac{|Ax_0+By_0+Cz_0+D|}{\sqrt{A^2+B^2+C^2}}. \tag{7}$$

例如,求点 $(2,1,1)$ 到平面 $x+y-z+1=0$ 的距离,可利用公式(7),便得

$$d = \frac{|1\times2+1\times1-1\times1+1|}{\sqrt{1^2+1^2+(-1)^2}} = \frac{3}{\sqrt{3}} = \sqrt{3}.$$

⭐ **小点睛**

空间中平面外一点到平面的距离可以类比平面上直线外一点到直线的距离.

二、空间直线方程

空间直线
方程

1. 空间直线的一般式方程

空间直线可看作是两个不平行的平面的交线(图 7.32),所以空间直线可由两个平面方程组成的方程组表示.

设空间的两个相交的平面分别为

$$\Pi_1:A_1x+B_1y+C_1z+D_1=0,$$
$$\Pi_2:A_2x+B_2y+C_2z+D_2=0.$$

那么其交线 L 上的任一点的坐标应同时满足这两个平面的方程,即应满足方程组

$$\begin{cases} A_1x+B_1y+C_1z+D_1=0, \\ A_2x+B_2y+C_2z+D_2=0. \end{cases} \tag{8}$$

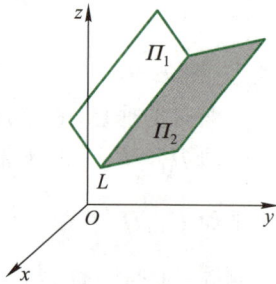

图 7.32

反过来不在空间直线 L 上的点,不能同时在平面 Π_1,Π_2 上,从而其坐标不能满足方程组(8),因此直线 L 可由方

程组(8)表示,方程组(8)叫作空间直线 L 的**一般式方程**.

📱 **小贴士**

　　通过空间一直线 L 的平面有无限多个,只要在这无限多个平面中任意选取两个,把它们的方程联立起来,所得的方程组就表示空间直线 L.所以空间直线 L 的一般式方程不唯一.

　　2. 空间直线的对称式(点向式)方程和参数方程

　　如果一个非零向量平行于一条已知直线,这个向量叫作这条直线的一个**方向向量**.显然,直线上任一非零向量都可作为它的一个方向向量.通常,空间方向向量记作 s.

❓ **请思考**

　　你能够利用空间直线的一般式方程表示出三条坐标轴的方程吗?

📱 **小贴士**

　　起点和终点均在直线上的非零向量也是直线的方向向量.

　　因为过空间一点可作而且只能作一条直线平行于已知向量,所以当直线 L 上的一点 $M_0(x_0, y_0, z_0)$ 和它的方向向量 $s = (m, n, p)$ 已知时,直线 L 的位置就完全可以确定了.下面我们来建立这直线的方程.

❓ **请思考**

　　一条空间直线的方向向量有多少个? 方向向量的方向有几个?

　　设 $M(x, y, z)$ 是直线 L 上的任一点,则向量 $\overrightarrow{M_0M} = (x-x_0, y-y_0, z-z_0)$ 与直线的方向向量 $s = (m, n, p)$ 平行(图 7.33),于是有

$$\frac{x-x_0}{m} = \frac{y-y_0}{n} = \frac{z-z_0}{p}. \qquad (9)$$

图 7.33

平面、空间直线方程测一测

　　我们把方程(9)叫作直线的**对称式方程**或**点向式方程**.

　　其中 m, n, p 不能同时为零,当 m, n, p 中有一个为零,例如 $m = 0, n \neq 0, p \neq 0$ 时,方程(9)可理解为

$$\begin{cases} x-x_0 = 0, \\ \dfrac{y-y_0}{n} = \dfrac{z-z_0}{p}. \end{cases}$$

　　当 m, n, p 中有两个为零,例如 $m = n = 0$,方程(9)可理解为 $\begin{cases} x-x_0 = 0, \\ y-y_0 = 0. \end{cases}$

　　直线的任一方向向量 s 的坐标 m, n, p 叫作这直线的一组方向数,而向量 s 的方向余弦叫作该直线的方向余弦.

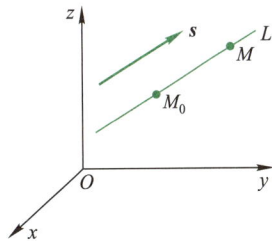

🔘 **小贴士** ━━━━━━━━━━━━━━━━━━━━━━━━━━━━━━━━━━━━━━

确定直线内的一个点及直线的一个方向向量就可以写出该直线方程,这是我们求空间直线方程的一般思路.

由直线的对称式方程容易导出直线的参数方程,

设 $\dfrac{x-x_0}{m} = \dfrac{y-y_0}{n} = \dfrac{z-z_0}{p} = t$,可得

$$\begin{cases} x = x_0 + mt, \\ y = y_0 + nt, \quad (t \text{ 为参数}). \\ z = z_0 + pt \end{cases} \tag{10}$$

方程组(10)就是直线的**参数式方程**.

🔘 **小贴士** ━━━━━━━━━━━━━━━━━━━━━━━━━━━━━━━━━━━━━━

如果要求已知直线上的一个点的坐标,通常将该点的坐标用直线的参数式方程表示.

例 8 求通过空间两点 $M_1(x_1, y_1, z_1)$ 与 $M_2(x_2, y_2, z_2)$ 的直线 L 的方程.

解 因为直线经过点 M_1 和 M_2,所以我们可以取向量

$$\overrightarrow{M_1M_2} = (x_2 - x_1, y_2 - y_1, z_2 - z_1)$$

作为直线 L 的方向向量.因此,直线 L 可以看成经过点 M_1 且以 $\overrightarrow{M_1M_2}$ 为方向向量的直线,所以直线 L 的点向式方程为

$$\frac{x-x_1}{x_2-x_1} = \frac{y-y_1}{y_2-y_1} = \frac{z-z_1}{z_2-z_1}.$$

例 9 求过点 $(0,2,4)$ 且与两平面 $x+2z=1$ 和 $y-3z=2$ 平行的直线方程.

解 因为所求的直线与两平面 $x+2z=1$ 和 $y-3z=2$ 平行,则所求的直线与两平面的法向量垂直,因此可取所求直线的方向向量为

$$s = n_1 \times n_2 = \begin{vmatrix} i & j & k \\ 1 & 0 & 2 \\ 0 & 1 & -3 \end{vmatrix} = -2i + 3j + k.$$

又因为所求直线过点 $(0,2,4)$,故所求直线的方程为

$$\frac{x}{-2} = \frac{y-2}{3} = \frac{z-4}{1}.$$

例 10 求直线 $\begin{cases} x+3y-2z-2=0, \\ 2x-y+5z+3=0 \end{cases}$ 的点向式方程和参数式方程.

解 先求出直线上的一点 (x_0, y_0, z_0).为此,可任意选定它的坐标,例如令 $z_0 = 0$,代入直线方程得

$$\begin{cases} x_0 + 3y_0 - 2 = 0, \\ 2x_0 - y_0 + 3 = 0, \end{cases}$$

解得 $x_0=-1,y_0=1$，则点 $(-1,1,0)$ 在直线上.

下面再求直线的方向向量，设直线的方向向量为 s，因为两平面的法向量分别为
$n_1=(1,3,-2)$ 和 $n_2=(2,-1,5)$，且 $s\perp n_1,s\perp n_2$，所以

$$s=n_1\times n_2=\begin{vmatrix} i & j & k \\ 1 & 3 & -2 \\ 2 & -1 & 5 \end{vmatrix}=13i-9j-7k,$$

因此，所给直线的点向式方程为

$$\frac{x+1}{13}=\frac{y-1}{-9}=\frac{z}{-7}.$$

从而所给直线的参数式方程为

$$\begin{cases} x=-1+13t, \\ y=1-9t, \quad (t\text{ 为参数}). \\ z=-7t \end{cases}$$

小贴士

（1）将空间直线的一般式方程化为点向式方程，本质上就是求空间两平面的交线.

（2）直线上点的取法不唯一.

3. 两直线的夹角

空间两条直线的方向向量夹角中不超过 $\frac{\pi}{2}$ 的角称为这两条直线的夹角.

设直线 L_1 和 L_2 的方向向量分别为 $s_1=(m_1,n_1,p_1)$ 和 $s_2=(m_2,n_2,p_2)$，那么 L_1 和 L_2 的夹角 φ 应为 $(\widehat{s_1,s_2})$ 和 $(\widehat{-s_1,s_2})=(\pi-(\widehat{s_1,s_2}))$ 两者中的锐角或直角，按两向量的夹角的余弦公式，直线 L_1 和 L_2 的夹角，可由

$$\cos\varphi=\frac{|s_1\cdot s_2|}{|s_1||s_2|}=\frac{|m_1m_2+n_1n_2+p_1p_2|}{\sqrt{m_1^2+n_1^2+p_1^2}\cdot\sqrt{m_2^2+n_2^2+p_2^2}} \tag{11}$$

来确定.

从两个向量垂直、平行的充分必要条件可得如下结论：

两直线 L_1 和 L_2 互相垂直 $\Leftrightarrow m_1m_2+n_1n_2+p_1p_2=0$.

两直线 L_1 和 L_2 互相平行 $\Leftrightarrow \dfrac{m_1}{m_2}=\dfrac{n_1}{n_2}=\dfrac{p_1}{p_2}$.

例 11　求直线 $L_1:\dfrac{x-3}{-1}=\dfrac{y-1}{4}=\dfrac{z+2}{-1}$ 和 $L_2:\dfrac{x+1}{2}=\dfrac{y-2}{-2}=\dfrac{z}{-1}$ 的夹角.

解　直线 L_1 的方向向量为 $s_1=(-1,4,-1)$，直线 L_2 的方向向量为 $s_2=(2,-2,-1)$，设直线 L_1 和 L_2 的夹角为 φ，那么由公式（11）有

$$\cos\varphi=\frac{|(-1)\times2+4\times(-2)+(-1)\times(-1)|}{\sqrt{1^2+(-4)^2+1^2}\cdot\sqrt{2^2+(-2)^2+(-1)^2}}=\frac{1}{\sqrt{2}}=\frac{\sqrt{2}}{2},$$

所以 $\varphi = \dfrac{\pi}{4}$.

4. 直线与平面的夹角

当直线与平面不垂直时,直线和它在平面上的投影直线的夹角 $\varphi\left(0 \leqslant \varphi < \dfrac{\pi}{2}\right)$,称为直线与平面的夹角(图 7.34).当直线与平面垂直时,规定直线与平面的夹角为 $\dfrac{\pi}{2}$.

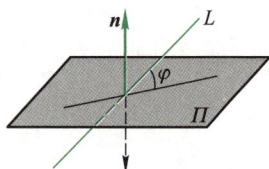

图 7.34

设直线的方向向量为 $s = (m, n, p)$,平面的法向量为 $\boldsymbol{n} = (A, B, C)$,直线与平面的夹角为 φ,那么 $\varphi = \left| \dfrac{\pi}{2} - (\widehat{s, n}) \right|$,因此 $\sin \varphi = |\cos (\widehat{s, n})|$,按向量夹角余弦的坐标表达式,有

$$\sin \varphi = |\cos (\widehat{s, n})| = \frac{|\boldsymbol{n} \cdot \boldsymbol{s}|}{|\boldsymbol{n}| \, |\boldsymbol{s}|} = \frac{|Am + Bn + Cp|}{\sqrt{A^2 + B^2 + C^2} \cdot \sqrt{m^2 + n^2 + p^2}}. \tag{12}$$

从两个向量垂直、平行的充分必要条件可得如下结论:

$L /\!/ \Pi \Leftrightarrow s \perp \boldsymbol{n} \Leftrightarrow Am + Bn + Cp = 0.$

$L \perp \Pi \Leftrightarrow s /\!/ \boldsymbol{n} \Leftrightarrow \dfrac{A}{m} = \dfrac{B}{n} = \dfrac{C}{p}.$

例 12　设直线 $L: \dfrac{x-1}{2} = \dfrac{y}{-1} = \dfrac{z+1}{2}$,平面 $\Pi: x - y + 2z = 3$,求直线与平面的夹角.

解　直线 L 的方向向量为 $s = (2, -1, 2)$,平面 Π 的方向向量为 $\boldsymbol{n} = (1, -1, 2)$,设直线 L 和平面 Π 的夹角为 φ,那么由公式(12)有

$$\sin \varphi = \frac{|Am + Bn + Cp|}{\sqrt{A^2 + B^2 + C^2} \cdot \sqrt{m^2 + n^2 + p^2}} = \frac{|1 \times 2 + (-1) \times (-1) + 2 \times 2|}{\sqrt{6} \cdot \sqrt{9}} = \frac{7}{3\sqrt{6}} = \frac{7\sqrt{6}}{18},$$

所以 $\varphi = \arcsin \dfrac{7\sqrt{6}}{18}$ 为所求夹角.

三、举例

例 13　求过点 $M_0(0, -1, 2)$ 和直线 $\dfrac{x-1}{3} = \dfrac{y+3}{2} = \dfrac{z-1}{-1}$ 的平面 Π 的方程.

解　已知直线的方向向量 $s = (3, 2, -1)$,$M_1(1, -3, 1)$ 在已知直线上.若设 Π 的法向量为 $\boldsymbol{n}$,则 $\boldsymbol{n} \perp \overrightarrow{M_1 M_0}$ 且 $\boldsymbol{n} \perp s$,所以可取:$\boldsymbol{n} = \overrightarrow{M_1 M_0} \times s$,因为 $\overrightarrow{M_1 M_0} = (-1, 2, 1)$,

$$\boldsymbol{n} = \overrightarrow{M_1 M_0} \times s = \begin{vmatrix} \boldsymbol{i} & \boldsymbol{j} & \boldsymbol{k} \\ -1 & 2 & 1 \\ 3 & 2 & -1 \end{vmatrix} = -4\boldsymbol{i} + 2\boldsymbol{j} - 8\boldsymbol{k},$$

据点法式,所求平面的方程为

$$-4(x-0) + 2(y+1) - 8(z-2) = 0,$$

即 $2x-y+4z-9=0$.

例 14 求与两平面 $x-4z=3$ 和 $2x-y-5z=1$ 的交线平行且过点 $(-3,2,5)$ 的直线的方程.

解 因为所求直线与两平面的交线平行,也就是直线的方向向量 s 一定同时与两平面的法线向量 n_1,n_2 垂直,所以可以取

$$s=n_1 \times n_2=\begin{vmatrix} i & j & k \\ 1 & 0 & -4 \\ 2 & -1 & -5 \end{vmatrix}=-(4i+3j+k),$$

因此所求直线的方程为

$$\frac{x+3}{4}=\frac{y-2}{3}=\frac{z-5}{1}.$$

例 15 求直线 $\frac{x-2}{1}=\frac{y-3}{1}=\frac{z-4}{2}$ 与平面 $2x+y+z-6=0$ 的交点.

解 所给直线的参数方程为 $\begin{cases} x=2+t, \\ y=3+t, \\ z=4+2t, \end{cases}$ 因为点在直线上,所以可设交点坐标为

$(2+t,3+t,4+2t)$,代入平面方程中,得

$$2(2+t)+(3+t)+(4+2t)-6=0.$$

解上述方程,得 $t=-1$. 所以所求交点的坐标为 $(1,2,2)$.

例 16 求过点 $A(2,1,-5)$ 且与直线 $\frac{x-1}{1}=\frac{y-1}{2}=\frac{z}{-1}$ 垂直相交的直线的方程.

解 已知直线的参数方程为 $\begin{cases} x=1+t, \\ y=1+2t, \\ z=-t, \end{cases}$ 从而可设两直线的交点为 $B(1+t,1+2t,-t)$,则

$$\overrightarrow{AB}=(-1+t,2t,5-t),$$

已知直线的方向向量 $s=(1,2,-1)$,显然 $\overrightarrow{AB}\perp s$,即

$$\overrightarrow{AB}\cdot s=6t-6=0.$$

解得 $t=1$,可取 $\overrightarrow{AB}=(-1+t,2t,5-t)=(0,2,4)$ 为所求直线的方向向量,故所求直线的方程为

$$\frac{x-2}{0}=\frac{y-1}{2}=\frac{z+5}{4}, \quad 即 \begin{cases} x=2, \\ \dfrac{y-1}{2}=\dfrac{z+5}{4}. \end{cases}$$

例 17 求通过直线 $\frac{x-1}{2}=\frac{y+2}{3}=\frac{z+3}{4}$ 且平行于直线 $\frac{x}{1}=\frac{y}{1}=\frac{z}{2}$ 的平面方程.

解 由于所求平面通过直线 $\frac{x-1}{2}=\frac{y+2}{3}=\frac{z+3}{4}$ 且平行于直线 $\frac{x}{1}=\frac{y}{1}=\frac{z}{2}$,则所求平面

的法向量 n 应同时垂直于两条直线的方向向量,则

$$n = \begin{vmatrix} i & j & k \\ 2 & 3 & 4 \\ 1 & 1 & 2 \end{vmatrix} = 2i - k,$$

由点法式方程得所求平面方程为

$$2(x-1)-(z+3)=0,$$

即 $2x-z-5=0$.

习题 7.3

1. 填空题

(1) 过点 $M(1,2,-1)$ 且与直线 $\begin{cases} x=-t+2, \\ y=3t-4, \\ z=t-1 \end{cases}$ 垂直的平面方程是_____.

(2) 已知两条直线的方程分别是 $L_1: \dfrac{x-1}{1}=\dfrac{y-2}{0}=\dfrac{z-3}{-1}$,$L_2: \dfrac{x+2}{2}=\dfrac{y-1}{1}=\dfrac{z}{1}$,则过 L_1 且平行于 L_2 的平面方程是_____.

2. 单项选择题

(1) 设空间直线的点向式方程为 $\dfrac{x}{0}=\dfrac{y}{1}=\dfrac{z}{2}$,则该直线必( ).

A. 过原点且垂直于 x 轴　　　　　　B. 过原点且垂直于 y 轴

C. 过原点且垂直于 z 轴　　　　　　D. 过原点且平行于 x 轴

(2) 设空间三直线的方程分别为

$$L_1: \dfrac{x+3}{-2}=\dfrac{y+4}{-5}=\dfrac{z}{3}, \qquad L_2: \begin{cases} x=3t, \\ y=-1+3t, \\ z=2+7t, \end{cases} \qquad L_3: \begin{cases} x+2y-z+1=0, \\ 2x+y-z=0, \end{cases}$$

则必有( ).

A. $L_1 /\!/ L_2$ 　　　　B. $L_1 /\!/ L_3$ 　　　　C. $L_2 \perp L_3$ 　　　　D. $L_1 \perp L_2$

3. 写出满足下列条件的平面方程:

(1) 过点 $(2,-2,1)$ 且以 $(1,-1,-2)$ 为法向量的平面的方程.

(2) 过点 $(3,1,-2)$ 且通过直线 $\dfrac{x-4}{5}=\dfrac{y+3}{2}=\dfrac{z}{1}$ 的平面方程.

(3) 过点 $A(0,-1,-1)$ 且与平面 $y+z+10=0$ 平行的平面方程.

(4) 过点 $(2,0,-3)$ 且与直线 $\begin{cases} x-2y+4z-7=0, \\ 3x+5y-2z+1=0 \end{cases}$ 垂直的平面的方程.

(5) 平行于平面 $\Pi_1: 2x-y+z+5=0$,在 x 轴上的截距为 6 的平面的方程.

(6) 过 z 轴和点 $(-3,1,-2)$ 的平面方程.

(7) 平行于 x 轴且经过两点 $(4,0,-2)$ 和 $(5,1,7)$ 的平面方程.

（8）求过三点 $M_1(1,-1,-2)$，$M_2(-1,2,0)$，$M_3(1,3,1)$ 的平面方程.

*（9）过点 $(1,2,1)$ 且与两直线 $\begin{cases}x+2y-z+1=0,\\x-y+z-1=0\end{cases}$ 和 $\begin{cases}2x-y+z=0,\\x-y+z=0\end{cases}$ 平行的平面方程.

4. 用对称式方程及参数方程表示直线 $\begin{cases}x-y+z=1,\\2x+y+z=4.\end{cases}$

5. 求点 $M(1,2,1)$ 到平面 $x+2y+2z-10=0$ 的距离.

6. 写出满足下列条件的直线方程：

（1）经过点 $(4,-1,3)$ 且平行于直线 $\dfrac{x-3}{2}=y=\dfrac{z-1}{5}$ 的直线方程.

（2）经过原点，以 $(-2,-1,-2)$ 为方向向量的直线的方程.

（3）经过点 $(-1,2,5)$ 且垂直于平面 $3x-7y+2z-11=0$ 的直线的方程.

（4）经过点 $(2,0,-1)$ 且平行于 y 轴的直线方程.

（5）经过点 $(-2,3,1)$ 且平行于直线 $\begin{cases}2x-3y+z=0,\\x+5y-2z=0\end{cases}$ 的直线方程.

（6）过两点 $M_1(3,-2,1)$ 和 $M_2(-1,0,2)$ 的直线方程.

（7）求过点 $(0,2,4)$ 且与两平面 $x+2z=1$ 和 $y-3z=2$ 平行的直线方程.

7. 求直线 $\dfrac{x-2}{1}=\dfrac{y-3}{1}=\dfrac{z-4}{2}$ 与平面 $2x+y+z-6=0$ 的交点.

8. 试确定下列各组中的直线和平面间的位置关系：

（1）$\dfrac{x+3}{-2}=\dfrac{y+4}{-7}=\dfrac{z}{3}$ 和 $4x-2y-2z=3$.

（2）$\dfrac{x+3}{-2}=\dfrac{y+4}{-7}=\dfrac{z}{3}$ 和 $2x+7y-3z=8$.

（3）$\dfrac{x+3}{-2}=\dfrac{y+4}{-7}=\dfrac{z}{3}$ 和 $x+y+3z=-7$.

*9. 求直线 $\begin{cases}5x-3y+3z-9=0,\\3x-2y+z-1=0\end{cases}$ 与直线 $\begin{cases}2x+2y-z+23=0,\\3x+8y+z-18=0\end{cases}$ 的夹角的余弦.

第四节　曲面、空间曲线方程

一、曲面方程的概念

在平面解析几何中，我们把平面曲线看成是动点的运动轨迹，同样在空间解析几何中，我们也把曲面看作是动点的运动轨迹.

定义 7.4.1　如果曲面 S 与方程

$$F(x,y,z)=0 \tag{1}$$

有下述关系：

（1）曲面 S 上任一点的坐标都满足方程（1）；

（2）不在曲面 S 上的点的坐标都不满足方程（1）.

那么方程（1）就叫作曲面 S 的方程，曲面 S 叫作方程（1）的图形（图 7.35）.

曲面方程是曲面上任意点的坐标之间所存在的函数关系，也就是曲面上的动点 $M(x,y,z)$ 在运动过程中所必须满足的约束条件.

下面我们来建立几个常见的曲面的方程.

1. 球面

例 1 建立球心在点 $M_0(x_0,y_0,z_0)$、半径为 R 的球面的方程（图 7.36）.

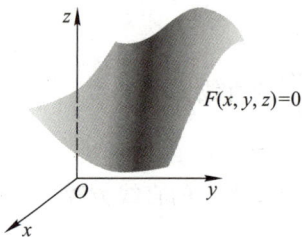

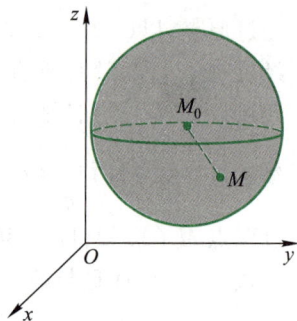

图 7.35　　　　　　　　　　　图 7.36

解 设 $M(x,y,z)$ 是球面上的任一点，那么有 $|M_0M|=R$，由于
$$|M_0M|=\sqrt{(x-x_0)^2+(y-y_0)^2+(z-z_0)^2},$$
所以
$$\sqrt{(x-x_0)^2+(y-y_0)^2+(z-z_0)^2}=R,$$
即
$$(x-x_0)^2+(y-y_0)^2+(z-z_0)^2=R^2. \tag{2}$$
这就是球面上任一点的坐标所满足的方程，而不在球面上的点都不满足方程（2），因此方程（2）就是以点 $M_0(x_0,y_0,z_0)$ 为球心、R 为半径的球面的方程.

特殊地，如果球心在坐标原点，则球面方程为 $x^2+y^2+z^2=R^2$.

$z=\pm\sqrt{R^2-x^2-y^2}$ 表示上（下）球面.

2. 线段的垂直平分面（平面方程）

例 2 设有点 $A(1,2,3)$ 和 $B(2,-1,4)$，求线段 AB 的垂直平分面的方程.

？请思考

球面方程的特点是什么？

解 由题意知道，所求的平面就是与 A 和 B 等距离的点的几何轨迹.设 $M(x,y,z)$ 为所求平面上的任一点，由于
$$|AM|=|BM|,$$
所以
$$\sqrt{(x-1)^2+(y-2)^2+(z-3)^2}=\sqrt{(x-2)^2+(y+1)^2+(z-4)^2},$$
等式两边平方，然后化简得
$$2x-6y+2z-7=0.$$

这就是所求平面上的点的坐标所满足的方程,而不在此平面上的点的坐标都不满足这个方程,所以这个方程就是所求平面的方程.

通过上例我们可知,作为点的几何轨迹的曲面可以用它的点的坐标所满足的方程来表示,反之,变量 x,y,z 的方程在几何上通常表示一个曲面,这样便将空间曲面代数化,可用数量间的关系来描述图形的几何性质.因此在空间解析几何中关于曲面的研究,有下列两个基本问题:

（1）已知一曲面作为点的几何轨迹,建立此曲面的方程;

（2）已知坐标 x,y,z 之间的一个方程时,研究此方程所表示的曲面的形状.

例 3 方程 $x^2+y^2+z^2+2x+6y-4z=0$ 表示怎样的曲面?

解 通过配方,原方程可化为 $(x+1)^2+(y+3)^2+(z-2)^2=14$,与方程（2）比较,可知,原方程表示球心在点 $M_0(-1,-3,2)$、半径为 $R=\sqrt{14}$ 的球面.

> **小贴士**
>
> 本例就是两个基本问题中的第二个:已知坐标 x,y,z 之间的一个方程时,研究此方程所表示的曲面的形状.

一般地,设有三元二次方程

$$x^2+y^2+z^2+Dx+Ey+Fz+G=0, \tag{3}$$

只要系数 $D^2+E^2+F^2-4G>0$,方程（3）就表示一个球面,我们可把方程（3）改写为

$$\left(x+\frac{D}{2}\right)^2+\left(y+\frac{E}{2}\right)^2+\left(z+\frac{F}{2}\right)^2=\frac{1}{4}(D^2+E^2+F^2-4G).$$

它表示以点 $M_0\left(-\dfrac{D}{2},-\dfrac{E}{2},-\dfrac{F}{2}\right)$ 为球心,$\dfrac{1}{2}\sqrt{D^2+E^2+F^2-4G}$ 为半径的球面.

> **？请思考**
>
> 若 $D^2+E^2+F^2-4G=0$,方程表示什么图形? $D^2+E^2+F^2-4G<0$ 呢?

二、旋转曲面

定义 7.4.2 一条平面曲线绕其所在平面上的一条定直线旋转一周所生成的曲面叫作**旋转曲面**,旋转曲线称为旋转曲面的**母线**,定直线称为旋转曲面的**旋转轴**.

> **小贴士**
>
> 这里我们只研究以坐标轴为旋转轴的旋转曲面.

设在 yOz 平面上,有一已知曲线 C,其方程为

$$f(y,z)=0.$$

将曲线 C 绕 z 轴旋转一周,就得到了一个以 z 轴为轴的旋转曲面（图7.37）,下面我们来建立其方程.

设 $M_1(0,y_1,z_1)$ 为曲线 C 上任一点,则 $f(y_1,z_1)=0$,当曲线 C 绕 z 轴旋转时,点 M_1

也绕 z 轴旋转到另一点 $M(x,y,z)$,这时 $z=z_1$ 保持不变,且点 M 到 z 轴的距离 $d=$
$\sqrt{x^2+y^2}=|y_1|$,将 $z_1=z,y_1=\pm\sqrt{x^2+y^2}$ 代入方程 $f(y_1,z_1)=0$,从而得

$$f(\pm\sqrt{x^2+y^2},z)=0.$$

这就是所求旋转曲面的方程.

显然,在曲线 C 的方程 $f(y,z)=0$ 中将 y 改为 $y=$
$\pm\sqrt{x^2+y^2}$,便得曲线 C 绕 z 轴旋转所成的旋转曲面的
方程.

容易知道,旋转曲面上的点的坐标都满足方程
$f(\pm\sqrt{x^2+y^2},z)=0$,而不在旋转曲面上的点的坐标都不
满足该方程,故此方程就是以曲线 C 为母线,z 轴为旋转
轴的旋转曲面方程.

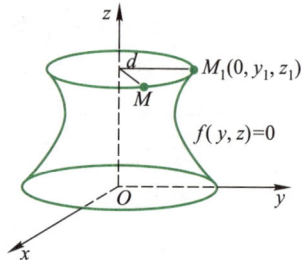

图 7.37

同理,曲线 C 绕 y 轴旋转所生成的旋转曲面方程为 $f(y,\pm\sqrt{x^2+z^2})=0$.

对于其他坐标面上的曲线,绕它所在坐标面的一条坐标轴旋转所得的旋转曲面的
方程可以类似求出,这样我们就得到如下规律:

当坐标平面上的曲线 C 绕此坐标平面里的一条坐标轴旋转时,为了求出这样的
旋转曲面的方程,只要将曲线 C 在坐标面里的方程保留和旋转轴同名的坐标,而用其
他两个坐标平方和的平方根来代替方程中的另一坐标即可.

具体结果如表 7.1 所示.

表 7.1

母线方程	旋转轴		
	x 轴	y 轴	z 轴
$f(x,y)=0$	$f(x,\pm\sqrt{y^2+z^2})=0$	$f(\pm\sqrt{x^2+z^2},y)=0$	
$f(x,z)=0$	$f(x,\pm\sqrt{y^2+z^2})=0$		$f(\pm\sqrt{x^2+y^2},z)=0$
$f(y,z)=0$		$f(y,\pm\sqrt{x^2+z^2})=0$	$f(\pm\sqrt{x^2+y^2},z)=0$

小贴士

空间直角坐标系中旋转曲面方程的特点是:必有两个坐标变量的平方项系数相
等,其余的第三个坐标所对应的坐标轴就是旋转轴.

例 4 求 yOz 平面上的直线 $z=ky(k>0)$ 绕 z 轴旋转所生成的旋转曲面方程.

解 在 $z=ky$ 中将 y 改为 $y=\pm\sqrt{x^2+y^2}$,得

$$z=\pm k\sqrt{x^2+y^2},$$

即

$$z^2=k^2(x^2+y^2).$$

这是一个顶点在原点,对称轴为 z 轴的圆锥面(图 7.38).

例 5 求出下列旋转曲面的方程:

(1) xOy 平面上的椭圆 $\begin{cases} \dfrac{x^2}{a^2}+\dfrac{y^2}{b^2}=1, \\ z=0 \end{cases}$ 绕 x 轴(长轴)和绕 y

轴(短轴)旋转.

(2) xOz 平面上的抛物线 $\begin{cases} x^2=az, \\ y=0 \end{cases}$ 绕对称轴旋转.

(3) yOz 平面上的双曲线 $\begin{cases} -\dfrac{y^2}{b^2}+\dfrac{z^2}{a^2}=1, \\ x=0 \end{cases}$ 绕实轴和虚轴旋转.

图 7.38

解 (1) 绕 x 轴旋转所生成的旋转曲面的方程为 $\dfrac{x^2}{a^2}+\dfrac{y^2+z^2}{b^2}=1$(图 7.39),叫作**长形旋转椭球面**.

绕 y 轴旋转所生成的旋转曲面的方程为 $\dfrac{x^2+z^2}{a^2}+\dfrac{y^2}{b^2}=1$(图 7.40),叫作**扁形旋转椭球面**.

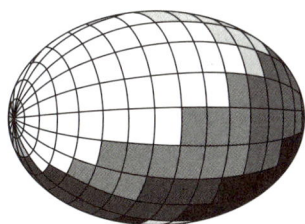

图 7.39

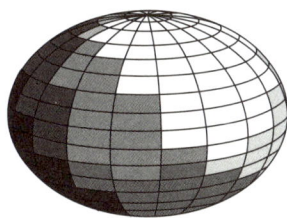

图 7.40

(2) 绕对称轴(z 轴)旋转所得旋转面的方程依次为 $x^2+y^2=az$.称此曲面为**旋转抛物面**(图 7.41)

(3) 绕实轴(z 轴)旋转所得旋转面的方程为 $-\dfrac{x^2+y^2}{b^2}+\dfrac{z^2}{a^2}=1$,称此曲面为**双叶旋转双曲面**(图 7.42).

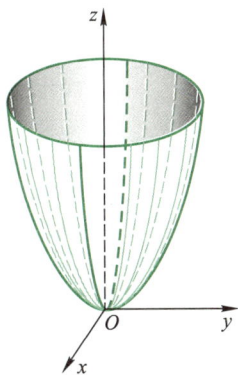

图 7.41

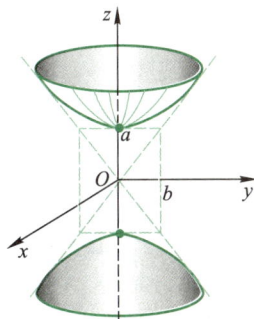

图 7.42

绕虚轴(y轴)旋转所得旋转面的方程为$-\dfrac{y^2}{b^2}+\dfrac{x^2+z^2}{a^2}=1$,称此曲面为**单叶旋转双曲面**(图 7.43).

三、柱面

定义 7.4.3　给定一平面曲线 C 和一定直线 L,如果一动直线平行于定直线 L 并沿着曲线 C 移动所生成的曲面叫作柱面,其中,曲线 C 叫作柱面的**准线**,动直线叫作柱面的**母线**(图 7.44).

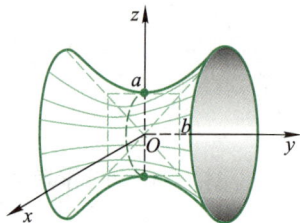

图 7.43

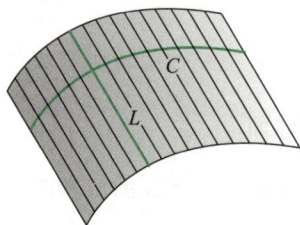

图 7.44

小贴士

　　这里我们只讨论准线在坐标面上,而母线垂直于该坐标面的柱面.

　　下面讨论几种特殊的柱面.先看一个例子.

　　设一个圆柱面的母线平行于 z 轴,准线 C 是平面 xOy 上以原点为圆心,R 为半径的圆.在平面直角坐标系中,准线 C 的方程为 $x^2+y^2=R^2$,现在我们来求这个圆柱面的方程.

　　设点 $M(x,y,z)$ 为圆柱面上任意一点,过点 M 的母线与平面 xOy 的交点 $M_0(x,y,0)$ 一定在准线 C 上(图 7.45).因此,不论点 M 的坐标中的 z 取什么值,坐标 x 和 y 必满足方程 $x^2+y^2=R^2$;反之,不在圆柱面上的点的坐标不满足该方程,所以所求的圆柱面的方程为 $x^2+y^2=R^2$.

　　由此可知,在平面直角坐标系中,方程 $x^2+y^2=R^2$ 表示一个圆,而在空间直角坐标系中,方程 $x^2+y^2=R^2$ 表示一个母线平行于 z 轴的圆柱面.

　　一般地,空间中只含 x,y 而缺 z 的方程 $F(x,y)=0$ 表示以 xOy 面内的曲线 $\begin{cases}F(x,y)=0,\\z=0\end{cases}$ 为准线,母线平行于 z 轴的柱面;反之准线方程为 $\begin{cases}F(x,y)=0,\\z=0\end{cases}$ 母线平行于 z 轴的柱面方程必定为 $F(x,y)=0$.

　　类似可得另外两种特殊的柱面方程:

　　只含 x,z 而缺 y 的方程 $G(x,z)=0$,它表示母线平行于

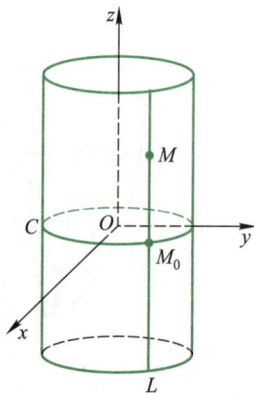

图 7.45

y 轴的柱面,其准线方程为

$$\begin{cases} G(x,z)=0, \\ y=0. \end{cases}$$

只含 y,z 而缺 x 的方程 $H(y,z)=0$,它表示母线平行于 x 轴的柱面,其准线方程为

$$\begin{cases} H(y,z)=0, \\ x=0. \end{cases}$$

小贴士

在空间直角坐标系中,只含两个变量的方程表示母线平行于所缺坐标轴的柱面.

例 6 指出下列方程所表示的曲面,并作出示意图.

请思考

空间直角坐标系中柱面方程与它的准线方程之间的区别与联系?

(1) $(x-1)^2+(z+2)^2=9.$ (2) $\dfrac{x^2}{a^2}+\dfrac{y^2}{b^2}=1.$

(3) $z^2=-y+1.$ (4) $-\dfrac{x^2}{b^2}+\dfrac{z^2}{a^2}=1.$

解 (1) 方程缺变量 y,所以方程表示准线为 xOz 平面的圆 $\begin{cases}(x-1)^2+(z+2)^2=9,\\ y=0,\end{cases}$

母线平行于 y 轴的圆柱面(图 7.46).

(2) 方程缺变量 z,所以方程表示准线为 xOy 平面上的椭圆 $\begin{cases}\dfrac{x^2}{a^2}+\dfrac{y^2}{b^2}=1,\\ z=0,\end{cases}$ 母线平行于 z 轴的椭圆柱面(图 7.47).

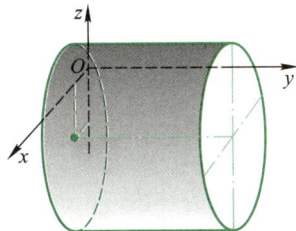

图 7.46

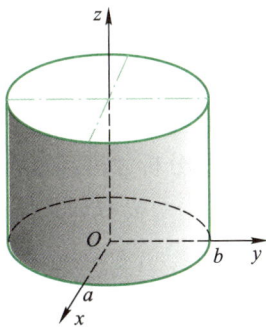

图 7.47

(3) 方程缺变量 x,所以方程表示准线为 yOz 平面的抛物线 $\begin{cases}z^2=-y+1,\\ x=0,\end{cases}$ 母线平行于 x 轴的抛物柱面(图 7.48).

（4）方程缺变量 y，所以方程表示准线为 xOz 平面的双曲线 $\begin{cases} -\dfrac{x^2}{b^2}+\dfrac{z^2}{a^2}=1, \\ y=0, \end{cases}$ 母线平行于 y 轴的双曲柱面（图 7.49）.

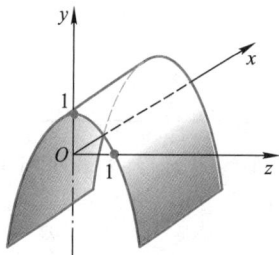

图 7.48

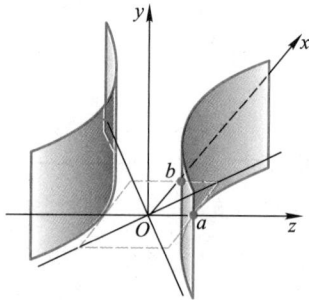

图 7.49

四、二次曲面

与平面解析几何中规定的二次曲线相类似，我们把三元二次方程

$$Ax^2+By^2+Cz^2+Dxy+Eyx+Fzx+Gx+Hy+Iz+J=0（二次项系数不全为 0）$$

所表示的曲面叫作**二次曲面**. 而把平面叫作一次曲面.

二次曲面的基本类型有：椭球面、抛物面、双曲面.

怎样了解三元方程 $F(x,y,z)=0$ 所表示的曲面的形状呢？方法之一是用坐标面和平行于坐标面的平面与曲面相截，考虑其交线（即截痕）的形状，然后加以综合，从而去了解曲面的全貌. 这种方法叫作**截痕法**.

1. 椭球面

方程

$$\frac{x^2}{a^2}+\frac{y^2}{b^2}+\frac{z^2}{c^2}=1 \quad (a>0,b>0,c>0) \tag{4}$$

所表示的曲面叫作**椭球面**，其中 a,b,c 叫作椭球面的**半轴**.

为了了解曲面的形状，我们常用平行于坐标面的一系列平面去截割曲面，对所得截痕形状进行分析，然后加以综合，就可看出曲面的形状，这种方法叫作截痕法.

从方程（4）可以看出

$$|x|\leqslant a,\quad |y|\leqslant b,\quad |z|\leqslant c,$$

这说明曲面包含在由六个平面 $x=\pm a,y=\pm b,z=\pm c$ 所围成的长方体内.

下面研究椭球面的形状，首先用三个坐标面去截割椭球面，所得的截痕曲线都是椭圆，它们的方程为

$$\begin{cases} \dfrac{x^2}{a^2}+\dfrac{y^2}{b^2}=1, \\ z=0, \end{cases} \qquad \begin{cases} \dfrac{y^2}{b^2}+\dfrac{z^2}{c^2}=1, \\ x=0, \end{cases} \qquad \begin{cases} \dfrac{x^2}{a^2}+\dfrac{z^2}{c^2}=1, \\ y=0. \end{cases}$$

其次,用平行于 xOy 坐标面的平面 $z=z_1(z_1<c)$ 去截割椭球面,所得截痕曲线是平面 $z=z_1$ 上的椭圆,其方程为

$$\begin{cases} \dfrac{x^2}{\dfrac{a^2}{c^2}(c^2-z_1^2)}+\dfrac{y^2}{\dfrac{b^2}{c^2}(c^2-z_1^2)}=1, \\ z=z_1. \end{cases}$$

它的两个半轴分别等于 $\dfrac{a}{c}\sqrt{c^2-z_1^2}$ 与 $\dfrac{b}{c}\sqrt{c^2-z_1^2}$,当 z_1 变动时,这种椭圆的中心都在 z 轴上,当 $|z_1|$ 由 0 逐渐增大到 c 时,截得的椭球面由大到小,最后缩成一点.

用平行于其他坐标面的平面去截割椭球面,分别得到类似上述的结果.

综上所述,可得椭球面的形状如图 7.50 所示.

如果 $a=b$,而 $a>c$,则方程(4)变为 $\dfrac{x^2}{a^2}+\dfrac{y^2}{a^2}+\dfrac{z^2}{c^2}=1$ ($a>0,b>0,c>0$).由旋转曲面的知识可知,该曲面是母线平行于 z 轴,而准线是 xOz 面内的椭圆 $\dfrac{x^2}{a^2}+\dfrac{z^2}{c^2}=1$ 的旋转曲面,叫作旋转椭球面,它的特点是用平面 $z=z_1(|z_1|\leqslant c)$ 去截割所得的截痕是圆心在 z 轴上的圆.

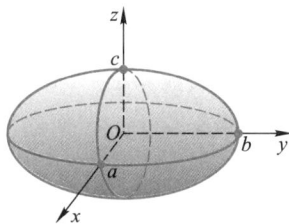

图 7.50

相应地,也存在其他形式的旋转椭球面.

当 $a=b=c$ 时,方程(4)变为 $x^2+y^2+z^2=a^2$,它表示球心坐标原点 O,半径为 a 的球面,这说明球面是椭球面的一种特殊情形.

2. 椭圆抛物面

方程

$$\frac{x^2}{2p}+\frac{y^2}{2q}=z \quad (p,q \text{ 同号}) \tag{5}$$

所表示的曲面叫作**椭圆抛物面**.下面用截痕法研究 $p>0,q>0$ 时椭圆抛物面的形状.

由方程(5)可知,当 $p>0,q>0$ 时,$z>0$,曲面在 xOy 平面上方,当 $x=0,y=0$ 时,$z=0$,曲面通过坐标原点 O,我们把坐标原点叫作椭圆抛物线的顶点.

首先,用平行于 xOy 坐标平面内的一系列平面 $z=h(h>0)$ 去截割椭圆抛物面,所得截痕曲线为椭圆

$$\begin{cases} \dfrac{x^2}{2ph}+\dfrac{y^2}{2qh}=1, \\ z=h. \end{cases}$$

这是平面 $z=h$ 内的椭圆,当 h 变动时,这种椭圆的中心都在 z 轴上,当 z 逐渐增大时截得的椭圆也逐渐增大.

其次,用 xOz 坐标平面截割椭圆抛物面,所得截痕曲线是抛物线 $\begin{cases} x^2=2pz, \\ y=0, \end{cases}$ 它的轴与 z 轴重合.

若用平行于 xOz 的平面 $y=y_1$ 去截割椭圆抛物面,所得的截痕曲线为抛物线

$$\begin{cases} x^2 = 2p\left(z - \dfrac{y_1^2}{2q}\right), \\ y = y_1, \end{cases}$$

它的轴平行于 z 轴,顶点为 $\left(0, y_1, \dfrac{y_1^2}{2q}\right)$,同理可知,用 yOz 面及平行于 yOz 面的平面去截割椭圆抛物面,所得的截痕曲线是抛物线.

综上所述,可知椭圆抛物面的形状如图 7.51 所示.

如果 $p=q$,那么方程(5)变为

$$\frac{x^2}{2p} + \frac{y^2}{2p} = z \quad (p>0),$$

这方程可看成是由 xOz 平面上的抛物线 $x^2 = 2pz$ 绕它的轴旋转而成的旋转曲面,这曲面叫作**旋转抛物面**.

它被平行于 xOy 面的平面 $z=z_1(z_1>0)$,所截得的截痕是圆

$$\begin{cases} x^2 + y^2 = 2pz_1, \\ z = z_1. \end{cases}$$

当 z_1 变动时,这种圆的圆心都在 z 轴上.

由方程 $\dfrac{-x^2}{2p} + \dfrac{y^2}{2q} = z(p,q$ 同号$)$ 所表示的曲面叫作**双曲抛物面**或**马鞍面**.

读者可用截痕法对它进行讨论.当 $p>0, q>0$ 时,它的形状如图 7.52 所示.

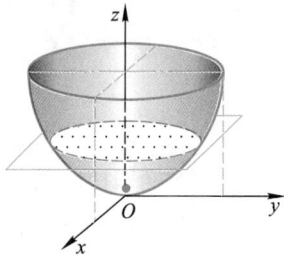

图 7.51

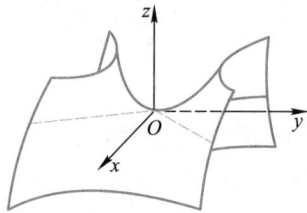

图 7.52

3. 双曲面

由方程

$$\frac{x^2}{a^2} + \frac{y^2}{b^2} - \frac{z^2}{c^2} = 1 \tag{6}$$

所表示的曲面叫作**单叶双曲面**.我们也来用截痕法考虑它的形状.

(1) 用平面 $xOy(z=0)$ 截曲面(6)所得截痕为中心在原点 O 的椭圆

$$\begin{cases} \dfrac{x^2}{a^2} + \dfrac{y^2}{b^2} = 1, \\ z = 0, \end{cases}$$

它的两个半轴分别为 a 和 b.用平行于平面 $z=0$ 的平面 $z=z_1$ 截曲面(6)所得截痕是中心在 z 轴上的椭圆

$$\begin{cases} \dfrac{x^2}{a^2}+\dfrac{y^2}{b^2}=1+\dfrac{z_1^2}{c^2}, \\ z=z_1, \end{cases}$$

它的两个半轴分别为 $\dfrac{a}{c}\sqrt{c^2+z_1^2}$，$\dfrac{b}{c}\sqrt{c^2+z_1^2}$.

（2）用平面 xOz 截曲面(6)所得截痕为中心在原点 O 的双曲线

$$\begin{cases} \dfrac{x^2}{a^2}-\dfrac{z^2}{c^2}=1, \\ y=0, \end{cases}$$

它的实轴与 x 轴相合,虚轴与 z 轴相合,平行于平面 $y=0$ 的平面 $y=y_1(y_1\neq\pm b)$ 截曲面 (6)所得截痕是中心在 y 轴上的双曲线

$$\begin{cases} \dfrac{x^2}{a^2}-\dfrac{z^2}{c^2}=1-\dfrac{y_1^2}{b^2}, \\ y=y_1, \end{cases}$$

它的两个半轴的平方分别为 $\dfrac{a^2}{b^2}|b^2-y_1^2|$，$\dfrac{c^2}{b^2}|b^2-y_1^2|$.

如果 $y_1^2<b^2$,那么双曲线的实轴平行于 x 轴,虚轴平行于 z 轴.

如果 $y_1^2>b^2$,那么双曲线的实轴平行于 z 轴,虚轴平行于 x 轴.

如果 $y_1=b$,那么平面 $y=b$ 截曲面(6)所得截痕为一对相交于点 $(0,b,0)$ 的直线,它们的方程为 $\begin{cases} \dfrac{x}{a}-\dfrac{z}{c}=0, \\ y=b \end{cases}$ 和 $\begin{cases} \dfrac{x}{a}+\dfrac{z}{c}=0, \\ y=b. \end{cases}$

如果 $y_1=-b$,那么平面 $y=-b$ 截曲面(6)所得截痕为一对相交于点 $(0,-b,0)$ 的直线,它们的方程为 $\begin{cases} \dfrac{x}{a}-\dfrac{z}{c}=0, \\ y=-b \end{cases}$ 和 $\begin{cases} \dfrac{x}{a}+\dfrac{z}{c}=0, \\ y=-b. \end{cases}$

（3）类似地,用平面 $yOz(x=0)$ 和平行于平面 yOz 的平面截曲面所得截痕也是双曲线,两个平面 $x=\pm a$ 截曲面(6)所得截痕是两对相交的直线.

综上所述,可知单叶双曲面(6)的形状如图 7.53 所示.

由方程

$$\frac{x^2}{a^2}+\frac{y^2}{b^2}-\frac{z^2}{c^2}=-1 \tag{7}$$

所表示的曲面叫作**双叶双曲面**.从方程(7)可知,双叶双曲面也关于三个坐标平面,三条坐标轴和坐标原点都对称.曲面上的点满足 $z^2\geqslant c^2$,所以曲面被分成 $z\geqslant c$ 和 $z\leqslant c$ 两叶.类似地,我们也可以用平行截割法讨论它的形状(图 7.54).这里从略.

在方程(7)中,如果 $a=b$,它就变成双叶旋转双曲面 $\dfrac{x^2}{a^2}+\dfrac{y^2}{a^2}-\dfrac{z^2}{c^2}=-1$.

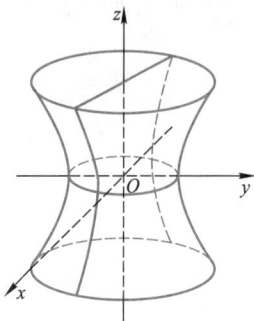

图 7.53

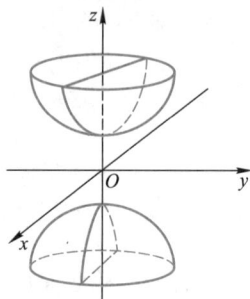

图 7.54

五、空间曲线的方程

1. 空间曲线的一般方程

空间曲线可以看作两个曲面的交线.设

$$F(x,y,z)=0 \quad 和 \quad G(x,y,z)=0$$

是两个曲面的方程,它们的交线为 C(图 7.55).因为曲线 C 上的任何点的坐标应同时满足这个曲面的方程,所以应满足方程组 $\begin{cases} F(x,y,z)=0, \\ G(x,y,z)=0. \end{cases}$

反过来,如果点 M 不在曲线 C 上,那么它不可能同时在两个曲面上,所以它的坐标不满足上述方程组.因此曲线 C 可以用方程组来表示.此方程组叫作空间曲线 C 的一般方程.

例 7 方程组 $\begin{cases} x^2+y^2=1, \\ 2x+3y+3z=6 \end{cases}$ 表示怎样的曲线?

解 方程组中第一个方程 $x^2+y^2=1$ 表示母线平行于 z 轴的圆柱面,其中准线是 xOy 面上的圆,圆心在原点 O,半径为 1.

方程组中第二个方程 $2x+3y+3z=6$ 表示一个平面.

方程组就表示上述平面与圆柱面的交线,如图 7.56 所示.

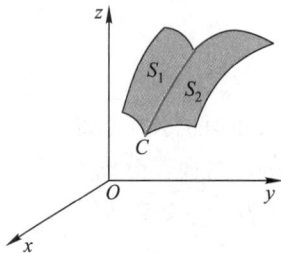

图 7.55

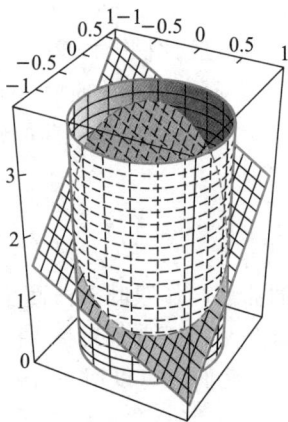

图 7.56

例 8 方程组 $\begin{cases} z=\sqrt{a^2-x^2-y^2}, \\ \left(x-\dfrac{a}{2}\right)^2+y^2=\left(\dfrac{a}{2}\right)^2 \end{cases}$ 表示怎样的曲线？

解 方程组中第一个方程 $z=\sqrt{a^2-x^2-y^2}$ 表示球心在坐标原点 O，半径为 a 的上半球面.

第二个方程 $\left(x-\dfrac{a}{2}\right)^2+y^2=\left(\dfrac{a}{2}\right)^2$ 表示母线平行于 z 轴的圆柱面，它的准线是 xOy 面上的圆，这圆的圆心在点 $\left(\dfrac{a}{2},0\right)$，半径为 $\dfrac{a}{2}$. 方程组就是表示上述半球面与圆柱面的交线，如图 7.57 和图 7.58 所示.

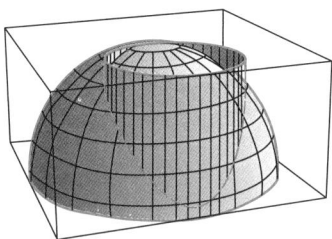

图 7.57

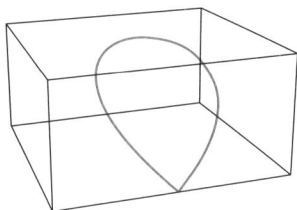

图 7.58

2. 空间曲线的参数方程

空间曲线 C 的方程除了一般方程之外，也可以用参数形式表示，只要将曲线 C 上动点的坐标 x,y,z 表示为参数 t 的函数：

$$\begin{cases} x=x(t), \\ y=y(t), \\ z=z(t). \end{cases} \tag{8}$$

当给定 $t=t_1$ 时，就得到曲线 C 上的一个点 (x_1,y_1,z_1)；随着 t 的变动便可得曲线 C 上的全部点. 方程组 (8) 叫作**空间曲线的参数方程**.

例 9 如果空间一点 M 在圆柱面 $x^2+y^2=a^2$ 上以角速度 ω 绕 z 轴旋转，同时又以线速度 v 沿平行于 z 轴的正方向上升（其中 ω,v 都是常数），那么点 M 构成的图形叫作**螺旋线**. 试建立其参数方程.

解 取时间 t 为参数. 设当 $t=0$ 时，动点位于 x 轴上的一点 $A(a,0,0)$ 处. 经过时间 t，动点由 A 运动到 $M(x,y,z)$（图 7.59）. 记 M 在 xOy 面上的投影为 M'，M' 的坐标为 $(x,y,0)$. 由于动点在圆柱面上以角速度 ω 绕 z 轴旋转，所以经过时间 t，$\angle AOM'=\omega t$，从而

$$x=|OM'|\cos\angle AOM'=a\cos\omega t,$$
$$y=|OM'|\sin\angle AOM'=a\sin\omega t.$$

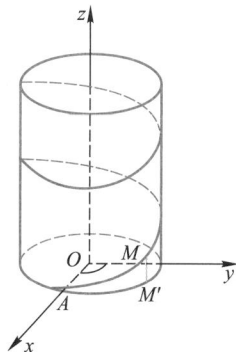

图 7.59

由于动点同时以线速度 v 沿平行于 z 轴的正方向上升，所以

$$z=M'M=vt.$$

因此螺旋线的参数方程为

$$\begin{cases} x = a\cos\omega t, \\ y = a\sin\omega t, \\ z = vt. \end{cases}$$

也可以用其他变量作参数.例如令 $\theta = \omega t$,则螺旋线的参数方程可写成

$$\begin{cases} x = a\cos\theta, \\ y = a\sin\theta, \\ z = b\theta. \end{cases}$$

这里 $b = \dfrac{v}{\omega}$,而参数为 θ.

3. 空间曲线在坐标面上的投影

设空间曲线 C 的一般方程为

$$\begin{cases} F(x,y,z) = 0, \\ G(x,y,z) = 0, \end{cases} \tag{9}$$

现在我们来研究由方程组(9)消去 z 后所得的方程

$$H(x,y) = 0. \tag{10}$$

由于方程(10)是由方程组(9)消去 z 后所得的结果,因此当 x,y,z 满足方程组(9)时,前两个数 x、y 必定满足方程(10),这说明曲线 C 上的所有点都在由方程(10)所表示的曲面上.

由上节知道,方程(10)表示一个母线平行于 z 轴的柱面.由上面的讨论可知,这柱面必定包含曲线 C.以曲线 C 为准线、母线平行于 z 轴(即垂直于 xOy 面)的柱面叫作曲线 C 关于 xOy 面的**投影柱面**,投影柱面与 xOy 面的交线叫作空间曲线 C 在 xOy 面上的**投影曲线**,或简称**投影**.因此,方程(10)所表示的柱面必定包含投影柱面,而方程

$$\begin{cases} H(x,y) = 0, \\ z = 0 \end{cases}$$

所表示的曲线必定包含空间曲线 C 在 xOy 面上的投影.

同理,消去方程组(9)中的变量 x 或变量 y,再分别和 $x=0$ 或 $y=0$ 联立,我们就可得到包含曲线 C 在 yOz 面或 zOx 面上的投影的曲线方程:

$$\begin{cases} R(y,z) = 0, \\ x = 0 \end{cases} \quad \text{或} \quad \begin{cases} T(x,z) = 0, \\ y = 0. \end{cases}$$

小贴士

注意投影柱面与投影曲线的区别与联系.

例 10 已知两球面的方程为 $\begin{cases} x^2 + y^2 + z^2 = 1, \\ x^2 + (y-1)^2 + (z-1)^2 = 1, \end{cases}$ 求它们的交线 C 在 xOy 面上的投影方程.

解 先求包含交线 C 而母线平行于 z 轴的柱面方程.因此要由方程组消去 z,得到两球面的交线在 xOy 面上的投影方程是 $\begin{cases} x^2 + 2y^2 - 2y = 0, \\ z = 0. \end{cases}$

例 11　求曲线 $\Gamma:\begin{cases}z=\sqrt{x^2+y^2},\\x^2+y^2+z^2=1,\end{cases}$ 在 xOy 坐标平面上的射影曲线方程,并指出它在 xOy 坐标平面上是一条什么样的曲线.

解　消去 z,得曲线 Γ 关于坐标平面 xOy 的射影柱面方程为

$$x^2+y^2=\frac{1}{2},$$

所以曲线 Γ 在坐标平面 xOy 上的射影曲线为

$$\begin{cases}x^2+y^2=\dfrac{1}{2},\\z=0.\end{cases}$$

这是 xOy 坐标平面上的一个圆(图 7.60).

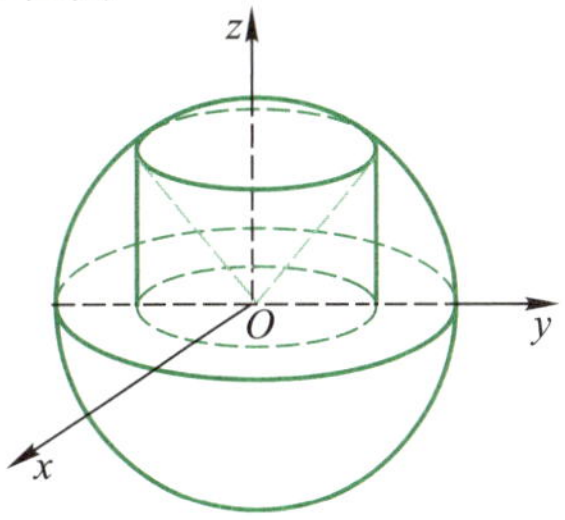

图 7.60

习题 7.4

1. 写出以点 $(1,3,-2)$ 为球心,且通过坐标原点 $O(0,0,0)$ 的球面方程.

2. 一动点与两定点 $(2,3,1)$ 和 $(4,5,6)$ 等距离,求该动点的轨迹方程.

3. 指出下列方程表示什么曲面:

(1) $x^2+y^2+z^2=R^2$.　　(2) $\dfrac{x^2}{2^2}-\dfrac{y^2}{3^2}=1$.　　(3) $y^2=2x$.

4. 方程 $x^2+y^2+z^2-2x-4y-4=0$ 表示什么曲面? 试作出其图像.

5. 将 xOy 坐标面上的双曲线 $4x^2-9y^2=36$ 分别绕 x 轴及绕 y 轴旋转一周,求所生成的旋转曲面的方程.

6. 将 yOz 面上的抛物线 $y^2=5z$ 分别绕 y 轴及 z 轴旋转一周,求所生成的旋转曲面的方程.

7. 指出下列方程组所表示的图形:

(1) $\begin{cases}y=5x+1,\\y=x+5.\end{cases}$　　(2) $\begin{cases}\dfrac{x^2}{9}+\dfrac{y^2}{4}=1,\\x=1.\end{cases}$

第五节　数学思想方法选讲——数形结合

一、数形结合的概念

我国著名数学家华罗庚曾说过:"数形结合百般好,隔离分家万事休.""数"与"形"反映了事物两个方面的属性.数形结合的思想,其实质是把抽象的数学语言、数量

关系与直观的几何图形、位置关系结合起来,使抽象思维和形象思维结合.通过对图形的认识,数形结合的转化,可以培养思维的灵活性、形象性,使问题化难为易,化抽象为具体. 数形结合思想采用了代数方法和几何方法最好的方面:几何图形形象直观,便于理解;代数方法的一般性,解题过程的程序化,可操作性强.因此,研究数形结合思想是相当必要的.

形有数量关系,数有几何意义,概括、抽象的数是形的本质,简化、直观的形是数的物化.比如,见到圆,就想度量其半径、计算其面积,而揭示其周长与直径的比即为圆周率,这是把数当作深藏着的本质来挖掘的;见到优美的方程式,就想构造它的几何对应图,这又是把数当作现象进而探寻其本质的.

二、数形结合的发展

一部数学史主要就是数与形的概念产生、发展、变迁的历史,现代数学也是围绕着这两个概念对其不断抽象、概括、提炼而发展起来的.正因为数学内涵的不断扩充,数学中最原始的对象是数与形,这两个概念自身也处于不断变化中.从最初计数而产生的自然数,从最初土地测量而产生的几何,发展成为研究代数系统的内在规律的现代代数学,以及与群论、拓扑学、计算机科学等数学分支相融合的种类纷呈的现代几何学.数与形亦作为数学的两大基本研究对象经历了一个"合久必分,分久必合"的过程,从融合走向分离继而又走向融合.

数的产生源于计数,是对具体物体的计数.产生数的概念之后,用来表示"数"的工具首先是一系列"形".在古代各种各样的计数法中,都是以具体的图形来表示抽象的数.中国的算盘是一个历史最长的计数工具,也可算是数形结合的一个典型范例.

数学最早的大发展是以几何学为主,欧几里得的《几何原本》可谓是总结当时数学成果的大成,但《几何原本》并不是单纯讲几何学"形"的.几何学的发展与实际测量有密切联系.巴比伦几何学的主要特征是它的代数性质.一些比较复杂的问题虽然是以几何术语来表达的,但实质上还是一些特殊的代数问题.有许多问题涉及平行于直角三角形的一条边的横截线,它们就引出二次方程;还有一些问题引出了联立方程组,其中有一例就给出了含 10 个未知数的 10 个方程.解决"形"的问题常常使用"数"作工具,"数"的关系,也可以用"形"来证明.对"形"的相互关系的比较、度量,促进了"数"的概念的发展,丰富了计算方法.典型例子是无理数的发现:正方形的边长与其对角线的长度之间不存在公度线段,即不存在一条线段 a,用它去量一个正方形的边长及其对角线的长都正好得到整数倍.由此导致无理数的发现.

人类对形与数统一的认识有两次重大的飞跃.第一次是建立数轴,把实数与数轴上的点一一对应起来,数可以视为点,点可以视为数.点在直线上的位置关系可以数量化,而数的运算(特别是有理数的运算)也可以几何化;第二次是从数轴到平面(直角)坐标系,把有序实数对与平面上的点一一对应起来,从而使得作为点的轨迹的平面曲线与数对所满足的二元方程的解集也一一对应起来.这样,就可以用代数方法来研究几何图形的性质,把几何研究转换成对应的代数研究,从而诞生了解析几何学科.笛卡儿创立了解析几何学,并在数学中引入"变量",完成了数学史上一项划时代的变革.

可见,数学中两大研究对象"数"与"形"的矛盾统一是数学发展的内在因素.笛卡儿之后,"数"与"形"更进一步密切结合.例如:

导数——切线的斜率;

定积分——曲边梯形的面积;

方程 $f(x)=0$ 的根——曲线 $y=f(x)$ 与 x 轴的交点;

线性方程组的解—— n 维空间中超平面的交;

矩阵的特征根——放大系数(沿某方向伸长或压缩).

近代数学中,从几何的角度看,代数和几何结合产生了代数几何,分析和几何结合产生了微分几何;而代数几何和微分几何又转过来为代数与分析(以及其他学科)提供几何背景、解释和研究课题,促进它们的发展,并使数学在实践中的应用更加广泛和深入.

三、数形结合的应用

作为一种数学思想方法,数形结合的应用大致又可分为两种情形:或者借助于数的精确性来阐明形的某些属性,或者借助形的几何直观性来阐明数之间的某种关系,即数形结合包括两个方面:第一种情形是"以数解形",而第二种情形是"以形助数".数形结合是研究数学和数学教学中的重要思维原则之一,其解法跨越了数学各分科知识的界限.

例 1　解析几何的基本思想

解析几何的创立是影射方法的一次成功应用.解析几何的基本思想是通过引进适当的坐标系,在点与有序数组之间,从而在曲线与方程之间建立对应关系.先把几何问题映成相应的代数问题,用代数方法处理;再把所得的代数结果翻译回去,变成几何问题所需的答案,可用图 7.61 表示.

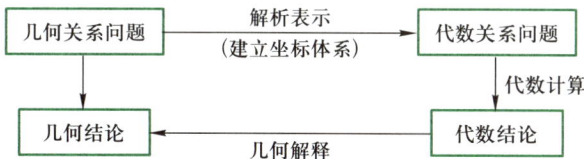

图 7.61

在空间直角坐标系中数形结合的具体体现是:在空间建立了直角坐标系后,向量就有了坐标,这就使得向量的运算转化为其坐标间的数量运算,从而把几何问题的讨论推广到了可以计算的数量层面.建立了空间直角坐标系后,点就有了坐标.点 $A \leftrightarrow (x, y, z)$,随着点 A 位置的变动,(x, y, z) 随之跟着变动.这样动点与三元有序变量组 (x, y, z) 对应起来,从而动点的轨迹与变量的方程之间也就通过坐标系联系起来了.空间中的曲面可以看成具有某种特征性质的空间点的轨迹,即在空间直角坐标系下,把曲面上点的特征性质用点的坐标 (x, y, z) 之间的关系式来表达,即 $F(x, y, z)=0$ 就是曲面方程.这些都是数形结合的主要体现.在空间通过直角坐标系的引进,使得空间的几何结构数量化、代数化,因此就可以用代数的方法来研究几何问题.

例 2　计算:19971996×19961997−19971997×19961996.

这题我们可以通过代数的变形,利用乘法分配律使计算简便,但是数字的变形很烦琐,很容易出错.于是,我们可以借助图形,进行巧算:如图 7.62,构建两个长方形,长方形 $ABCD$ 和长方形 $AEFG$, $AB = 19971996$, $BC = 19961997$, $AE = 19971997$, $EF = 19961996$. 由图中所知,这道计算题就是求长方形 $ABCD$ 与长方形 $AEFG$ 的面积之差,而求这两个长方形的面积之差又可以转化为求长方形 $DCHG$ 和长方形 $EFHB$ 的面积之差,所以

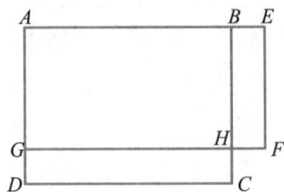

图 7.62

$$19971996 \times 19961997 - 19971997 \times 19961996$$
$$= \text{长方形 } ABCD \text{ 的面积} - \text{长方形 } AEFG \text{ 的面积}$$
$$= \text{长方形 } DCHG \text{ 的面积} - \text{长方形 } EFHB \text{ 的面积}$$
$$= 19971996 \times 1 - 19961996 \times 1 = 10000.$$

例 3　"形"的概念在数量关系的描述下不断发展,从平面几何、立体几何发展到 n 维空间的仿射几何、射影几何.我们生活在三维空间,$n(>3)$ 维空间描写的已经不是我们所生活的现实世界,$n(>3)$ 维空间的各种说法,比如:距离、夹角、平行、垂直、体积等概念,是人为地在头脑中构造出来的,但这些说法却能给我们一个鲜明的几何形象,便于我们更深刻地理解、更深入地分析数量关系.而且这些说法之所以正确,能被我们接受,是因为在二、三维空间中它们清楚地描写了空间形式中各个元素的关系.换言之,这些关系式完全可以类比于二三维空间中的几何形象,从而在四维以上的空间中找到自己的几何解释.例如:

平面解析几何中有:O 为原点,$P(a,b)$,$Q(c,d)$ 为平面上两点,则

$$\overrightarrow{OP} \perp \overrightarrow{OQ} \Leftrightarrow ac + bd = 0.$$

相应地,在 n 维空间有:设 O 为原点,$A(a_1, a_2, \cdots, a_n)$,$B(b_1, b_2, \cdots, b_n)$ 为空间中两点,则 $\overrightarrow{OA} \perp \overrightarrow{OB} \Leftrightarrow \sum_{i=1}^{n} a_i b_i = 0$.

再如,空间解析几何中,$Ax + By + Cz + D = 0$ 表示一个平面,$x^2 + y^2 + z^2 = r^2$ 表示球面;而 n 维空间中,$\sum_{i=1}^{n} a_i x_i = d$ 表示一个超平面,$\sum_{i=1}^{n} x_i^2 = r^2$ 表示一个 n 维球面.

可见,人们在用数量关系描写空间形式"形"的过程中,对形的特点有了更进一步的认识,抓住了更本质的关系,从而把它们之间的数量关系推广到了 n 维空间,得出了抽象的 n 维空间(几何形式)中的形之间的数量关系,或者说,这些数量关系得到了一个形象的几何解释.

例 4　在四面体 $OABC$ 中,设 D 为棱 OC 的中点,G 是三角形 ABC 的重心,E 是 OG 上的点,且 $\overrightarrow{OE} = \dfrac{3}{4}\overrightarrow{OG}$,使用坐标法证明:$A,B,D,E$ 四点共面见图 7.63.

证　以 O 为原点建立空间直角坐标系,并设顶点 A,B,C 的坐标分别为

$$A(x_1, y_1, z_1), B(x_2, y_2, z_2), C(x_3, y_3, z_3),$$

于是 OC 中点 D 与三角形 ABC 重心 G 的坐标分别为

$$D\left(\frac{x_3}{2},\frac{y_3}{2},\frac{z_3}{2}\right),\quad G\left(\frac{x_1+x_2+x_3}{3},\frac{y_1+y_2+y_3}{3},\frac{z_1+z_2+z_3}{3}\right),$$

$$\overrightarrow{OE}=\frac{3}{4}\overrightarrow{OG}=\left(\frac{x_1+x_2+x_3}{4},\frac{y_1+y_2+y_3}{4},\frac{z_1+z_2+z_3}{4}\right),$$

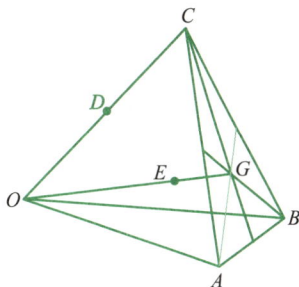

图 7.63

所以 E 的坐标为

$$E\left(\frac{x_1+x_2+x_3}{4},\frac{y_1+y_2+y_3}{4},\frac{z_1+z_2+z_3}{4}\right),$$

从而

$$\overrightarrow{AB}=(x_2-x_1,y_2-y_1,z_2-z_1),\quad \overrightarrow{AD}=\left(\frac{x_3-2x_1}{2},\frac{y_3-2y_1}{2},\frac{z_3-2z_1}{2}\right),$$

$$\overrightarrow{AE}=\left(\frac{x_2+x_3-3x_1}{4},\frac{y_2+y_3-3y_1}{4},\frac{z_2+z_3-3z_1}{4}\right),$$

因为

$$\left[\overrightarrow{AB}\ \overrightarrow{AD}\ \overrightarrow{AE}\right]=\frac{1}{8}\begin{vmatrix} x_2-x_1 & y_2-y_1 & z_2-z_1 \\ x_3-2x_1 & y_3-2y_1 & z_3-2z_1 \\ x_2+x_3-3x_1 & y_2+y_3-3y_1 & z_2+z_3-3z_1 \end{vmatrix}$$

$$=\frac{1}{8}\begin{vmatrix} x_2-x_1 & y_2-y_1 & z_2-z_1 \\ x_3-2x_1 & y_3-2y_1 & z_3-2z_1 \\ x_2-x_1 & y_2-y_1 & z_2-z_1 \end{vmatrix}=0,$$

所以三向量 $\overrightarrow{AB},\overrightarrow{AD},\overrightarrow{AE}$ 共面，即 A,B,D,E 四点共面.

　　本题用到了本章知识拓展中混合积的相关知识，是数形结合思想解题的"以数解形"模式的应用，即把几何问题转化为代数问题，经过计算和推理，得到相应的代数结论，从而解决几何问题.

第六节　数学实验（七）——MATLAB 向量计算与空间图形绘制

（一）向量及其线性运算

　　在 MATLAB 软件中，向量元素用"[　]"括起来，元素之间用空格或逗号相隔. 在 MATLAB 中实现向量的线性运算可以在命令窗口执行以下语句：

```
≫ a = [2 1 3];
≫ b = [1,3,5];
≫ c1 = a+b        % 向量加法
≫ c2 = a-b        % 向量减法
≫ c3 = 2*a        % 向量数乘
```

执行后得到相应的结果.

例 1 求上述向量 a 的模.

解   在 MATLAB 中计算向量的模是用函数 norm,格式为:norm(a),在命令窗口中继续输入:

```
>> norm(a)
```

得到 a 的模等于 3.741 7.

如果计算空间两点的距离,如 $A(4,3,7)$,$B(3,5,2)$,也就是计算以点 A 和 B 坐标差为坐标的向量的模,输入一下命令:

```
>> A=[4,3,7];
>> B=[3,5,2];
>> C=A-B,norm(A-B)
```

执行后得到 A 和 B 的距离等于 5.477 2.如果计算和 $\overrightarrow{AB}$ 同方向的单位向量,只需输入 C/norm(C) 即可.

(二) 向量的数量积和向量积运算

MATLAB 中提供了函数 dot 来求解两个向量的数量积,其调用格式为

$$c=dot(a,b).$$

函数 cross 来求解两个向量的向量积,调用格式与 dot 函数类似.执行以下命令,熟悉函数 dot 和 cross 的调用:

```
>> a=[1 2 3]; b=[2 1 3];
>> c=dot(a,b)
>> d=cross(a,b)
```

得到数量积结果等于 13,向量积结果为 $(3,3,-3)$.

例 2 已知三点 $M(1,1,1)$,$A(2,2,1)$,$B(2,1,2)$,求 $\angle AMB$.

分析   由向量的夹角余弦公式 $\cos\angle AMB = \dfrac{\overrightarrow{MA}\cdot\overrightarrow{MB}}{|\overrightarrow{MA}|\cdot|\overrightarrow{MB}|}$,先计算夹角余弦,再运用反余弦函数求出夹角(弧度制),然后将弧度制化夹角成角度制即可.

解   在 MATLAB 中输入:

```
>> M=[1,1,1]; A=[2,2,1]; B=[2,1,2];
>> MA=A-M;
>> MB=B-M;
>> D_MA=norm(MA);           % 计算向量 MA 的模
>> D_MB=norm(MB);           % 计算向量 MB 的模
>> cosine=dot(MA,MB)/(D_MA*D_MB)        % 计算夹角余弦值
>> angle=acos(cosine)/pi*180
```

执行以上命令后得到:cosine = 0.5000,angle = 60.0000.即 $\angle AMB = \dfrac{\pi}{3}$.

例 3 已知三角形 ABC 的顶点分别是 $A(1,2,3)$,$B(3,4,5)$,$C(2,4,7)$,试求三角形 ABC 的面积.

分析   根据向量积的定义,可知三角形 ABC 的面积

$$S_{\triangle ABC}=\frac{1}{2}\mid\overrightarrow{AB}\mid\cdot\mid\overrightarrow{AC}\mid\ \sin\angle A=\frac{1}{2}\mid\overrightarrow{AB}\times\overrightarrow{AC}\mid,$$

编写以下语句:

```
>> A=[1 2 3];B=[3 4 5];C=[2 4 7];
>> AB=B-A;
>> AC=C-A;
>> V=cross(AB,AC)          % 计算向量AB,AC的向量积
>> S=1/2*norm(V)
```

执行上述命令后,得到三角形 ABC 的面积为 3.7417.

(三) 空间曲线和曲面作图

在实际工程应用中,最常用的三维绘图是三维曲线图、三维网格图和三维曲面图 3 种基本类型.以此对应,MATLAB 提供了 3 个三维基本绘图函数(绘制三维曲线函数 plot3、三维曲面函数 surf 和三维网格函数 mesh),下面分别介绍它们的具体使用方法.

plot3 的常用调用格式为

$$\text{plot3}(x,y,z),$$

其中参数 x,y,z 为长度相同的向量.plot3 函数将绘得一条分别以向量 x,y,z 为横、纵、竖坐标值的空间曲线.

例 4　画出空间曲线 $x=2t,y=\sin t,z=\cos(t),t\in[0,10\pi]$ 的图形.

解　在 MATLAB 中输入:

```
>> t=[0:0.1:10*pi];
>> x=2*t;
>> y=sin(t);
>> z=cos(t);
>> plot3(x,y,z);
```

输出结果如图 7.64 所示.

MATLAB 软件中绘制三维曲面一般用函数 surf(绘制三维曲面)或 mesh(绘制三维网格),绘制函数 $z=f(x,y)$ 所代表的三维空间曲面,需要做以下数据准备.

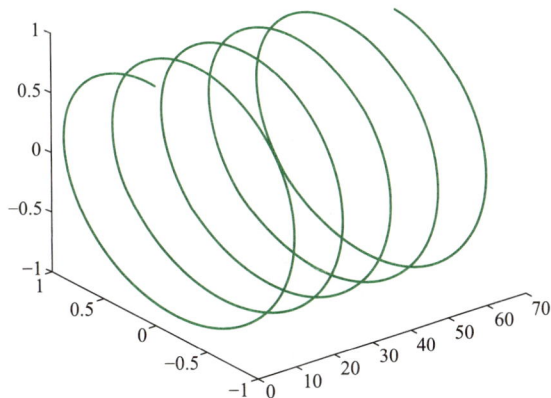

图 7.64

（1）确定自变量 x,y 的取值范围和取值间隔：x=x1:dx:x2,y=y1:dy:y2；

（2）构成 xy 平面上的自变量"格点"阵列：[X,Y]=meshgrid(x,y)；

（3）计算在自变量采样"格点"上的函数值：Z=f(x,y)

做好上述数据准备后就可以调用函数 surf 或 mesh 绘制出三维图形，它们最常用的调用格式如下

$$\text{surf}(X,Y,Z), \quad \text{mesh}(X,Y,Z)$$

例5 画出函数 $f(x,y)=x\mathrm{e}^{-x^2-y^2}$ 图形，其中 $(x,y)\in[-2.5,2.5]\times[-2.5,2.5]$.

解 在 MATLAB 中输入：

```
>> x=-2.5:0.2:2.5;   % 在[-2.5,2.5]内产生 x 的离散点数据
>> y=-2.5:0.2:2.5;   % 在[-2.5,2.5]内产生 y 的离散点数据
>> [X,Y]=meshgrid(x,y);   % 将 x,y 离散点数据转化为格点阵列 X,Y
>>Z=X.*exp(-X.^2-Y.^2);   % 计算出函数值 Z
>>mesh(X,Y,Z);            % 生成三维网格图形如图 7.65 所示
```

若将上述最后一条命令换成 surf(X,Y,Z)，则绘制成三维曲面图形（图 7.66）.

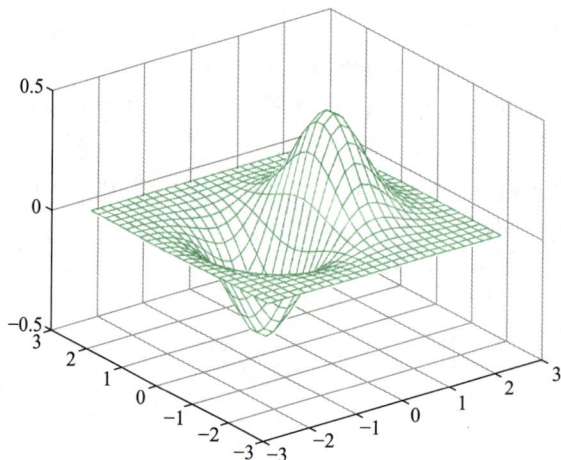

图 7.65

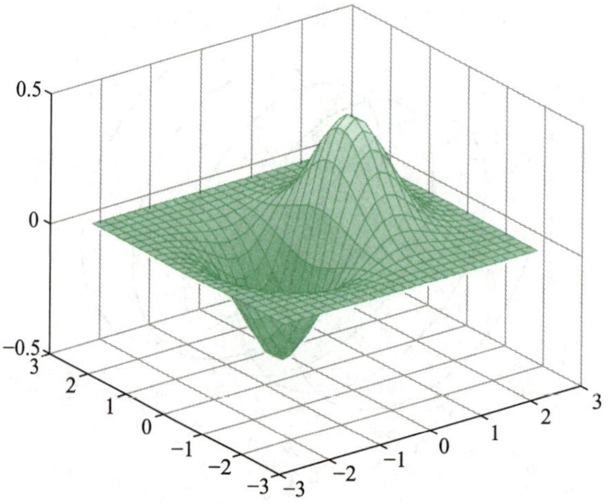

图 7.66

知识拓展

（一）向量的混合积

定义 设已知三个向量 $\boldsymbol{a},\boldsymbol{b},\boldsymbol{c}$，数量 $(\boldsymbol{a}\times\boldsymbol{b})\cdot\boldsymbol{c}$ 称为这三个向量的混合积，记为 $[\boldsymbol{abc}]$.

设 $\boldsymbol{a}=a_x\boldsymbol{i}+a_y\boldsymbol{j}+a_z\boldsymbol{k}$，$\boldsymbol{b}=b_x\boldsymbol{i}+b_y\boldsymbol{j}+b_z\boldsymbol{k}$，$\boldsymbol{c}=c_x\boldsymbol{i}+c_y\boldsymbol{j}+c_z\boldsymbol{k}$，则

$$[\boldsymbol{abc}]=(\boldsymbol{a}\times\boldsymbol{b})\cdot\boldsymbol{c}=\begin{vmatrix} a_x & a_y & a_z \\ b_x & b_y & b_z \\ c_x & c_y & c_z \end{vmatrix}$$

（混合积的坐标表达式）.

关于混合积的说明：

（1）向量混合积的几何意义：

向量的混合积 $[\boldsymbol{abc}]=(\boldsymbol{a}\times\boldsymbol{b})\cdot\boldsymbol{c}$ 是这样的一个数，它的绝对值表示以向量 $\boldsymbol{a},\boldsymbol{b},\boldsymbol{c}$ 为棱的平行六面体的体积（图 7.67）.

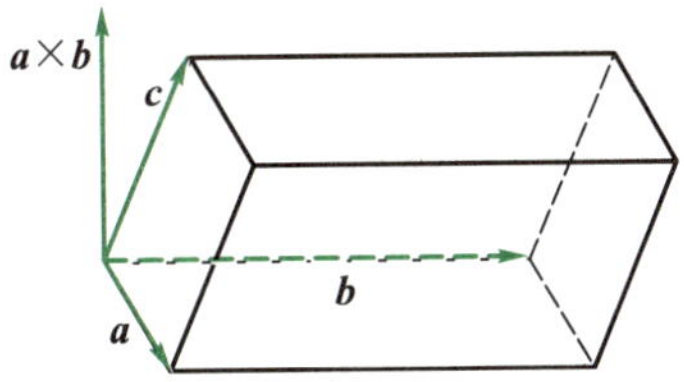

图 7.67

（2）$[\boldsymbol{abc}]=(\boldsymbol{a}\times\boldsymbol{b})\cdot\boldsymbol{c}=(\boldsymbol{b}\times\boldsymbol{c})\cdot\boldsymbol{a}=(\boldsymbol{c}\times\boldsymbol{a})\cdot\boldsymbol{b}$.

（3）三向量 $\boldsymbol{a},\boldsymbol{b},\boldsymbol{c}$ 共面 $\Leftrightarrow[\boldsymbol{abc}]=0$.

例 1 已知 $[\boldsymbol{abc}]=2$，计算 $[(\boldsymbol{a}+\boldsymbol{b})\times(\boldsymbol{b}+\boldsymbol{c})]\cdot(\boldsymbol{c}+\boldsymbol{a})$.

解
$$\begin{aligned}&[(\boldsymbol{a}+\boldsymbol{b})\times(\boldsymbol{b}+\boldsymbol{c})]\cdot(\boldsymbol{c}+\boldsymbol{a})=[\boldsymbol{a}\times\boldsymbol{b}+\boldsymbol{a}\times\boldsymbol{c}+\boldsymbol{b}\times\boldsymbol{b}+\boldsymbol{b}\times\boldsymbol{c}]\cdot(\boldsymbol{c}+\boldsymbol{a})\\&=(\boldsymbol{a}\times\boldsymbol{b})\cdot\boldsymbol{c}+(\boldsymbol{a}\times\boldsymbol{c})\cdot\boldsymbol{c}+\boldsymbol{0}\cdot\boldsymbol{c}+(\boldsymbol{b}\times\boldsymbol{c})\cdot\boldsymbol{c}+(\boldsymbol{a}\times\boldsymbol{b})\cdot\boldsymbol{a}+(\boldsymbol{a}\times\boldsymbol{c})\cdot\\&\quad\boldsymbol{a}+\boldsymbol{0}\cdot\boldsymbol{a}+(\boldsymbol{b}\times\boldsymbol{c})\cdot\boldsymbol{a}\\&=2(\boldsymbol{a}\times\boldsymbol{b})\cdot\boldsymbol{c}=2[\boldsymbol{abc}]=4.\end{aligned}$$

例 2 已知空间内不在一平面上的四点 $A(x_1,y_1,z_1)$，$B(x_2,y_2,z_2)$，$C(x_3,y_3,z_3)$，$D(x_4,y_4,z_4)$，求四面体的体积.

解 由立体几何知，四面体的体积等于以向量 $\overrightarrow{AB},\overrightarrow{AC},\overrightarrow{AD}$ 为棱的平行六面体的体积的六分之一

$$V=\frac{1}{6}\left|\left[\overrightarrow{AB}\ \overrightarrow{AC}\ \overrightarrow{AD}\right]\right|.$$

因为

$$\overrightarrow{AB}=(x_2-x_1,\ y_2-y_1,\ z_2-z_1),\overrightarrow{AC}=(x_3-x_1,\ y_3-y_1,\ z_3-z_1),$$
$$\overrightarrow{AD}=(x_4-x_1,\ y_4-y_1,\ z_4-z_1),$$

所以

$$V=\pm\frac{1}{6}\begin{vmatrix} x_2-x_1 & y_2-y_1 & z_2-z_1 \\ x_3-x_1 & y_3-y_1 & z_3-z_1 \\ x_4-x_1 & y_4-y_1 & z_4-z_1 \end{vmatrix}.$$

式中正负号的选择必须和行列式的符号一致.

（二）平面束

空间中通过同一条直线的所有平面的集合叫作**有轴平面束**,那条直线叫作平面束的轴.

如果两个平面

$$\Pi_1:A_1x+B_1y+C_1z+D_1=0,$$
$$\Pi_2:A_2x+B_2y+C_2z+D_2=0,$$

相交于一条直线 L,那么以直线 L 为轴的**平面束**的方程是

$$(A_1x+B_1y+C_1z+D_1)+\lambda(A_2x+B_2y+C_2z+D_2)=0, \tag{1}$$

其中 λ 为任意实数.它表示(除平面 Π_2 外的)所有过直线 L 的平面.

事实上,易知平面束的方程式(1)中 x,y,z 的系数不全为零,从而它表示平面.直线 L 上的点都满足平面束的方程(1),于是当 λ 不同时,方程(1)就表示过直线 L 的不同平面.

注意:过直线 L 的所有平面的平面束方程为:

$$\mu(A_1x+B_1y+C_1z+D_1)+\lambda(A_2x+B_2y+C_2z+D_2)=0,$$

其中 μ,λ 是不全为零的任意实数.

例3 求直线 $L:\begin{cases}2x-y+z-1=0,\\x+y-z+1=0\end{cases}$ 在平面 $\Pi:x+2y-z=0$ 上的投影直线的方程.

分析 过直线 L 作垂直于平面 Π 的平面 Π_1,则 Π 与 Π_1 的交线即为投影直线.关键是求出平面 Π_1(即投影平面)的方程.

解 设过直线 L 的平面束方程为

$$(2x-y+z-1)+\lambda(x+y-z+1)=0$$

$$\Rightarrow \Pi_1:(2+\lambda)x+(-1+\lambda)y+(1-\lambda)z+(-1+\lambda)=0 \text{（其中 }\lambda\text{ 为待定常数）},$$

平面 Π_1 垂直于平面 Π,即

$$(2+\lambda)\cdot1+(-1+\lambda)\cdot2+(1-\lambda)\cdot(-1)=0\Rightarrow\lambda=\frac{1}{4},$$

代入上式,得与平面 Π 垂直的平面 Π_1(即投影平面)的方程为

$$\left(2+\frac{1}{4}\right)x+\left(-1+\frac{1}{4}\right)y+\left(1-\frac{1}{4}\right)z+\left(-1+\frac{1}{4}\right)=0,$$

即 $3x-y+z-1=0$,故投影直线的方程为

$$\begin{cases}3x-y+z-1=0,\\x+2y-z=0.\end{cases}$$

» 本章小结 «

一、知识小结

1. 空间直角坐标系

过空间一定点 O,按右手法则作三条相互垂直的数轴:x 轴(横轴)、y 轴(纵轴)、z 轴(竖轴),这样的三条坐标轴称为一个空间直角坐标系,点 O 称为坐标原点.建立了

空间直角坐标系后,使空间的点与一个三元有序数组(即点的坐标)一一对应,这是用代数方法研究空间几何图形的基础.

2. 空间两点的距离

设 $M_1(x_1,y_1,z_1)$,$M_2(x_2,y_2,z_2)$ 为空间两点,则 M_1 与 M_2 之间的距离为

$$d=|M_1M_2|=\sqrt{(x_2-x_1)^2+(y_2-y_1)^2+(z_2-z_1)^2}.$$

3. 空间向量的概念

既有大小,又有方向的量称为向量. 向量的大小称为向量的模.模为 1 的向量称为单位向量. 模为零的向量称为零向量. 与 a 大小相等,方向相反的向量,称为 a 的负向量. 两个非零向量如果它们的方向相同或相反,就称这两个向量平行. 两向量平行又称两向量共线.

4. 向量的线性运算

向量的加法、减法和数乘运算.

5. 向量的坐标表示

空间上任意点 M 在三条坐标轴上的投影 P,Q,R 在各自轴上的坐标记为 x,y,z,则点与有序数组 (x,y,z) 建立了一一对应关系,称 (x,y,z) 为点 M 的坐标,点 M 称为以 (x,y,z) 为坐标的点.

a 的坐标分解式为 $a=a_x i+a_y j+a_z k$,a 的坐标表达式为 $a=(a_x,a_y,a_z)$.

设 $a=(a_x,a_y,a_z)$,$b=(b_x,b_y,b_z)$,则

$$a\pm b=(a_x\pm b_x)i+(a_y\pm b_y)j+(a_z\pm b_z)k,\quad \lambda a=(\lambda a_x)i+(\lambda a_y)j+(\lambda a_z)k.$$

6. 向量的模与方向余弦的坐标表达式

设 $a=(a_x,a_y,a_z)$,则 $|a|=\sqrt{a_x^2+a_y^2+a_z^2}$.

当 $|a|\neq 0$ 时,

$$\cos\alpha=\frac{a_x}{\sqrt{a_x^2+a_y^2+a_z^2}},\cos\beta=\frac{a_y}{\sqrt{a_x^2+a_y^2+a_z^2}},\cos\gamma=\frac{a_z}{\sqrt{a_x^2+a_y^2+a_z^2}},$$

其中 α,β,γ 为 a 的方向角.和 a 同向的单位向量 $e_a=\dfrac{a}{|a|}=(\cos\alpha,\cos\beta,\cos\gamma)$.

7. 向量的数量积

称 $a\cdot b=|a||b|\cos(\widehat{a,b})$ 为向量 a 与 b 的数量积,数量积的坐标表达式 $a\cdot b=a_xb_x+a_yb_y+a_zb_z$,两向量夹角余弦的坐标表达式 $\cos(\widehat{a,b})=\dfrac{a_xb_x+a_yb_y+a_zb_z}{\sqrt{a_x^2+a_y^2+a_z^2}\sqrt{b_x^2+b_y^2+b_z^2}}$.

对于两个非零向量 a,b,$a\perp b$ 的充要条件为 $a\cdot b=0$.

8. 向量的向量积

两向量 a 与 b 的向量积是一个向量 $c=a\times b$.

(1) $|c|=|a||b|\sin(\widehat{a,b})(0\leqslant(\widehat{a,b})\leqslant\pi)$;

(2) c 的方向同时垂直于 a 与 b,且 a,b,c 符合右手法则.

向量积坐标表示 $a\times b=\begin{vmatrix} i & j & k \\ a_x & a_y & a_z \\ b_x & b_y & b_z \end{vmatrix}$.

$$a \parallel b \Leftrightarrow a \times b = 0 \Leftrightarrow \frac{a_x}{b_x} = \frac{a_y}{b_y} = \frac{a_z}{b_z}.$$

9. 空间平面方程

平面方程的各种形式见表 7.2.

表 7.2

名称	方程	常数(参数)的几何意义	备注
点法式	$A(x-x_0)+B(y-y_0)+C(z-z_0)=0$	(A,B,C) 是平面的法向量,(x_0,y_0,z_0) 是平面上的一点	A,B,C 不全为零
一般式	$Ax+By+Cz+D=0$	(A,B,C) 是平面的法向量	A,B,C 不全为零
截距式	$\dfrac{x}{a}+\dfrac{y}{b}+\dfrac{z}{c}=1$	a,b,c 分别为平面在 x 轴,y 轴,z 轴上的截距	平面不过原点且不平行于坐标轴

两平面的位置见表 7.3.

表 7.3

平面 $\Pi_1 : A_1 x + B_1 y + C_1 z + D_1 = 0, n_1 = (A_1, B_1, C_1).$

平面 $\Pi_2 : A_2 x + B_2 y + C_2 z + D_2 = 0, n_2 = (A_2, B_2, C_2).$

位置关系	成立条件	
相交	$A_1 : B_1 : C_1 \neq A_2 : B_2 : C_2$ (n_1 不平行于 n_2)	① 交角公式 $\cos(\widehat{\Pi_1, \Pi_2}) = \left\| \cos(\widehat{n_1, n_2}) \right\| = \dfrac{\|n_1 \cdot n_2\|}{\|n_1\|\|n_2\|} = \dfrac{\|A_1 A_2 + B_1 B_2 + C_1 C_2\|}{\sqrt{A_1^2 + B_1^2 + C_1^2}\sqrt{A_2^2 + B_2^2 + C_2^2}}$ ② 垂直条件 $A_1 A_2 + B_1 B_2 + C_1 C_2 = 0$ ($n_1 \perp n_2$)
平行	$\dfrac{A_1}{A_2} = \dfrac{B_1}{B_2} = \dfrac{C_1}{C_2} \neq \dfrac{D_1}{D_2}$ ($n_1 \parallel n_2$)	
重合	$\dfrac{A_1}{A_2} = \dfrac{B_1}{B_2} = \dfrac{C_1}{C_2} = \dfrac{D_1}{D_2}$ ($n_1 \parallel n_2$)	

点到平面的距离公式 $d = \left| \dfrac{Ax_0 + By_0 + Cz_0 + D}{\sqrt{A^2 + B^2 + C^2}} \right|.$

10. 空间直线方程

空间直线方程的各种形式见表 7.4.

表 7.4

名称	方程	常数(参数)的几何意义	备注
一般式	$\begin{cases} A_1x+B_1y+C_1z+D_1=0, \\ A_2x+B_2y+C_2z+D_2=0 \end{cases}$	$(A_1,B_1,C_1)\times(A_2,B_2,C_2)$ 为直线的方向向量	把直线看作两平面的交线
对称式（点向式）	$\dfrac{x-x_0}{m}=\dfrac{y-y_0}{n}=\dfrac{z-z_0}{p}$	(x_0,y_0,z_0) 是直线上的点，(m,n,p) 是直线的方向向量	m,n,p 不全为零
参数式	$\begin{cases} x=x_0+mt, \\ y=y_0+nt,\ (t\text{ 为参数}) \\ z=z_0+pt \end{cases}$		

设两直线 L_1 与 L_2 的方向向量分别为 $\boldsymbol{s}_1=(m_1,n_1,p_1)$，$\boldsymbol{s}_2=(m_2,n_2,p_2)$，

（1）$L_1 /\!/ L_2 \Leftrightarrow \dfrac{m_1}{m_2}=\dfrac{n_1}{n_2}=\dfrac{p_1}{p_2}$；

（2）$L_1 \perp L_2 \Leftrightarrow m_1m_2+n_1n_2+p_1p_2=0$；

（3）$\cos\varphi=\dfrac{\left|m_1m_2+n_1n_2+p_1p_2\right|}{\sqrt{m_1^2+n_1^2+p_1^2}\cdot\sqrt{m_2^2+n_2^2+p_2^2}}$（$\varphi$ 为 L_1 与 L_2 的夹角）.

空间直线与平面的位置关系：

设直线 L 的方向向量为 $\boldsymbol{s}=(m,n,p)$，平面 Π 的法向量为 $\boldsymbol{n}=(A,B,C)$，则

（1）$\sin\theta=\dfrac{\left|Am+Bn+Cp\right|}{\sqrt{A^2+B^2+C^2}\sqrt{m^2+n^2+p^2}}$（$\theta$ 为直线 L 与平面 Π 的夹角）；

（2）$L /\!/ \Pi \Leftrightarrow Am+Bn+Cp=0$；

（3）$L \perp \Pi \Leftrightarrow \dfrac{A}{m}=\dfrac{B}{n}=\dfrac{C}{p}$.

11. 曲面和空间曲线

曲面方程的概念；准线在坐标面、母线垂直于该坐标面的柱面方程的一般形式及其图形；母线在坐标面、旋转轴为该坐标面上两轴之一的旋转曲面的方程的一般形式及其图形；常用二次曲面的方程及其图形.空间曲线的一般方程及参数方程的概念；简单空间曲线及其在坐标平面上的投影；已知曲线的一般方程求其在某坐标面上的投影曲线的方程.

二、典型例题

例 1　判断：

（1）若 $\boldsymbol{a}\neq\boldsymbol{0}$，且 $\boldsymbol{a}\cdot\boldsymbol{b}=\boldsymbol{a}\cdot\boldsymbol{c}$，能否由此推出 $\boldsymbol{b}=\boldsymbol{c}$，为什么？

（2）若 $\boldsymbol{a}\neq\boldsymbol{0}$，且 $\boldsymbol{a}\times\boldsymbol{b}=\boldsymbol{a}\times\boldsymbol{c}$，能否由此推出 $\boldsymbol{b}=\boldsymbol{c}$，为什么？

解　（1）不能推得 $\boldsymbol{b}=\boldsymbol{c}$.

事实上,等式 $a \cdot (b-c) = 0$ 成立,并不一定要求其中至少一个为零,而只要求 $a \perp (b-c)$,即 $a \cdot (b-c) = 0$ 的充要条件是 $a \perp (b-c)$.因此,当 b,c 移到同一起点,而它们的终点落在与 a 垂直的一个平面上时,就有 $a \perp (b-c)$,即 $a \cdot (b-c) = 0$,但 $b \neq c$.

只有当 $a \neq 0, b,c$ 平行且不垂直于 a 时,才能由 $a \cdot b = a \cdot c$,推得 $b = c$.

(2) 不能推得 $b = c$.

事实上,将 b,c 移到同一起点,而它们的终点只要在与 a 平行的任一直线上,就有 $a /\!/ (b-c)$,即 $a \times (b-c) = 0$,所以 $a \times b = a \times c$,但 $b \neq c$.

只有当 $a \neq 0, b /\!/ c$,且 b,c 都不平行于 a 时,才能由 $a \times b = a \times c$,推得 $b = c$.

注意:向量的点积、叉积运算不同于数的运算,不满足消去律.

例 2　设 $|a| = 4, |b| = 3, (\widehat{a,b}) = \dfrac{\pi}{6}$,求以向量 $a+2b, a-3b$ 为边的平行四边形的面积.

解　设 S 为所求面积,则有 $S = |(a+2b) \times (a-3b)| = 5|b \times a| = 5|a||b|\sin\dfrac{\pi}{6} = 30$.

例 3　向量 c 垂直于向量 $a = (2,3,-1)$ 和 $b = (1,-2,3)$ 并满足 $c \cdot (2i-j+k) = -6$,求向量 c.

解法一　设 $c = xi+yj+zk$,由题意知

$$\begin{cases} c \cdot a = 0, \\ c \cdot b = 0, \\ c \cdot (2i-j+k) = -6, \end{cases} \quad \text{即} \quad \begin{cases} 2x+3y-z = 0, \\ x-2y+3z = 0, \\ 2x-y+z = -6, \end{cases}$$

解之得 $x = -3, y = z = 3$.

解法二　设 $c = xi+yj+zk$,由题意知 $c /\!/ (a \times b)$,而

$$a \times b = \begin{vmatrix} i & j & k \\ 2 & 3 & -1 \\ 1 & -2 & 3 \end{vmatrix} = 7i-7j-7k,$$

则

$$\frac{x}{7} = \frac{y}{-7} = \frac{z}{-7},$$

又 $c \cdot (2i-j+k) = -6$,即 $2x-y+z = -6$,得

$$x = -3, \quad y = z = 3.$$

例 4　平面过原点且垂直于平面 $\Pi_1 : x+2y+3z-2 = 0$ 及 $\Pi_2 : 6x-y-5z+23 = 0$,求此平面方程.

分析一　已知所求平面过原点,由点法式,只要再求出法向量即可.由于所求平面与已知两平面垂直,则其法向量为 $n = n_1 \times n_2$.

解　因为 $n_1 = (1,2,3), n_2 = (6,-1,-5)$,所以

$$n = n_1 \times n_2 = \begin{vmatrix} i & j & k \\ 1 & 2 & 3 \\ 6 & -1 & -5 \end{vmatrix} = -7i+23j-13k,$$

又因为平面过原点,故所求平面方程为 $-7x+23y-13z = 0$.

分析二（待定系数法）　应用平面的一般方程,利用已知条件,确定系数,即可求出所求平面.

解　设所求平面方程为 $\Pi:Ax+By+Cz+D=0$,则其法向量为 $\boldsymbol{n}=(A,B,C)$,因为平面过原点,所以 $D=0$.因为 $\Pi\perp\Pi_1$,所以 $\boldsymbol{n}\perp\boldsymbol{n}_1$,即

$$\boldsymbol{n}\cdot\boldsymbol{n}_1=A+2B+3C=0. \tag{1}$$

因为 $\Pi\perp\Pi_2$,所以 $\boldsymbol{n}\perp\boldsymbol{n}_2$,即

$$\boldsymbol{n}\cdot\boldsymbol{n}_2=6A-B-5C=0. \tag{2}$$

解(1)和(2)的联立方程组得

$$A=\frac{7}{13}C,\quad B=-\frac{23}{13}C.$$

所求平面方程为 $-7x+23y-13z=0$.

例 5　求通过点 $A(3,0,0)$,$B(0,0,1)$ 且与 xOy 平面成 $\dfrac{\pi}{3}$ 角的平面方程.

解　设所求平面的法向量为 (m,n,p),向量 $\overrightarrow{BA}=(3,0,-1)$,又 xOy 平面的法向量为 $(0,0,1)$,由题意得方程组 $\begin{cases}3m-p=0,\\ \dfrac{|p|}{\sqrt{m^2+n^2+p^2}}=\dfrac{1}{2},\end{cases}$,解得 $p=3m,n=\pm\sqrt{26}\,m$,从而所求方程为 $x\pm\sqrt{26}\,y+3z-3=0$.

例 6　指出下列方程在空间代表什么曲面:

(1) $x^2+y^2+z^2+2z=3$.(2) $x^2-y^2=0$.(3) $x^2+y^2=0$.

(4) $xyz=0$.(5) $x^2=4z$.

解　(1) $x^2+y^2+z^2+2z=3$,即 $x^2+y^2+(z+1)^2=2^2$ 是球心在 $(0,0,-1)$,半径为 2 的球面.

(2) $x^2-y^2=0$,即 $(x-y)(x+y)=0$.亦即 $x-y=0$ 或 $x+y=0$,在空间表示两个相交于 z 轴的平面.(因为方程缺 z 项,也是一个母线平行于 z 轴的柱面.)

(3) $x^2+y^2=0$,即 $\begin{cases}x=0,\\ y=0,\end{cases}$ 在空间表示 z 轴.若在 xOy 平面内考虑,则只代表坐标原点.

(4) $xyz=0$ 即 $x=0$ 或 $y=0$ 或 $z=0$ 是三个坐标面.

(5) $x^2=4z$ 是母线平行于 y 轴的柱面,它与 zOx 平面的交线是抛物线 $\begin{cases}4z=x^2,\\ y=0,\end{cases}$ 故是抛物柱面.

例 7　指出下列方程所表示的曲面,若为旋转面,指出是何曲线绕何轴旋转而成的.

(1) $x^2+\dfrac{y^2}{4}+z^2=1$.(2) $\dfrac{x^2}{9}+\dfrac{y^2}{9}-z^2=1$.(3) $\dfrac{x^2}{9}-\dfrac{y^2}{9}-z^2=1$.

(4) $\dfrac{x^2}{2}+\dfrac{y^2}{2}-z=0$.(5) $x^2-y^2=4z$.

解　（1）表示旋转椭球面.是曲线 $\begin{cases} \dfrac{y^2}{4}+z^2=1, \\ x=0 \end{cases}$ 或曲线 $\begin{cases} x^2+\dfrac{y^2}{4}=1, \\ z=0 \end{cases}$ 绕 y 轴旋转而成的.

（2）表示中心轴为 z 轴的单叶双曲面,也可看作曲线 $\begin{cases} \dfrac{y^2}{9}-z^2=1, \\ x=0 \end{cases}$ 或 $\begin{cases} \dfrac{x^2}{9}-z^2=1, \\ y=0 \end{cases}$ 绕 z

轴旋转而成的,又称单叶旋转双曲面.

（3）表示中心轴为 x 轴的双叶双曲面,不是旋转曲面.

（4）表示旋转抛物面,由曲线 $\begin{cases} z=\dfrac{x^2}{2}, \\ y=0 \end{cases}$ 或 $\begin{cases} z=\dfrac{y^2}{2}, \\ x=0 \end{cases}$ 绕 z 轴旋转而成.

（5）表示抛物双曲面(马鞍面),不是旋转曲面.

复习题七

一、填空题

1. 已知 $a=2i+3j-4k$,$b=5i-3j+k$,则向量 $c=2a-3b$ 在 z 轴方向上的分向量为_____.

2. 设有点 $M(-1,2,3)$,则它关于坐标面 xOy 的对称点为_____,关于 x 轴的对称点为_____,关于坐标原点的对称点为_____.

3. 非零向量 a,b 满足 $|a\times b|=0$,则必有_____.若 $a \cdot b=0$,则必有_____.

4. 已知向量 a 与 $c=(4,7,-4)$ 平行且方向相反,若 $|a|=27$,则 $a=$ _____.

5. 平面 $x-y+2z-1=0$ 与平面 $2x+y+z-3=0$ 的夹角为_____.

6. xOy 平面上的双曲线 $4x^2-9y^2=36$ 绕 y 轴旋转所得旋转曲面方程为_____.

*7. 设 $|a|=2$,$|b|=\sqrt{2}$,且 $a \cdot b=2$,则 $|a\times b|=$ _____.

二、单项选择题

1. 设 a,b,c 为三个任意向量,则 $(a+b)\times c=$ （   ）.

A. $a\times c+c\times b$ B. $c\times a+c\times b$

C. $a\times c+b\times c$ D. $c\times a+b\times c$

2. 设 $a=(1,-1,k)$,$b=(2,4,2)$,若 a 与 b 垂直,则 $k=$ （   ）.

A. 1   B. -1   C. 2   D. -2

3. 同时与 $a=(1,-1,0)$ 及 $b=(1,0,-2)$ 垂直的单位向量是（   ）.

A. $i+2j+2k$　　　　　　　　　　B. $2i+2j+k$

C. $\dfrac{2}{3}i+\dfrac{2}{3}j+\dfrac{1}{3}k$　　　　　　　　D. $\dfrac{1}{3}i+\dfrac{2}{3}j+\dfrac{2}{3}k$

4. 下列等式中正确的是(　　).

A. $i+j=k$　　　　　　　　　　B. $i\cdot j=k$

C. $i\cdot i=j\cdot j$　　　　　　　　　D. $i\times i=i\cdot i$

5. 平面 $x-2y+z+1=0$ 与平面(　　)垂直.

A. $-x+2y-z-5=0$　　　　　　B. $2x-y+3z+3=0$

C. $x-y-3z+5=0$　　　　　　　D. $3x-5y+z+1=0$

6. 直线 $L:\dfrac{x-1}{-1}=\dfrac{y-2}{2}=\dfrac{z+1}{-2}$ 与平面(　　)平行.

A. $4x+y-z-10=0$　　　　　　B. $x-2y+3z+5=0$

C. $2x-3y+z+6=0$　　　　　　D. $x+y-5z+3=0$

7. 过点 $P(1,2,3)$ 且与向量 $\boldsymbol{a}=(2,2,2)$ 及 $\boldsymbol{b}=(1,2,4)$ 同时垂直的直线为
(　　).

A. $\dfrac{x-1}{4}=\dfrac{y-2}{6}=\dfrac{z-3}{2}$　　　　　B. $\dfrac{x-1}{4}=\dfrac{y-2}{6}=\dfrac{z-3}{-2}$

C. $\dfrac{x-1}{-4}=\dfrac{y-2}{6}=\dfrac{z-3}{2}$　　　　　D. $\dfrac{x-1}{4}=\dfrac{y-2}{-6}=\dfrac{z-3}{2}$

8. $(x-1)^2+(y-2)^2+(z-3)^2=1$ 在空间直角坐标系中表示 (　　).

A. 球面　　　　　B. 椭圆锥面　　　　　C. 抛物面　　　　　D. 圆锥面

三、计算题

1. 求过点 $(-3,2,5)$ 且与两平面 $x-4z-3=0$ 和 $2x-y-5z-1=0$ 的交线平行的直线方程.

2. 一平面过点 $A(1,0,-1)$ 且平行向量 $\boldsymbol{a}=(2,1,1)$ 和 $\boldsymbol{b}=(1,-1,0)$,试求该平面方程.

3. 求过原点与点 $(1,1,1)$,且与直线 $\dfrac{x-2}{3}=\dfrac{y-4}{-2}=\dfrac{z+3}{5}$ 平行的平面方程.

4. 求过点 $(1,2,1)$ 且与直线:$\begin{cases}x-y+z-1=0,\\ x+2y-z+1=0\end{cases}$ 和 $\dfrac{x-1}{0}=\dfrac{y+2}{-1}=-z$ 都平行的平面方程.

5. 把直线 $\begin{cases}x+2y-z-7=0,\\ -2x+y+z-1=0\end{cases}$ 的方程改写为点向式、参数式.

6. 已知直线 L 过点 $P(0,1,2)$ 且与平面 $x+2y-5=0$ 和 $y-3z+4=0$ 都平行,求直线 L 的方程.

7. 已知点 $M(k,1,2)$ 到平面 $\Pi:2x-2y+z+3=0$ 的距离为 1,求 k.

*8. 求直线 $\dfrac{x-1}{2}=\dfrac{y-2}{-3}=\dfrac{z+4}{-1}$ 与平面 $x-3y+2z-5=0$ 的交点和夹角.

》 第八章

多元函数微分学

学习目标

- 理解多元函数的概念
- 掌握多元函数偏导数的求法
- 掌握全微分的概念及其计算
- 掌握隐函数求偏导数的方法
- 了解二元函数的极值、最大值和最小值、条件极值及求解方法
- 会用 MATLAB 计算多元函数的偏导数与极值
- 了解类比法的思想方法,培养数学建模和数学运算能力,增强创新意识

多元函数比一元函数更适合描绘现实世界纷繁复杂的变化关系,所以将一元函数微积分的理论拓展至多元函数,是理论和实践的自然需求.正如我们在本章将要看到的,当我们进入高维时,微积分的法则本质上保持原样,多元函数微积分无非是同时在各个方向上运用一元函数微积分,将多元函数微积分计算化归为一元函数微积分的计算.所以,学习本章时,要充分发挥类比联想,将一元函数微分学的知识和技能,合理迁移到对多元函数微分学的讨论分析中来.

多元函数微分学是一元函数微分学的推广,在内容上有很多类似之处,但也有区别.在学习本章内容时,既要注意它们的类似之处,又要注意它们的区别.本章主要介绍了多元函数的概念,多元函数偏导数与全微分的概念及其计算,多元复合函数求导,隐函数的求导方法以及多元函数的极值.

水箱设计案例 某厂要设计一个容量为 V 的长方形开口水箱,试问水箱的长、宽、高各等于多少时,其表面积最小? 为此,设水箱的长、宽、高分别为 x,y,z,则表面积为

$$S(x,y,z) = 2(xz+yz) + xy.$$

依题意,上述表面积函数的自变量不仅要符合定义域的要求($x>0,y>0,z>0$),而且还需满足条件

$$xyz = V.$$

这类附有约束条件的极值问题称为条件极值问题.本章我们将学习如何解答这样的问题.

第一节　多元函数的概念、极限与连续

一、多元函数

1. 二元函数

定义 8.1.1　若对于变量 x,y 在其可能取值的某一范围 D 内的每一组值 (x,y)，依照某一对应法则 f，变量 z 都有确定的值与之相对应，则称变量 z 为变量 x,y 的二元函数，记为 $z=f(x,y)$，其中 x,y 称为自变量，z 称为因变量，点集 D 称为二元函数的**定义域**.

> 🔲 **小贴士**
>
> 　　二元函数的定义域是使得函数 $f(x,y)$ 在实数范围内有定义的自变量的取值范围，在求二元函数的定义域时与一元函数相仿.

例 1　求函数 $z=\dfrac{1}{\sqrt{x}}\ln(x+y)$ 的定义域.

解　由于分式的分母不能为零，开偶次方根时根号下的表达式不小于零，因此应有 $x>0$，而 $\ln(x+y)$ 中真数必须大于零，即 $x+y>0$，因此所给函数的定义域 D 为

$$\{(x,y)\mid x+y>0,x>0\},$$

区域 D 如图 8.1 所示.

例 2　求函数 $z=\sqrt{9-x^2-y^2}+\dfrac{1}{\sqrt{x^2+y^2-1}}$ 的定义域.

解　函数的定义域为 $\begin{cases}9-x^2-y^2\geq 0,\\ x^2+y^2-1>0,\end{cases}$ 即

$$\{(x,y)\mid 1<x^2+y^2\leq 9\}.$$

总之有 $1<x^2+y^2\leq 9$，表示圆 $x^2+y^2=1$ 的外侧（不包括圆周）、圆 $x^2+y^2=9$ 的内侧（包括圆周）内的所有点. 区域 D 如图 8.2 所示.

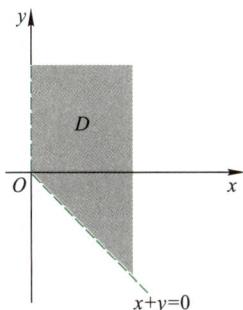

图 8.1

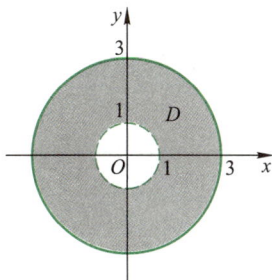

图 8.2

二元函数的几何意义 设 $z=f(x,y)$ 的定义域为 D,则在空间直角坐标系中 $z=f(x,y)$ 表示空间的一个曲面,且这个曲面在 xOy 面上的投影即为函数的定义域 D.对于定义域 D 内的任一点 $P(x,y)$,所对应的函数值 z 即为曲面上的点 M 的 z 坐标.

2. 多元函数

定义 8.1.2 若对于变量 $x_1,x_2,x_3,\cdots,x_n$ 在其可能取值的某一范围 D 内的每一组值 $(x_1,x_2,x_3,\cdots,x_n)$,依照某一对应法则 f,变量 z 都有确定的值与之相对应,则称变量 z 为变量 $x_1,x_2,x_3,\cdots,x_n$ 的**多元函数**,记为

$$z=f(x_1,x_2,x_3,\cdots,x_n),$$

其中 $x_1,x_2,x_3,\cdots,x_n$ 称为自变量.

二元及二元以上函数统称为**多元函数**.

二、二元函数的极限

定义 8.1.3 设函数 $z=f(x,y)$ 在点 $P_0(x_0,y_0)$ 的某一去心邻域[①]内有定义,$P(x,y)$ 为该邻域内任意一点,当 $P(x,y)$ 以任意方式趋于 $P_0(x_0,y_0)$ 时,函数 $f(x,y)$ 的值都趋于一个确定的常数 A,则称 A 是函数 $z=f(x,y)$ 当 $P(x,y)$ 趋于点 $P_0(x_0,y_0)$ 时的**极限**,记作

$$\lim_{\substack{x\to x_0\\y\to y_0}}f(x,y)=A \text{ 或 } \lim_{(x,y)\to(x_0,y_0)}f(x,y)=A \text{ 或 } \lim_{P\to P_0}f(x,y)=A.$$

在二元函数的极限中,点 $P(x,y)$ 必须以任意方式趋于点 $P_0(x_0,y_0)$,即点 $P(x,y)$ 从任何路径趋于点 $P_0(x_0,y_0)$ 时,函数 $f(x,y)$ 都趋于常数 A,如果点 $P(x,y)$ 以不同的路径趋于点 $P_0(x_0,y_0)$ 时,函数 $f(x,y)$ 趋于不同的常数,那么说明函数 $f(x,y)$ 在 $P_0(x_0,y_0)$ 处的极限不存在.

例 3 讨论极限 $\lim\limits_{\substack{x\to0\\y\to0}}\dfrac{xy}{x^2+y^2}$ 是否存在.

解 当点 $P(x,y)$ 沿直线 $y=kx$(这样的直线有无数条)趋于点 $(0,0)$ 时,

$$\lim_{\substack{x\to0\\y\to0}}\frac{xy}{x^2+y^2}=\lim_{x\to0}\frac{kx^2}{x^2+k^2x^2}=\frac{k}{1+k^2}.$$

说明当点 $P(x,y)$ 沿不同的经过原点的直线(k 的取值不同)趋于点 $(0,0)$ 时,函数 $\dfrac{xy}{x^2+y^2}$ 趋于不同的值,所以极限 $\lim\limits_{\substack{x\to0\\y\to0}}\dfrac{xy}{x^2+y^2}$ 不存在.

三、二元函数的连续性

定义 8.1.4 设函数 $z=f(x,y)$ 在点 $P_0(x_0,y_0)$ 的某一邻域内有定义,当该邻域内

---

① $\mathbf{R}^2$ 中邻域的概念:设 $P_0(x,y)$ 是 xOy 平面中的一个点,δ 是某一正数.与点 $P_0(x,y)$ 距离小于 δ 的点 $P(x,y)$ 的全体,称为点 P_0 的 δ 邻域,记作 $U(P_0,\delta)$,即 $U(p_0,\delta)=\{P\mid|PP_0|<\delta\}$,也就是 $U(P_0,\delta)=\{(x,y)\mid\sqrt{(x-x_0)^2+(y-y_0)^2}<\delta\}$.点 P_0 的去心 δ 邻域,记作 $\mathring{U}(P_0,\delta)$,即 $\mathring{U}(P_0,\delta)=\{P\mid0<|PP_0|<\delta\}$.

的点 $P(x,y)$ 以任意方式趋于点 $P_0(x_0,y_0)$ 时，函数 $z=f(x,y)$ 的极限存在，且等于该函数在点 (x_0,y_0) 处的函数值，即 $\lim\limits_{\substack{x\to x_0\\y\to y_0}}f(x,y)=f(x_0,y_0)$，则称函数 $z=f(x,y)$ 在点 (x_0,y_0) 处**连续**.

如果函数 $z=f(x,y)$ 在区域 D 内的每一点都连续，则称函数 $z=f(x,y)$ 在区域 D 内连续.

函数 $z=f(x,y)$ 的不连续点称为函数的**间断点**，函数的间断点有时可能形成一条或几条曲线，这样的曲线称为函数的**间断线**.

例 4　求下列函数的间断点或间断线.

（1）$z=\dfrac{x^2+y^2}{x^2-y^2}$.

（2）$z=\dfrac{x+y}{\sqrt{x^2+y^2}}$.

解　（1）函数 $z=\dfrac{x^2+y^2}{x^2-y^2}$ 的间断线为 $y=\pm x$.

（2）函数 $z=\dfrac{x+y}{\sqrt{x^2+y^2}}$ 只有一个间断点为 $(0,0)$.

多元连续函数具有以下性质：

（1）多元连续函数的和、差、积仍为连续函数，在分母不为零的点处，连续函数之商仍为连续函数.

（2）多元连续函数的复合函数也是连续函数.

（3）多元初等函数在其定义区域上都是连续函数，其中定义区域是指包含在定义域内的区域.

（4）最大（小）值定理：有界闭区域 D 上的连续函数，在区域 D 上必定取得最大值和最小值.

（5）介值定理：有界闭区域 D 上的连续函数，在区域 D 上必能取得最大值与最小值之间的任何值.

⭐ **小点睛** ────────

二元函数的极限和连续等概念都可以从一元函数类比得到.类比法是数学研究中最基本的思维创新形式.

习题 8.1

一、填空题

1. 函数 $z=\dfrac{1}{\sqrt{x}}+\dfrac{1}{\sqrt{y}}$ 的定义域为 ＿＿＿＿＿＿＿＿＿＿ .

2. $\lim\limits_{\substack{x\to 2\\y\to 0}}\dfrac{\sin(xy)}{y}=$ ＿＿＿＿＿，$\lim\limits_{\substack{x\to 2\\y\to 0}}\dfrac{2-\sqrt{x^2+y^2+4}}{x^2+y^2}=$ ＿＿＿＿＿ .

多元函数的
概念、极限与
连续测一测

3. 函数 $z = \dfrac{1}{1-x^2-y^2}$ 的间断线为_____.

二、解答题

1. 求下列函数的定义域,并作出区域的图形:

(1) $z = \ln(x+y)$.   (2) $z = \sqrt{4-x^2} + \sqrt{y^2-4}$.

2. 如果 $f(x,y) = xy + y^2$,求 $f\left(\dfrac{1}{2}, 3\right)$,$f(1, -1)$.

3. 设 $f(x+y, x-y) = xy + y^2$,求 $f(x,y)$.

4. 设 $f\left(x+y, \dfrac{y}{x}\right) = x^2 - y^2$,求 $f(x,y)$.

*5. 设 $z = f(x+y) + x - y$,若当 $x = 0$ 时,$z = y^2$,求 $f(x)$ 和 z.

第二节 偏 导 数

在研究一元函数的变化率时,我们引入了导数的概念,对于多元函数,我们也需要研究它的变化率问题.由于多元函数的自变量不止一个,所以我们就引入了偏导数概念.

一、偏增量与全增量

定义 8.2.1 设函数 $z = f(x,y)$ 在点 (x_0, y_0) 的某个邻域 D 内有定义.

(1) 当点 $P(x_0+\Delta x, y_0)$ 也为 D 内的一点时,称 $f(x_0+\Delta x, y_0) - f(x_0, y_0)$ 为函数 $f(x,y)$ 在点 (x_0, y_0) 处对 x 的**偏增量**,记为

$$\Delta z_x = f(x_0+\Delta x, y_0) - f(x_0, y_0).$$

(2) 当点 $P(x_0, y_0+\Delta y)$ 也为 D 内的一点时,称 $f(x_0, y_0+\Delta y) - f(x_0, y_0)$ 为函数 $f(x,y)$ 在点 (x_0, y_0) 处对 y 的**偏增量**,记为

$$\Delta z_y = f(x_0, y_0+\Delta y) - f(x_0, y_0).$$

(3) 当点 $P(x_0+\Delta x, y_0+\Delta y)$ 也为 D 内的一点时,称 $f(x_0+\Delta x, y_0+\Delta y) - f(x_0, y_0)$ 为函数 $f(x,y)$ 在点 (x_0, y_0) 处的**全增量**,记为

$$\Delta z = f(x_0+\Delta x, y_0+\Delta y) - f(x_0, y_0).$$

二、偏导数

1. 偏导数的定义

定义 8.2.2 设函数 $z = f(x,y)$ 在点 $P_0(x_0, y_0)$ 的某个邻域 D 内有定义,点 $P(x_0+\Delta x, y_0)$ 也为 D 内的一点,如果极限

偏导数

$$\lim_{\Delta x \to 0} \frac{\Delta z_x}{\Delta x} = \lim_{\Delta x \to 0} \frac{f(x_0+\Delta x, y_0) - f(x_0, y_0)}{\Delta x}$$

存在,则称此极限值为函数 $z=f(x,y)$ 在点 $P_0(x_0, y_0)$ 处对 x 的**偏导数**,记为

$$\left.\frac{\partial z}{\partial x}\right|_{\substack{x=x_0 \\ y=y_0}} \quad \text{或} \left.\frac{\partial f}{\partial x}\right|_{\substack{x=x_0 \\ y=y_0}} \quad \text{或} \quad z_x'(x_0, y_0) \text{或} f_x'(x_0, y_0).$$

类似地,若点 $P(x_0, y_0+\Delta y)$ 也为 D 内的一点,如果极限

$$\lim_{\Delta y \to 0} \frac{\Delta z_y}{\Delta y} = \lim_{\Delta y \to 0} \frac{f(x_0, y_0+\Delta y) - f(x_0, y_0)}{\Delta y}$$

存在,则称此极限值为函数 $z=f(x,y)$ 在点 $P_0(x_0, y_0)$ 处对 y 的**偏导数**,记为

$$\left.\frac{\partial z}{\partial y}\right|_{\substack{x=x_0 \\ y=y_0}} \quad \text{或} \left.\frac{\partial f}{\partial y}\right|_{\substack{x=x_0 \\ y=y_0}} \quad \text{或} \quad z_y'(x_0, y_0) \text{或} f_y'(x_0, y_0).$$

当函数 $z=f(x,y)$ 在点 $P_0(x_0, y_0)$ 处有偏导数 $f_x'(x_0, y_0)$ 和 $f_y'(x_0, y_0)$ 时,称 $f(x,y)$ 在点 $P_0(x_0, y_0)$ 处**可导**;如果函数 $z=f(x,y)$ 在区域 D 内的每一点均可导时,称 $f(x,y)$ 在区域 D 上**可导**,此时,对应于 D 内的每一点 (x,y),函数 $z=f(x,y)$ 必有偏导数 $f_x'(x,y)$ 和 $f_y'(x,y)$,其值随点 (x,y) 的确定而确定,因此它们是 x,y 的二元函数,分别称为 $f(x,y)$ 对 x 和对 y 的**偏导函数**,简称为**偏导数**,并记为

$$\frac{\partial z}{\partial x}, \quad \frac{\partial f}{\partial x}, \quad z_x', \quad f_x'(x,y) \text{ 和} \frac{\partial z}{\partial y}, \quad \frac{\partial f}{\partial y}, \quad z_y', \quad f_y'(x,y).$$

此时

$$f_x'(x,y) = \lim_{\Delta x \to 0} \frac{f(x+\Delta x, y) - f(x,y)}{\Delta x}, \quad f_y'(x,y) = \lim_{\Delta y \to 0} \frac{f(x, y+\Delta y) - f(x,y)}{\Delta y}.$$

二元函数偏导数的概念可以推广到二元以上的多元函数.

例如,三元函数 $u=f(x,y,z)$ 在点 (x,y,z) 处对 x 的偏导数定义为

$$f_x'(x,y,z) = \lim_{\Delta x \to 0} \frac{f(x+\Delta x, y, z) - f(x,y,z)}{\Delta x}.$$

2. 偏导数的求法

由偏导数的定义可以看出,如果要求函数 $z=f(x,y)$ 对 x 的偏导数 $\dfrac{\partial z}{\partial x}$,只需将 y 看成常数,用一元函数的求导公式和求导法则对 x 求导即可;同样要求函数 $z=f(x,y)$ 对 y 的偏导数 $\dfrac{\partial z}{\partial y}$,只需将 x 看成常数,用一元函数的求导公式和求导法则对 y 求导即可. 所以求二元函数的偏导数不需要新的求导方法,实质上化归为一元函数求导.而函数在点 (x_0, y_0) 处的偏导数即为函数的偏导函数在 (x_0, y_0) 处的函数值.

例 1　已知 $z=x^3+2x^2y^2+\mathrm{e}^x y-4y^4$,求 $\dfrac{\partial z}{\partial x}, \dfrac{\partial z}{\partial y}$.

解　把 y 看作常数,得 $\dfrac{\partial z}{\partial x} = 3x^2+4xy^2+\mathrm{e}^x y$.

把 x 看作常数,得 $\dfrac{\partial z}{\partial y} = 4x^2 y+\mathrm{e}^x-16y^3$.

例 2　已知 $z = xy^x$，求 $\dfrac{\partial z}{\partial x}, \dfrac{\partial z}{\partial y}$.

解　把 y 看作常数，得 $\dfrac{\partial z}{\partial x} = y^x + xy^x \ln y$.

把 x 看作常数，得 $\dfrac{\partial z}{\partial y} = x^2 y^{x-1}$.

例 3　已知 $f(x, y) = \ln(x + \sqrt{x^2+y^2})$，求 $f_x'(x,y)$，$f_y'(x,y)$.

解　把 y 看作常数，得

$$f_x'(x,y) = \frac{1}{x+\sqrt{x^2+y^2}} \left(1 + \frac{x}{\sqrt{x^2+y^2}} \right) = \frac{1}{\sqrt{x^2+y^2}} \,.$$

把 x 看作常数，得

$$f_y'(x,y) = \frac{1}{x+\sqrt{x^2+y^2}} \cdot \frac{y}{\sqrt{x^2+y^2}} = \frac{y}{\sqrt{x^2+y^2}\,(x+\sqrt{x^2+y^2})}.$$

例 4　设 $f(x,y) = \mathrm{e}^{-x} \sin(x+2y)$，求 $f_x'\left(0, \dfrac{\pi}{4}\right)$，$f_y'\left(0, \dfrac{\pi}{4}\right)$.

解　$f_x'(x,y) = -\mathrm{e}^{-x} \sin(x+2y) + \mathrm{e}^{-x} \cos(x+2y)$.

$f_y'(x,y) = 2\mathrm{e}^{-x} \cos(x+2y)$.

把 $x = 0, y = \dfrac{\pi}{4}$ 代入到偏导数式中得

$$f_x'\left(0, \frac{\pi}{4}\right) = -\sin\frac{\pi}{2} + \cos\frac{\pi}{2} = -1, \quad f_y'\left(0, \frac{\pi}{4}\right) = 2\cos\frac{\pi}{2} = 0.$$

3. 高阶偏导数

如果函数 $z = f(x,y)$ 在区域 D 内每一点 (x,y) 都存在偏导数 $f_x'(x,y)$，$f_y'(x,y)$，且这两个偏导数的偏导数也存在，则称它们为函数 $f(x,y)$ 的**二阶偏导数**，记为

$$\frac{\partial}{\partial x}\left(\frac{\partial z}{\partial x}\right) = \frac{\partial^2 z}{\partial x^2} = f_{xx}''(x,y), \quad \frac{\partial}{\partial y}\left(\frac{\partial z}{\partial x}\right) = \frac{\partial^2 z}{\partial x \partial y} = f_{xy}''(x,y),$$

$$\frac{\partial}{\partial x}\left(\frac{\partial z}{\partial y}\right) = \frac{\partial^2 z}{\partial y \partial x} = f_{yx}''(x,y), \quad \frac{\partial}{\partial y}\left(\frac{\partial z}{\partial y}\right) = \frac{\partial^2 z}{\partial y^2} = f_{yy}''(x,y),$$

其中 $\dfrac{\partial^2 z}{\partial y \partial x}$ 和 $\dfrac{\partial^2 z}{\partial x \partial y}$ 称为函数 $f(x,y)$ 的**二阶混合偏导数**. 类似可定义三阶、四阶……以及 n 阶偏导数. 二阶及二阶以上的偏导数统称为函数的**高阶偏导数**，而 $\dfrac{\partial z}{\partial x}, \dfrac{\partial z}{\partial y}$ 也称为函数 $f(x,y)$ 的**一阶偏导数**.

小贴士

当二阶混合偏导数 $\dfrac{\partial^2 z}{\partial y \partial x}$ 和 $\dfrac{\partial^2 z}{\partial x \partial y}$ 在区域 D 内连续时，则在该区域 D 内这两个二阶混合偏导数必定相等，即求混合偏导数的结果与求导的次序无关.

例 5　设 $z = x^3 y^2 - 3xy^3 - xy + 1$，求 $\dfrac{\partial^2 z}{\partial x^2}, \dfrac{\partial^2 z}{\partial x \partial y}, \dfrac{\partial^2 z}{\partial y \partial x}, \dfrac{\partial^2 z}{\partial y^2}$.

偏导数测
一测

高阶偏导数

解　$\dfrac{\partial z}{\partial x}=3x^2y^2-3y^3-y$,　$\dfrac{\partial z}{\partial y}=2x^3y-9xy^2-x$.

$$\dfrac{\partial^2 z}{\partial x^2}=\dfrac{\partial}{\partial x}(3x^2y^2-3y^3-y)=6xy^2.$$

$$\dfrac{\partial^2 z}{\partial x \partial y}=\dfrac{\partial}{\partial y}(3x^2y^2-3y^3-y)=6x^2y-9y^2-1.$$

$$\dfrac{\partial^2 z}{\partial y \partial x}=\dfrac{\partial}{\partial x}(2x^3y-9xy^2-x)=6x^2y-9y^2-1.$$

$$\dfrac{\partial^2 z}{\partial y^2}=\dfrac{\partial}{\partial y}(2x^3y-9xy^2-x)=2x^3-18xy.$$

由上例可以看出,两个二阶混合偏导数相等,即 $\dfrac{\partial^2 z}{\partial x \partial y}=\dfrac{\partial^2 z}{\partial y \partial x}$,这是由于初等函数及

其任意阶偏导数在其定义区域内都是连续的函数.由此可知,所有的初等函数在其定义区域内二阶混合偏导数都相等.

习题 8.2

一、填空题

1. 设函数 $z=\tan(xy^2)$,则 $\dfrac{\partial z}{\partial x}+\dfrac{\partial z}{\partial y}=$ _____.

2. 设 $f(x,y)=\mathrm{e}^{\frac{y}{x}}$,则 $\dfrac{\partial f}{\partial x}\Big|_{(1,1)}=$ _____.

二、解答题

1. 求下列函数的偏导数:

(1) $z=\dfrac{x+y}{x-y}$.　　　　　　　　(2) $z=\left(\dfrac{1}{3}\right)^{\frac{y}{x}}$.

(3) $z=\sin(xy)\tan\dfrac{y}{x}$.　　　　(4) $z=\arctan\dfrac{x+y}{1-xy}$.

2. 设 $z=\mathrm{e}^{-\left(\frac{1}{x}+\frac{1}{y}\right)}$,求证:$x^2\dfrac{\partial z}{\partial x}+y^2\dfrac{\partial z}{\partial y}=2z$.

3. 求下列函数的二阶偏导数:

(1) $z=x\ln(xy)$.　　　　　　　(2) $z=x\mathrm{e}^x\sin y$.

*4. 设 $f(x,y)=\mathrm{e}^{xy}\sin\pi y+(x-1)\arctan\sqrt{\dfrac{x}{y}}$,求 $f'_x(1,1)$,$f'_y(1,1)$.

*5. 设 $z=x+y+(y-1)\arcsin\sqrt[3]{\dfrac{x}{y}}$,求 $\dfrac{\partial z}{\partial x}\Big|_{\substack{x=\frac{1}{2}\\y=1}}$,$\dfrac{\partial z}{\partial y}\Big|_{\substack{x=\frac{1}{8}\\y=1}}$.

*6. 设 $u=x+\dfrac{x-y}{y-z}$,求证:$\dfrac{\partial u}{\partial x}+\dfrac{\partial u}{\partial y}+\dfrac{\partial u}{\partial z}=1$.

第三节　全微分及其应用

设一元函数 $y=f(x)$ 在某区间内有定义,如果它在点 x_0 处取得增量 Δx,相应 y 的增量 Δy 可以表示为 $\Delta y=f(x_0+\Delta x)-f(x_0)=A\Delta x+o(\Delta x)$,其中 A 不依赖于 Δx,仅与 x_0 有关,$o(\Delta x)$ 是 Δx 的高阶无穷小量 $(\Delta x\to 0)$,则称函数在点 x_0 处可微,称 $\mathrm{d}y=A\Delta x$ 为函数在点 x_0 处的微分,此时有 $A=f'(x_0)$.与一元函数类似,二元函数也有可微的概念.

一、全微分的定义

全微分

定义 8.3.1　设函数 $z=f(x,y)$ 在点 (x_0,y_0) 的某个邻域 D 内有定义,$P(x_0+\Delta x,y_0+\Delta y)$ 为该邻域内的任意一点,若全增量

$$\Delta z=f(x_0+\Delta x,y_0+\Delta y)-f(x_0,y_0)$$

可表示为 $\Delta z=A\Delta x+B\Delta y+o(\rho)$,其中 A,B 与 $\Delta x,\Delta y$ 无关,仅与 x_0,y_0 有关,$\rho=\sqrt{(\Delta x)^2+(\Delta y)^2}$,$o(\rho)$ 是 ρ 的高阶无穷小量,那么称函数 $z=f(x,y)$ 在点 (x,y) 可微分,而 $A\Delta x+B\Delta y$ 称为 $f(x,y)$ 在点 (x_0,y_0) 处的**全微分**,记为 $\mathrm{d}z\Big|_{\substack{x=x_0\\y=y_0}}$ 或 $\mathrm{d}f(x_0,y_0)$.

由定义 8.3.1 可知,若函数 $z=f(x,y)$ 在点 (x_0,y_0) 可微分,则此函数在该点处必连续,即连续是可微分的必要条件,或者说不连续必不可微.

如果函数 $z=f(x,y)$ 在区域 D 内的每一点 (x,y) 都可微分,则称 $f(x,y)$ 在区域 D 内可微分.

下面讨论函数 $z=f(x,y)$ 在点 (x,y) 可微分的条件.

定理 8.3.1(全微分存在的必要条件)　如果函数 $z=f(x,y)$ 在点 (x,y) 可微分,那么该函数在点 (x,y) 的偏导数 $\dfrac{\partial z}{\partial x}$ 与 $\dfrac{\partial z}{\partial y}$ 必定存在,且函数 $z=f(x,y)$ 在点 (x,y) 的全微分为 $\mathrm{d}z=\dfrac{\partial z}{\partial x}\mathrm{d}x+\dfrac{\partial z}{\partial y}\mathrm{d}y$.

定理 8.3.2(全微分存在的充分条件)　如果函数 $z=f(x,y)$ 的偏导数 $\dfrac{\partial z}{\partial x},\dfrac{\partial z}{\partial y}$ 在点 (x,y) 连续,那么函数在该点可微分.

小贴士

由全微分 $\mathrm{d}z=\dfrac{\partial z}{\partial x}\mathrm{d}x+\dfrac{\partial z}{\partial y}\mathrm{d}y$ 知,计算多元函数全微分,实际上就是计算偏导数.

类似地,若 $u=f(x,y,z)$ 存在全微分,则有 $\mathrm{d}u=\dfrac{\partial u}{\partial x}\mathrm{d}x+\dfrac{\partial u}{\partial y}\mathrm{d}y+\dfrac{\partial u}{\partial z}\mathrm{d}z$.

例 1　求函数 $z=x^2y^2$ 在点 $(2,-1)$ 处,当 $\Delta x=0.02,\Delta y=-0.01$ 时的全增量与全微分.

解　由定义知,全增量为

$$\Delta z=(2+0.02)^2(-1-0.01)^2-2^2\cdot(-1)^2=0.162\ 4;$$

$$\frac{\partial z}{\partial x}=2xy^2,\quad \frac{\partial z}{\partial y}=2x^2y,$$

所以　$\left.\dfrac{\partial z}{\partial x}\right|_{\substack{x=2\\y=-1}}=4,\left.\dfrac{\partial z}{\partial y}\right|_{\substack{x=2\\y=-1}}=-8$,因此

$$\mathrm{d}z=4\times0.02+(-8)\times(-0.01)=0.16.$$

例 2　求 $z=\mathrm{e}^x\sin(x+y)$ 的全微分.

解　$\dfrac{\partial z}{\partial x}=\mathrm{e}^x\sin(x+y)+\mathrm{e}^x\cos(x+y),\quad \dfrac{\partial z}{\partial y}=\mathrm{e}^x\cos(x+y),$

因此

$$\mathrm{d}z=\frac{\partial z}{\partial x}\mathrm{d}x+\frac{\partial z}{\partial y}\mathrm{d}y=\left[\mathrm{e}^x\sin(x+y)+\mathrm{e}^x\cos(x+y)\right]\mathrm{d}x+\mathrm{e}^x\cos(x+y)\mathrm{d}y.$$

例 3　求 $z=x^{2y}$ 的全微分.

解　$\dfrac{\partial z}{\partial x}=2yx^{2y-1},\dfrac{\partial z}{\partial y}=2x^{2y}\ln x$,因此

$$\mathrm{d}z=\frac{\partial z}{\partial x}\mathrm{d}x+\frac{\partial z}{\partial y}\mathrm{d}y=2yx^{2y-1}\mathrm{d}x+2x^{2y}\ln x\mathrm{d}y.$$

全微分及其
应用测一测

二、全微分在近似计算中的应用

由全微分的定义可知,当函数 $z=f(x,y)$ 在点 (x_0,y_0) 处的全微分存在时,全微分 $\mathrm{d}z$ 与全增量 Δz 的差是 ρ 的高阶无穷小,因此当 $|\Delta x|,|\Delta y|$ 都很小时,常用全微分 $\mathrm{d}z$ 代替全增量 Δz,即 $\Delta z\approx\mathrm{d}z$,也即 $\Delta z\approx f_x'(x_0,y_0)\Delta x+f_y'(x_0,y_0)\Delta y$.所以

$$f(x_0+\Delta x,y_0+\Delta y)-f(x_0,y_0)\approx f_x'(x_0,y_0)\Delta x+f_y'(x_0,y_0)\Delta y,$$

即

$$f(x_0+\Delta x,y_0+\Delta y)\approx f(x_0,y_0)+f_x'(x_0,y_0)\Delta x+f_y'(x_0,y_0)\Delta y.$$

例 4　计算 $(1.04)^{2.02}$ 的近似值.

解　设函数 $f(x,y)=x^y$,显然要计算的值就是函数在 $x=1.04,y=2.02$ 时的函数值.

取 $x_0=1,y_0=2,\Delta x=0.04,\Delta y=0.02$,由于 $f(1,2)=1$,

$$f_x'(x,y)=yx^{y-1},\quad f_y'(x,y)=x^y\ln x,$$

则 $f_x'(1,2)=2,f_y'(1,2)=0$,所以

$$(1.04)^{2.02}=f(1.04,2.02)\approx f(1,2)+f_x'(1,2)\Delta x+f_y'(1,2)\Delta y$$
$$=1+2\times0.04+0\times0.02=1.08.$$

例 5　有一圆柱体,受压后发生变形,它的半径由 20 cm 增大到 20.05 cm,高度由 100 cm 减小到 99 cm,求此圆柱体积变化的近似值.

解　设圆柱体的半径、高和体积依次为 r,h 和 V,则有 $V=\pi r^2h$.

记 r, h 和 V 的增量依次为 $\Delta r, \Delta h$ 和 ΔV,则有

$$\Delta V \approx \mathrm{d}V = V_r' \cdot \Delta r + V_h' \cdot \Delta h,$$

$$V_r' = 2\pi rh, \quad V_h' = \pi r^2,$$

将 $r = 20, h = 100, \Delta r = 0.05, \Delta h = -1$ 代入得

$$\Delta V = 2\pi \times 20 \times 100 \times 0.05 + \pi \times 20^2 \times (-1) = -200\pi \ (\mathrm{cm}^3),$$

所以此圆柱体在受压后体积减小了约 $200\pi \ \mathrm{cm}^3$.

习题 8.3

一、解答题

1. 求下列函数的全微分:

(1) $z = xy + \dfrac{x}{y}$.

(2) $z = \mathrm{e}^{\frac{y}{x}}$.

(3) $z = \mathrm{e}^{x+y} \sin x \cos y$.

(4) $z = \arcsin \dfrac{x}{y}$.

(5) $u = x^{yz}$.

(6) $u = \mathrm{e}^{x(x+y^2+z^3)}$.

2. 求下列各式的近似值:

(1) $(25.003)^{\frac{1}{2}} (1000.1)^{\frac{1}{3}}$.

(2) $\sqrt{(1.02)^3 + (1.97)^3}$.

(3) $(1.97)^{1.05}$.

*二、应用题

1. 设有一无盖的圆柱形容器,其侧壁与底的厚度均为 0.1 cm,内径为 8 cm,深 20 cm,求此容器外壳体积的近似值.

2. 已知矩形的边长分别为 $x = 6$ m,$y = 8$ m,如果 x 边增加 5 cm 而 y 边减少 10 cm,问这个矩形的对角线变化了多少?

第四节   多元复合函数及隐函数的求导法则

类似于一元复合函数求导法则,多元复合函数也有求导法则,但要复杂许多.

一、复合函数的求导法则

1. 复合函数中有多个中间变量,只有一个自变量时

定理 8.4.1   设函数 $u = u(t)$ 及 $v = v(t)$ 都在点 t 处可导,而函数 $z = f(u, v)$ 在对应点 (u, v) 具有连续的偏导数,则复合函数 $z = f(u(t), v(t))$ 也一定在点 t 处可导,且其导数为

$$\frac{\mathrm{d}z}{\mathrm{d}t} = \frac{\partial z}{\partial u} \frac{\mathrm{d}u}{\mathrm{d}t} + \frac{\partial z}{\partial v} \frac{\mathrm{d}v}{\mathrm{d}t}.$$

其中 z, u, v, t 之间的关系可用图 8.3 来表示.

如果复合函数的中间变量多于两个,也有同样的求导法则.

复合函数微分法(一)

复合函数微分法(二)

设函数 $z=f(u,v,w),u=u(t),v=v(t),w=w(t)$ 满足定理的条件,则复合函数 $z=f(u(t),v(t),w(t))$ 的导数为

$$\frac{\mathrm{d}z}{\mathrm{d}t}=\frac{\partial z}{\partial u}\frac{\mathrm{d}u}{\mathrm{d}t}+\frac{\partial z}{\partial v}\frac{\mathrm{d}v}{\mathrm{d}t}+\frac{\partial z}{\partial w}\frac{\mathrm{d}w}{\mathrm{d}t}.$$

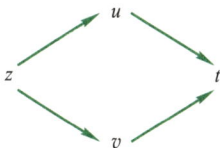

此时 z 对 t 的导数 $\dfrac{\mathrm{d}z}{\mathrm{d}t}$ 称为**全导数**.

图 8.3

2. 复合函数中有多个中间变量,且有多个自变量时

定理 8.4.2　设函数 $u=u(x,y)$ 及 $v=v(x,y)$ 都在点 (x,y) 处具有对 x 及对 y 的偏导数,而函数 $z=f(u,v)$ 在对应点 (u,v) 处具有连续的偏导数,则复合函数 $z=f(u(x,y),v(x,y))$ 也一定在点 (x,y) 处可导,且其偏导数为

$$\frac{\partial z}{\partial x}=\frac{\partial z}{\partial u}\frac{\partial u}{\partial x}+\frac{\partial z}{\partial v}\frac{\partial v}{\partial x},\quad \frac{\partial z}{\partial y}=\frac{\partial z}{\partial u}\frac{\partial u}{\partial y}+\frac{\partial z}{\partial v}\frac{\partial v}{\partial y}.$$

此定理中的求导法则称为二元复合函数求偏导数的**链式法则**.

对于有两个以上的中间变量和两个以上的自变量的形式,有相类似的链式法则.

设函数 $z=f(u,v,w),u=u(x,y),v=v(x,y),w=w(x,y)$ 满足定理的条件,则对于复合函数 $z=f(u(x,y),v(x,y),w(x,y))$ 有

$$\frac{\partial z}{\partial x}=\frac{\partial z}{\partial u}\frac{\partial u}{\partial x}+\frac{\partial z}{\partial v}\frac{\partial v}{\partial x}+\frac{\partial z}{\partial w}\frac{\partial w}{\partial x},\quad \frac{\partial z}{\partial y}=\frac{\partial z}{\partial u}\frac{\partial u}{\partial y}+\frac{\partial z}{\partial v}\frac{\partial v}{\partial y}+\frac{\partial z}{\partial w}\frac{\partial w}{\partial y}.$$

设函数 $u=f(v,w),v=v(x,y,z),w=w(x,y,z)$ 满足定理的条件,则对于复合函数 $u=f(v(x,y,z),w(x,y,z))$ 有

$$\frac{\partial u}{\partial x}=\frac{\partial u}{\partial v}\frac{\partial v}{\partial x}+\frac{\partial u}{\partial w}\frac{\partial w}{\partial x},\quad \frac{\partial u}{\partial y}=\frac{\partial u}{\partial v}\frac{\partial v}{\partial y}+\frac{\partial u}{\partial w}\frac{\partial w}{\partial y},\quad \frac{\partial u}{\partial z}=\frac{\partial u}{\partial v}\frac{\partial v}{\partial z}+\frac{\partial u}{\partial w}\frac{\partial w}{\partial z}.$$

3. 复合函数中既有中间变量,又有自变量时

设函数 $z=f(u,v,x,y),u=u(x,y),v=v(x,y)$ 满足定理的条件,则对于复合函数 $z=f(u(x,y),v(x,y),x,y)$ 有

$$\frac{\partial z}{\partial x}=\frac{\partial f}{\partial u}\frac{\partial u}{\partial x}+\frac{\partial f}{\partial v}\frac{\partial v}{\partial x}+\frac{\partial f}{\partial x},\quad \frac{\partial z}{\partial y}=\frac{\partial f}{\partial u}\frac{\partial u}{\partial y}+\frac{\partial f}{\partial v}\frac{\partial v}{\partial y}+\frac{\partial f}{\partial y}.$$

注意:这里 $\dfrac{\partial z}{\partial x}$ 和 $\dfrac{\partial f}{\partial x}$ 是不同的,$\dfrac{\partial z}{\partial x}$ 是把复合函数 $z=f(u(x,y),v(x,y),x,y)$ 中的 y 看成常量而对 x 的偏导数,$\dfrac{\partial f}{\partial x}$ 是把 $z=f(u,v,x,y)$ 中的 u,v 和 y 看成常量而对 x 的偏导数,$\dfrac{\partial z}{\partial y}$ 和 $\dfrac{\partial f}{\partial y}$ 也有类似的区别.

小贴士

在求复合函数的全导数或偏导数的过程中,主要是理清因变量、中间变量和自变量之间的关系,作出它们之间的关系图从而再求导.

注意:在求复合函数的全导数或偏导数的过程中,求导的记号应清楚,函数只包含一个变量时,应用导数的记号,包含多个变量时应用偏导数的记号.

例 1   已知 $z = \sin\dfrac{u}{v}, u = \mathrm{e}^t, v = t^2$，求 $\dfrac{\mathrm{d}z}{\mathrm{d}t}$.

解 $\dfrac{\partial z}{\partial u} = \cos\dfrac{u}{v} \cdot \dfrac{1}{v}, \dfrac{\partial z}{\partial v} = \cos\dfrac{u}{v} \cdot \left(-\dfrac{u}{v^2}\right), \dfrac{\mathrm{d}u}{\mathrm{d}t} = \mathrm{e}^t, \dfrac{\mathrm{d}v}{\mathrm{d}t} = 2t$，因此

$$\frac{\mathrm{d}z}{\mathrm{d}t} = \frac{\partial z}{\partial u}\frac{\mathrm{d}u}{\mathrm{d}t} + \frac{\partial z}{\partial v}\frac{\mathrm{d}v}{\mathrm{d}t} = \frac{1}{v}\cos\frac{u}{v} \cdot \mathrm{e}^t - \frac{u}{v^2}\cos\frac{u}{v} \cdot 2t = \frac{(t-2)\mathrm{e}^t}{t^3}\cos\frac{\mathrm{e}^t}{t^2}.$$

例 2   设 $z = \mathrm{e}^u\sin v, u = xy, v = x^2 - y$，求 $\dfrac{\partial z}{\partial x}, \dfrac{\partial z}{\partial y}$.

解 $\dfrac{\partial z}{\partial u} = \mathrm{e}^u\sin v, \dfrac{\partial z}{\partial v} = \mathrm{e}^u\cos v, \dfrac{\partial u}{\partial x} = y, \dfrac{\partial u}{\partial y} = x, \dfrac{\partial v}{\partial x} = 2x, \dfrac{\partial v}{\partial y} = -1$，因此

$$\frac{\partial z}{\partial x} = \frac{\partial z}{\partial u}\frac{\partial u}{\partial x} + \frac{\partial z}{\partial v}\frac{\partial v}{\partial x} = y\mathrm{e}^u\sin v + 2x\mathrm{e}^u\cos v,$$

$$\frac{\partial z}{\partial y} = \frac{\partial z}{\partial u}\frac{\partial u}{\partial y} + \frac{\partial z}{\partial v}\frac{\partial v}{\partial y} = x\mathrm{e}^u\sin v - \mathrm{e}^u\cos v.$$

例 3   设 $z = \mathrm{e}^{3x^2+4y^2}\ln(2x-y^2)$，求 $\dfrac{\partial z}{\partial x}, \dfrac{\partial z}{\partial y}$.

解   设 $u = 3x^2 + 4y^2, v = 2x - y^2$，则 $\dfrac{\partial u}{\partial x} = 6x, \dfrac{\partial u}{\partial y} = 8y, \dfrac{\partial v}{\partial x} = 2, \dfrac{\partial v}{\partial y} = -2y$，这时 $z = \mathrm{e}^u\ln v, \dfrac{\partial z}{\partial u} = \mathrm{e}^u\ln v, \dfrac{\partial z}{\partial v} = \mathrm{e}^u\dfrac{1}{v}$，因此

$$\frac{\partial z}{\partial x} = \frac{\partial z}{\partial u}\frac{\partial u}{\partial x} + \frac{\partial z}{\partial v}\frac{\partial v}{\partial x} = 6x\mathrm{e}^u\ln v + \frac{2\mathrm{e}^u}{v} = 6x\mathrm{e}^{3x^2+4y^2}\ln(2x-y^2) + \frac{2\mathrm{e}^{3x^2+4y^2}}{2x-y^2},$$

$$\frac{\partial z}{\partial y} = \frac{\partial z}{\partial u}\frac{\partial u}{\partial y} + \frac{\partial z}{\partial v}\frac{\partial v}{\partial y} = 8y\mathrm{e}^u\ln v - \frac{2y\mathrm{e}^u}{v} = 8y\mathrm{e}^{3x^2+4y^2}\ln(2x-y^2) - \frac{2y\mathrm{e}^{3x^2+4y^2}}{2x-y^2}.$$

小贴士

在求多元复合函数的偏导数时，引入恰当的中间变量是非常重要的，往往关系到求解的难易程度.

例 4   设 $z = (3x^2 + 4y^2)^{3x^2+4y^2}$，求 $\dfrac{\partial z}{\partial x}, \dfrac{\partial z}{\partial y}$.

解   设 $u = 3x^2 + 4y^2, v = 3x^2 + 4y^2$，则 $\dfrac{\partial u}{\partial x} = 6x, \dfrac{\partial u}{\partial y} = 8y, \dfrac{\partial v}{\partial x} = 6x, \dfrac{\partial v}{\partial y} = 8y$，这时 $z = u^v, \dfrac{\partial z}{\partial u} = vu^{v-1}, \dfrac{\partial z}{\partial v} = u^v\ln u$，因此

$$\frac{\partial z}{\partial x} = \frac{\partial z}{\partial u}\frac{\partial u}{\partial x} + \frac{\partial z}{\partial v}\frac{\partial v}{\partial x} = 6xvu^{v-1} + 6xu^v\ln u = 6x(3x^2+4y^2)^{3x^2+4y^2} + 6x(3x^2+4y^2)^{3x^2+4y^2}\ln(3x^2+4y^2),$$

$$\frac{\partial z}{\partial y} = \frac{\partial z}{\partial u}\frac{\partial u}{\partial y} + \frac{\partial z}{\partial v}\frac{\partial v}{\partial y} = 8yvu^{v-1} + 8yu^v\ln u = 8y(3x^2+4y^2)^{3x^2+4y^2} + 8y(3x^2+4y^2)^{3x^2+4y^2}\ln(3x^2+4y^2).$$

注意：在例 4 中如果引入 $u = 3x^2 + 4y^2$，记 $z = u^u$，由于 $z = u^u$ 是一个幂指函数，求导

较为复杂.因此引入两个变量 u 和 v 来求 $\dfrac{\partial z}{\partial x}, \dfrac{\partial z}{\partial y}$.

例 5　设 $z = f(u, v)$，$f(u, v)$ 为可微函数，$u = x^2 y$，$v = \dfrac{y}{x}$，求 $\dfrac{\partial z}{\partial x}, \dfrac{\partial z}{\partial y}$.

解　$\dfrac{\partial u}{\partial x} = 2xy$，$\dfrac{\partial u}{\partial y} = x^2$，$\dfrac{\partial v}{\partial x} = -\dfrac{y}{x^2}$，$\dfrac{\partial v}{\partial y} = \dfrac{1}{x}$，因此

$$\frac{\partial z}{\partial x} = \frac{\partial z}{\partial u}\frac{\partial u}{\partial x} + \frac{\partial z}{\partial v}\frac{\partial v}{\partial x} = 2xy\frac{\partial f}{\partial u} - \frac{y}{x^2}\frac{\partial f}{\partial v},$$

$$\frac{\partial z}{\partial y} = \frac{\partial z}{\partial u}\frac{\partial u}{\partial y} + \frac{\partial z}{\partial v}\frac{\partial v}{\partial y} = x^2\frac{\partial f}{\partial u} + \frac{1}{x}\frac{\partial f}{\partial v}.$$

说明：$\dfrac{\partial f}{\partial u}$ 也可以用 f'_1，$\dfrac{\partial f}{\partial v}$ 也可以用 f'_2 来表示.

例 6　设 $z = f\left(x, \dfrac{x}{y}\right)$，求 $\dfrac{\partial z}{\partial x}, \dfrac{\partial z}{\partial y}$.

解　设 $u = \dfrac{x}{y}$，则 $\dfrac{\partial u}{\partial x} = \dfrac{1}{y}$，$\dfrac{\partial u}{\partial y} = -\dfrac{x}{y^2}$，这时 $z = f\left(x, \dfrac{x}{y}\right) = f(x, u)$，因此

$$\frac{\partial z}{\partial x} = \frac{\partial f}{\partial x} + \frac{\partial f}{\partial u}\frac{\partial u}{\partial x} = \frac{\partial f}{\partial x} + \frac{1}{y}\frac{\partial f}{\partial u}, \quad \frac{\partial z}{\partial y} = \frac{\partial f}{\partial u}\frac{\partial u}{\partial y} = -\frac{x}{y^2}\frac{\partial f}{\partial u}.$$

二、隐函数的求导公式

1. 一元隐函数的求导公式

设 $F(x, y) = 0$ 对 x, y 存在连续的偏导数，且 $F'_y \neq 0$，则由 $F(x, y) = 0$ 确定的函数 $y = f(x)$ 的导数为：$\dfrac{dy}{dx} = -\dfrac{F'_x}{F'_y}$.

隐函数的求
导公式

> **小贴士**
>
> 由 $F(x, y)$ 求 F'_x, F'_y 时，需将 x, y 同等对待，它们都是二元函数的自变量.注意跟本书上册中隐函数求导法则作辨析.在本书上册中，计算一元隐函数的导数时，我们将因变量 y 看作自变量 x 的函数，从而关于 y 的函数就是自变量 x 的复合函数.两种方法中，对 x 和 y 的处理方法是不一样的.

例 7　设 $x^2 + y^2 = 2x$，求 $\dfrac{dy}{dx}$.

解　令 $F(x, y) = x^2 + y^2 - 2x$，则 $F'_x = 2x - 2$，$F'_y = 2y$，所以

$$\frac{dy}{dx} = -\frac{F'_x}{F'_y} = -\frac{2x-2}{2y} = \frac{1-x}{y}.$$

例 8　设 $x^2 y^2 - x^4 - y^4 = 16$，求 $\dfrac{dy}{dx}$.

解　令 $F(x,y)=x^2y^2-x^4-y^4-16$，则 $F_x'=2xy^2-4x^3$，$F_y'=2x^2y-4y^3$，所以

$$\frac{\mathrm{d}y}{\mathrm{d}x}=-\frac{F_x'}{F_y'}=-\frac{2xy^2-4x^3}{2x^2y-4y^3}=\frac{2x^3-xy^2}{x^2y-2y^3}.$$

2. 二元隐函数的求导公式

设 $F(x,y,z)=0$，其中 z 为 x,y 的二元函数，$F(x,y,z)$ 对 x,y,z 存在连续的偏导数，且 $F_z'\neq 0$，则由 $F(x,y,z)=0$ 确定的函数 $z=f(x,y)$ 的偏导数为

$$\frac{\partial z}{\partial x}=-\frac{F_x'}{F_z'},\quad \frac{\partial z}{\partial y}=-\frac{F_y'}{F_z'}.$$

注意：由 $F(x,y,z)$ 求 F_x',F_y',F_z' 时，需将 x,y,z 同等对待.

例 9　设函数 $z=f(x,y)$ 由方程 $x^2+y^3-xyz^2=5$ 所确定，求 $\dfrac{\partial z}{\partial x},\dfrac{\partial z}{\partial y}$.

解　令 $F(x,y,z)=x^2+y^3-xyz^2-5$，则

$$F_x'=2x-yz^2,\ F_y'=3y^2-xz^2,\ F_z'=-2xyz,$$

所以

$$\frac{\partial z}{\partial x}=-\frac{F_x'}{F_z'}=-\frac{2x-yz^2}{-2xyz}=\frac{2x-yz^2}{2xyz},$$

$$\frac{\partial z}{\partial y}=-\frac{F_y'}{F_z'}=-\frac{3y^2-xz^2}{-2xyz}=\frac{3y^2-xz^2}{2xyz}.$$

说明：对于求隐函数的偏导数，也可以仿照一元隐函数的方法求导.

以例 9 来说明：将 $x^2+y^3-xyz^2=5$ 两端对 x 求偏导数，认定 $z=f(x,y)$ 为中间变量，则有

$$2x-\left(yz^2+2xyz\,\frac{\partial z}{\partial x}\right)=0,$$

解得

$$\frac{\partial z}{\partial x}=\frac{2x-yz^2}{2xyz}.$$

同理，两端对 y 求偏导数，认定 $z=f(x,y)$ 为中间变量，可得 $\dfrac{\partial z}{\partial y}=\dfrac{3y^2-xz^2}{2xyz}$.

习题 8.4

解答题

1. 设 $z=\mathrm{e}^{u-2v}$，而 $u=\sin t,v=t^3$，求 $\dfrac{\mathrm{d}z}{\mathrm{d}t}$.

2. 设 $z=\arcsin(x-y)$，而 $x=3t,v=4t^3$，求 $\dfrac{\mathrm{d}z}{\mathrm{d}t}$.

3. 设 $z=\arctan(xy)$，而 $y=\mathrm{e}^x$，求 $\dfrac{\mathrm{d}z}{\mathrm{d}x}$.

4. 设 $u=\dfrac{\mathrm{e}^{ax}(y-z)}{a^2+1}$，而 $y=a\sin x,z=\cos x$，求 $\dfrac{\mathrm{d}u}{\mathrm{d}x}$.

5. 设 $z=\mathrm{e}^{uv}$,而 $u=\ln\sqrt{x^2+y^2}$,$v=\arctan\dfrac{y}{x}$,求 $\dfrac{\partial z}{\partial x}$,$\dfrac{\partial z}{\partial y}$.

6. 设 $z=u^2v-uv^2$,而 $u=x\cos\,y$,$v=x\sin\,y$,求 $\dfrac{\partial z}{\partial x}$,$\dfrac{\partial z}{\partial y}$.

7. 设 $z=(x+2y)^{(3x^2+y^2)}$,求 $\dfrac{\partial z}{\partial x}$,$\dfrac{\partial z}{\partial y}$.

8. 设 $z=(x^2+y^2)\,\mathrm{e}^{\frac{x^2+y^2}{xy}}$,求 $\dfrac{\partial z}{\partial x}$,$\dfrac{\partial z}{\partial y}$.

9. 设 $z=\arcsin(x+y+u)$,而 $u=\sin(xy)$,求 $\dfrac{\partial z}{\partial x}$,$\dfrac{\partial z}{\partial y}$.

10. 求下列函数关于各自变量的一阶偏导数,其中 f 可微分.

(1) $z=f(x^2-y^2,\mathrm{e}^{xy})$. (2) $u=f(x^3,xy,xyz)$. (3) $u=f(x^3+xy+xyz)$.

11. 设 $z=f\left(\dfrac{y}{x}\right)$,$f(u)$ 为可微分函数,证明:$x\,\dfrac{\partial z}{\partial x}+y\,\dfrac{\partial z}{\partial y}=0$.

12. 设 $u=\sin\,x+F(\sin\,y-\sin\,x)$,而 $F(u)$ 为可导函数,证明:

$$\frac{\partial u}{\partial x}\cos\,y+\frac{\partial u}{\partial y}\cos\,x=\cos\,x\cos\,y.$$

13. 求由下列方程所确定的隐函数的导数 $\dfrac{\mathrm{d}y}{\mathrm{d}x}$:

(1) $\sin\,y+\mathrm{e}^x-xy^2=0$. 　　 (2) $y=1+y^x$.

14. 求由下列方程所确定的隐函数的偏导数 $\dfrac{\partial z}{\partial x}$,$\dfrac{\partial z}{\partial y}$:

(1) $x^2+y^2+z^2-3xyz=0$. 　　 (2) $\dfrac{x}{z}=\ln\dfrac{z}{y}$. 　　 (3) $\mathrm{e}^z=xyz$.

15. 设函数 $z=f(x,y)$ 由方程 $\cos^2x+\cos^2y+\cos^2z=1$ 所确定,求 $\mathrm{d}z$.

16. 设函数 $z=f(x,y)$ 由方程 $x^3+y^3+z^3+xyz=6$ 所确定,求 $\dfrac{\partial z}{\partial x}\bigg|_{(1,2,-1)}$,$\dfrac{\partial z}{\partial y}\bigg|_{(1,2,-1)}$.

*17. 设 $z=xy+xF(u)$,而 $u=\dfrac{y}{x}$,$F(u)$ 为可导函数,证明:$x\,\dfrac{\partial z}{\partial x}+y\,\dfrac{\partial z}{\partial y}=z+xy$.

*18. 设 $z^3-3xyz=a^3$,求 $\dfrac{\partial^2z}{\partial x\partial y}$.

*19. 设 $z^3-2xz+y=0$,求 $\dfrac{\partial^2z}{\partial x^2}$,$\dfrac{\partial^2z}{\partial y^2}$.

20. 设 $2\sin(x+2y-3z)=x+2y-3z$,证明:$\dfrac{\partial z}{\partial x}+\dfrac{\partial z}{\partial y}=1$.

*21. 证明:由方程 $F(cx-az,cy-bz)=0$ 所确定的函数 $z=f(x,y)$ 满足 $a\,\dfrac{\partial z}{\partial x}+b\,\dfrac{\partial z}{\partial y}=c$.

*22. 设 $x+z=yf(x^2-z^2)$,其中 $f(u)$ 可微分,证明:$z\,\dfrac{\partial z}{\partial x}+y\,\dfrac{\partial z}{\partial y}=x$.

第五节　偏导数的应用

一、函数极值

1. 极值的定义

定义 8.5.1　设函数 $z=f(x,y)$ 在点 $P_0(x_0,y_0)$ 的某个邻域内有定义,如果在该邻域内任何异于 $P_0(x_0,y_0)$ 的点 $P(x,y)$,总有

（1）$f(x,y)<f(x_0,y_0)$,则称 $f(x_0,y_0)$ 为函数 $f(x,y)$ 的一个**极大值**,点 $P_0(x_0,y_0)$ 称为函数 $f(x,y)$ 的一个**极大值点**；

（2）$f(x,y)>f(x_0,y_0)$,则称 $f(x_0,y_0)$ 为函数 $f(x,y)$ 的一个**极小值**,点 $P_0(x_0,y_0)$ 称为函数 $f(x,y)$ 的一个**极小值点**.

极大值、极小值统称为函数的**极值**,极大值点、极小值点统称为函数的**极值点**.

2. 极值存在的必要条件

定理 8.5.1　设函数 $z=f(x,y)$ 在点 $P_0(x_0,y_0)$ 处取得极值,且在该点的偏导数存在,则在该点处的偏导数必然为零,即

$$f_x'(x_0,y_0)=0,\quad f_y'(x_0,y_0)=0.$$

此时点 $P_0(x_0,y_0)$ 称为函数 $z=f(x,y)$ 的**驻点**.

3. 极值存在的充分条件

定理 8.5.2　设函数 $z=f(x,y)$ 在点 $P_0(x_0,y_0)$ 的某个邻域内连续且有连续的一阶和二阶偏导数,又 $P_0(x_0,y_0)$ 为函数 $f(x,y)$ 的驻点,即

$$f_x'(x_0,y_0)=0,\quad f_y'(x_0,y_0)=0.$$

记 $A=f_{xx}''(x_0,y_0)$,$B=f_{xy}''(x_0,y_0)$,$C=f_{yy}''(x_0,y_0)$,则

（1）当 $AC-B^2>0$ 时,$f(x_0,y_0)$ 为 $f(x,y)$ 的极值,且 $A<0$ 时为极大值,$A>0$ 时为极小值；

（2）当 $AC-B^2<0$ 时,$f(x,y)$ 没有极值；

（3）当 $AC-B^2=0$ 时,$f(x_0,y_0)$ 可能是 $f(x,y)$ 的极值,也可能不是 $f(x,y)$ 的极值.

小贴士

求函数极值的一般步骤:

（1）求出函数的两个偏导数 $f_x'(x,y)$,$f_y'(x,y)$；

（2）求方程组 $\begin{cases} f_x'(x,y)=0, \\ f_y'(x,y)=0 \end{cases}$ 的所有实数解,得函数的所有驻点；

（3）求出 $f_{xx}''(x,y)$,$f_{xy}''(x,y)$,$f_{yy}''(x,y)$,对于每个驻点 (x_0,y_0),求出二阶偏导数的值 A,B,C；

（4）对于每个驻点 (x_0,y_0) 判断出 $AC-B^2$ 的符号,由极值存在的充分条件确定 $f(x_0,y_0)$ 是否为极值,如果是极值,判断是极大值还是极小值.

例1　求函数 $f(x,y)=x^3-y^3+3x^2+3y^2-9x$ 的极值.

解　由于 $f'_x(x,y)=3x^2+6x-9$，$f'_y(x,y)=-3y^2+6y$，令 $f'_x(x,y)=0$，$f'_y(x,y)=0$，解方程组

$$\begin{cases} 3x^2+6x-9=0, \\ -3y^2+6y=0, \end{cases}$$

求得 $f(x,y)$ 驻点为 $(1,0)$，$(1,2)$，$(-3,0)$，$(-3,2)$.

$$f''_{xx}(x,y)=6x+6,\ f''_{xy}(x,y)=0,\ f''_{yy}(x,y)=-6y+6.$$

在点 $(1,0)$ 处，$A=12$，$B=0$，$C=6$，$AC-B^2=12\times6-0>0$ 且 $A=12>0$，所以点 $(1,0)$ 为函数 $f(x,y)$ 的极小值点，极小值为 $f(1,0)=-5$；

在点 $(1,2)$ 处，$A=12$，$B=0$，$C=-6$，$AC-B^2=12\times(-6)<0$，所以点 $(1,2)$ 不是函数 $f(x,y)$ 的极值点；

在点 $(-3,0)$ 处，$A=-12$，$B=0$，$C=6$，$AC-B^2=(-12)\times6<0$，所以点 $(-3,0)$ 不是函数 $f(x,y)$ 的极值点；

在点 $(-3,2)$ 处，$A=-12$，$B=0$，$C=-6$，$AC-B^2=(-12)\times(-6)>0$，且 $A=-12<0$，所以点 $(-3,2)$ 为函数 $f(x,y)$ 的极大值点，极大值为 $f(-3,2)=31$.

二、最大值和最小值

如果函数 $f(x,y)$ 在有界闭区域 D 上连续，则 $f(x,y)$ 在 D 上必定能取得最大值和最小值，使函数取得最大值或最小值的点既可能在 D 的内部，也可能在 D 的边界上.

小贴士

求函数的最大值和最小值的一般方法：将函数 $f(x,y)$ 在区域 D 内所有驻点处的函数值与在区域 D 的边界上的最大值和最小值进行比较，其中最大的即为最大值，最小的即为最小值.

例2　求函数 $z=x^2y(5-x-y)$ 在闭区域 $D:x\geqslant0$，$y\geqslant0$，$x+y\leqslant4$ 上的最大值与最小值.

解　此时函数 $z=x^2y(5-x-y)$ 在区域 D 内处处可导，

$$z'_x=10xy-3x^2y-2xy^2=xy(10-3x-2y),$$
$$z'_y=5x^2-x^3-2x^2y=x^2(5-x-2y),$$

令 $z'_x=0$，$z'_y=0$，解方程组

$$\begin{cases} xy(10-3x-2y)=0, \\ x^2(5-x-2y)=0, \end{cases}$$

求得在区域 D 内的驻点 $\left(\dfrac{5}{2},\dfrac{5}{4}\right)$，在驻点处的函数值为 $z=\dfrac{625}{64}$.

在边界 $x=0$，$y=0$ 上函数 z 的值恒为零；在边界 $x+y=4$ 上，将 $y=4-x$ 代入函数中，使函数 z 成为变量 x 的一元函数：$z=x^2(4-x)$，$0\leqslant x\leqslant4$，对此函数求导得

偏导数的应用
用测一测

$$\frac{\mathrm{d}z}{\mathrm{d}x} = x(8-3x),$$

可知函数在区间 $(0,4)$ 内的驻点为 $x = \frac{8}{3}$，函数值为 $z = \frac{256}{27}$，在区间的两端点 $x=0, x=4$

处 $z=0$，所以 $z = \frac{256}{27}$ 为函数 z 在区域 D 的边界上的最大值.

由于 $\frac{625}{64} > \frac{256}{27}$，所以二元函数 z 在区域 D 上的最大值为 $z = \frac{625}{64}$，最小值显然为 $z=0$.

在实际问题的求解中，如果函数在定义域内只有一个驻点，且实际问题的最大值或最小值一定存在，那么在该驻点处的函数值就是函数的最大值或最小值.

例 3   在 xOy 平面上找一点 P，使它到三点 $P_1(0,0)$，$P_2(1,0)$，$P_3(0,1)$ 距离的平方和为最小.

解   设 $P(x,y)$ 为所求的点，l 为 P 到 P_1, P_2, P_3 三点距离的平方和，即

$$l = |PP_1|^2 + |PP_2|^2 + |PP_3|^2.$$

因为 $|PP_1|^2 = x^2 + y^2$，$|PP_2|^2 = (x-1)^2 + y^2$，$|PP_3|^2 = x^2 + (y-1)^2$，所以

$$l = x^2 + y^2 + (x-1)^2 + y^2 + x^2 + (y-1)^2 = 3x^2 + 3y^2 - 2x - 2y + 2,$$

此时 $l_x' = 6x-2$，$l_y' = 6y-2$，令 $l_x' = 0$，$l_y' = 0$，解方程组

$$\begin{cases} 6x-2=0, \\ 6y-2=0, \end{cases}$$

得驻点 $\left(\frac{1}{3}, \frac{1}{3}\right)$.

由问题的实际意义，到三点距离平方和最小的点一定存在，又只有一个驻点，因此 $\left(\frac{1}{3}, \frac{1}{3}\right)$ 即为所求之点.

例 4   某工厂生产 I 与 II 两种产品，出售的单价分别为 10 元与 9 元，生产 x 单位的产品 I 与生产 y 单位的产品 II 的总费用是 $400 + 2x + 3y + 0.01(3x^2 + xy + 3y^2)$（元），求取得最大利润时，两种产品的产量各是多少？

解   设 $L(x,y)$ 表示产品 I 与 II 分别生产 x 单位与 y 单位时所得的总利润.因为总利润等于总收入减去总费用，所以

$$\begin{aligned} L(x,y) &= (10x+9y) - [400 + 2x + 3y + 0.01(3x^2 + xy + 3y^2)] \\ &= 8x + 6y - 0.01(3x^2 + xy + 3y^2) - 400, \end{aligned}$$

此时 $L_x' = 8 - 0.01(6x+y)$，$L_y' = 6 - 0.01(x+6y)$，令 $L_x' = 0$，$L_y' = 0$，解方程组

$$\begin{cases} 8 - 0.01(6x+y) = 0, \\ 6 - 0.01(x+6y) = 0, \end{cases}$$

解得 $x = 120$，$y = 80$.

由问题的实际意义，利润的最大值一定存在，又只有一个驻点，因此当 $x=120$，$y=80$ 利润最大，此时最大利润为 $L(120,80) = 320$（元）.

三、条件极值

如果在所讨论的极值问题中，对于函数自变量的取值，除了限制在函数的定义域

内以外,并无其他条件的称为无条件极值;还有附加条件的称为条件极值.

对于条件极值,可以通过条件转化成无条件极值,也可以用拉格朗日乘数法去求. 现介绍求条件极值的拉格朗日乘数法:

欲求函数 $u=f(x,y,z)$ 在条件 $\varphi(x,y,z)=0$ 下的极值,先构造拉格朗日函数

$$F(x,y,z,\lambda)=f(x,y,z)+\lambda\varphi(x,y,z),$$

解方程组

$$\begin{cases} F_x'=f_x'(x,y,z)+\lambda\varphi_x'(x,y,z)=0, \\ F_y'=f_y'(x,y,z)+\lambda\varphi_y'(x,y,z)=0, \\ F_z'=f_z'(x,y,z)+\lambda\varphi_z'(x,y,z)=0, \\ \varphi(x,y,z)=0, \end{cases}$$

得出的解 x,y,z,λ,即为函数 $u=f(x,y,z)$ 在条件 $\varphi(x,y,z)=0$ 下可能取得极值的点的坐标.

⭐ **小点睛**

多元函数的条件极值问题,实质上是通过增加一个拉格朗日乘数,转化为无条件极值问题来解决的.这种化归的数学思想方法,在高等数学中经常见到.

回到本章开头的水箱设计案例:

例 5 某厂要设计一个容量为 V 的长方形开口水箱,试问水箱的长、宽、高各等于多少时,其表面积最小?

解 此时所求问题的拉格朗日函数是

$$L(x,y,z,\lambda)=2(xz+yz)+xy+\lambda(xyz-V).$$

对 L 求偏导数,并令它们都等于零:

$$\begin{cases} L_x=2z+y+\lambda yz=0, \\ L_y=2z+x+\lambda xz=0, \\ L_z=2(x+y)+\lambda xy=0, \\ L_\lambda=xyz-V=0. \end{cases}$$

求解上述方程组,得

$$x=y=2z=\sqrt[3]{2V}, \quad \lambda=-\frac{4}{\sqrt[3]{2V}}.$$

依据题意,所求水箱的表面积在体积为 V 的限制条件下确实存在最小值.由上述求解可知当高为 $\sqrt[3]{\dfrac{V}{4}}$,长与宽为高的 2 倍时,表面积最小,最小值 $S=3(2V)^{2/3}$.

习题 8.5

一、单项选择题

1. 函数 $z=f(x,y)$ 在点 (x_0,y_0) 处的两个偏导数 $f_x'(x_0,y_0)=0$,$f_y'(x_0,y_0)=0$ 是函数

$f(x,y)$ 在该点取得极值的(　　).

　　A. 充分条件　　　　　　　　B. 必要条件

　　C. 充要条件　　　　　　　　D. 既非充分条件又非必要条件

2. 设 $z=x-x^2-y-y^2$,则 z 的极大值为(　　).

　　A. 1　　　　　　B. -1　　　　　　C. $\dfrac{1}{2}$　　　　　　D. -2

二、解答题

1. 求下列函数的极值:

(1) $f(x,y)=x^3-4x^2+2xy-y^2+1$.

(2) $f(x,y)=xy+\dfrac{50}{x}+\dfrac{20}{y}$.

(3) $f(x,y)=\sin x+\cos y+\cos(x-y)$ $\left(0\leqslant x\leqslant\dfrac{\pi}{2},0\leqslant y\leqslant\dfrac{\pi}{2}\right)$.

(4) $f(x,y)=xy(a-x-y)$.

2. 求函数 $f(x,y)=xy(4-x-y)$ 在 $x=1,y=0,x+y=6$ 所围成的闭区域上的最大值与最小值.

3. 求函数 $z=3x^2+3y^2-x^3$ 在区域 $D:x^2+y^2\leqslant16$ 上的最大值与最小值.

4. 求内接于半径为 a 的球且有最大体积的长方体.

5. 将周长为 $2p$ 的矩形绕它的一边旋转而构成一个圆柱体,问矩形的边长各为多少时,才能使圆柱体的体积为最大?

6. 某企业生产 G 型产品需要两种原料,其单位价格分别为 2 万元和 1 万元,当这两种原料的投入量分别为 x t 和 y t 时,可生产 G 型产品 z t,且 $z=20-x^2-2y^2+10x+5y$,若 G 型产品单位价格为 5 万元/t,试确定投入量,使利润最大.

7. 有一宽为 24 cm 的长方形铁板,把它两边折起来做成一个断面为等腰梯形的水槽,问怎样折才能使断面的面积最大(图 8.4)?

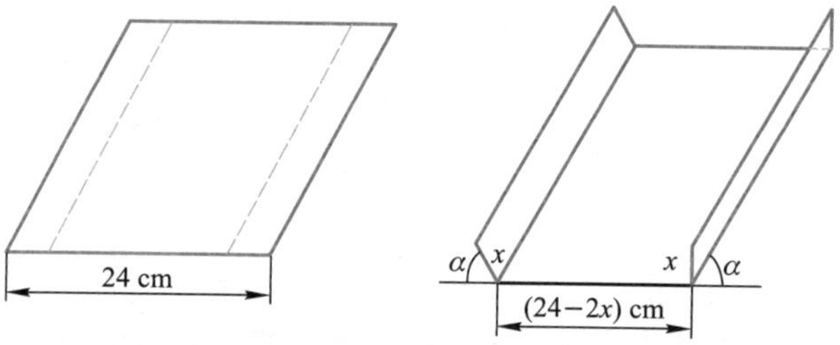

图 8.4

*8. 在平面 xOy 面上求一点,使它到 $x=0,y=0$ 及 $x+2y-16=0$ 三直线的距离平方之和为最小.

*9. 将给定的正数 a 分成三个正数的和,问这三个正数各为多少时,它们的乘积最大?

■ 第六节　数学思想方法选讲——类比法

一、类比法的概念

在本章中,我们学习了多元函数及其微分学的相关内容,引入多元函数,是为了要描述多个因素的变化导致事物发展结果的相应变化.多个因素的数学表述就是多个变量,设它们为 $x_1, x_2, \cdots, x_n$,事物发展的结果也用一个变量 y 来表述,若每个变量 x_i ($i = 1, 2, \cdots, n$) 的值确定就导致变量 y 的值确定,就称因变量 y 是自变量 $x_1, x_2, \cdots, x_n$ 的函数,记作 $y = f(x_1, x_2, \cdots, x_n)$.

类比法也叫"比较类推法",是指由一类事物所具有的某种属性,推测与其类似的事物也应具有这种属性的推理方法.其结论必须由实验来检验.类比对象间共有的属性越多,则类比结论的可靠性越大.它是数学研究中最基本的创新思维形式,历史上的很多数学结论都是应用这种方法建立的.

数学家、天文学家开普勒曾经说过:"我珍惜类比胜过任何别的东西,它是我最信赖的老师,它能揭示自然界的秘密,在几何学中它是最不容忽视的."德国古典哲学家康德也说:"每当理智缺乏可靠论证的思想时,类比这个方法往往能指引我们前进."

与其他思维方法相比,类比法属平行式思维的方法.与其他推理相比,类比推理属平行式的推理.无论哪种类比都应该是在同层次之间进行.以第七章向量代数与空间解析几何部分的内容为例,如果我们把平面图形与立体空间的图形看成两个系统,利用类比就可以借助于两个系统在某部分上的一致性,由已知的平面图形的部分性质来推测空间的对应图形所具有的性质,不过类比得出的结论还需要进一步证明,因为类比属于合情推理,结论不一定正确.

亚里士多德在《前分析篇》中指出:"类推所表示的不是部分对整体的关系,也不是整体对部分的关系."类比推理是一种或然性推理,前提真结论未必就真.要提高类比结论的可靠程度,就要尽可能地确认对象间的相同点.相同点越多,结论的可靠性程度就越大,因为对象间的相同点越多,二者的关联度就会越大,结论就越可靠.反之,结论的可靠性程度就会越小.此外,要注意的是类比前提中所根据的相同情况与推出的情况要带有本质性.如果把某个对象的特有情况或偶有情况类推到另一对象上,就会出现"类比不当"或"机械类比"的错误.

二、类比法在数学上的应用

类比法是解决数学问题的一种有力工具,它在数学中给出相关结论时起着非常重要的作用.

例如,在学习常微分方程部分时,我们了解了一个重要结论:一阶非齐次线性微分方程的通解是其对应的齐次微分方程通解与该非齐次微分方程的一个特解之和.根据类比,我们就可以类似地得出,二阶非齐次线性微分方程的通解是其对应的齐次微分方程通解加该非齐次微分方程的一个特解.

并且,如果进一步学习线性代数内容,我们还会接触到这样的结论:非齐次线性方程组的通解是其对应的齐次方程组通解加该非齐次方程组的一个特解.它们都是可以通过类比法得出的.

再比如,在学习平面解析几何时,我们学会了平面上两点间的距离公式:

设平面两点 $A(x_1,y_1),B(x_2,y_2)$,则 A,B 两点之间的距离为

$$d=\sqrt{(x_2-x_1)^2+(y_2-y_1)^2}.$$

那我们也可以通过类比得出空间两点间的距离公式:

再设空间两点 $A(x_1,y_1,z_1),B(x_2,y_2,z_2)$,则 A,B 两点之间的距离为

$$d=\sqrt{(x_2-x_1)^2+(y_2-y_1)^2+(z_2-z_1)^2}.$$

以上的类比只是将空间与平面的坐标作类比,加上了含竖坐标 z 的一项,这次的类比是正确的.

但是,并不是所有的类比都正确,比如我们在平面解析几何中学过平面上直线的参数方程形式:

$$\begin{cases} x=x_0+lt,\\ y=y_0+mt. \end{cases}$$

根据平面直角坐标与空间直角坐标的一致性,再根据平面上直线与空间中平面的对应关系,对应的参数方程为:

$$\begin{cases} x=x_0+lt,\\ y=y_0+mt,\\ z=z_0+nt. \end{cases}$$

这个类比显然是不正确的,因为以上方程是空间直线的参数式方程,并不是空间平面的方程.

类比法在解决数学问题时的作用也是非常重要的,比如在讨论多元函数的时候,我们注意到多元函数的很多问题,都可以类似地由一元函数的内容得出,比如对于多元函数的极限问题,在学习了一元函数的极限以后,我们就可以将多元函数转化为一元函数,然后利用相应的方法解决这样的极限问题.

例 1　求下列极限:

（1）$\lim\limits_{x\to 0}\dfrac{\sqrt{x+1}-1}{x}$.　　　　（2）$\lim\limits_{\substack{x\to 0\\ y\to 0}}\dfrac{\sqrt{xy+1}-1}{xy}$.

分析及求解　问题（1）属于“$\dfrac{0}{0}$”型极限,可以使用分子有理化的方法进行求解.对问题（2）,分子和分母各自的极限也都为 0,可以先将 xy 看成整体,参照问题（1）的处理办法进行解决.

（1）$\lim\limits_{x\to 0}\dfrac{\sqrt{x+1}-1}{x}=\lim\limits_{x\to 0}\dfrac{(\sqrt{x+1}-1)(\sqrt{x+1}+1)}{x(\sqrt{x+1}+1)}=\lim\limits_{x\to 0}\dfrac{1}{\sqrt{x+1}+1}=\dfrac{1}{2}.$

（2）$\lim\limits_{\substack{x\to 0 \\ y\to 0}} \dfrac{\sqrt{xy+1}-1}{xy} = \lim\limits_{\substack{x\to 0 \\ y\to 0}} \dfrac{(\sqrt{xy+1}-1)(\sqrt{xy+1}+1)}{xy(\sqrt{xy+1}+1)} = \lim\limits_{\substack{x\to 0 \\ y\to 0}} \dfrac{xy}{xy(\sqrt{xy+1}+1)}$

$$= \lim\limits_{\substack{x\to 0 \\ y\to 0}} \dfrac{1}{\sqrt{xy+1}+1} = \dfrac{1}{2}.$$

但是，类比推理是根据两个对象具有某些相同的属性而推出，当一个对象具有一个另外的性质时，另一个对象也具有这一性质的一种推理方式.类比法是一种大胆猜想、富于创造的方法，但类比推理的结论具有或然性，既可能真，也可能假，不能把类比仅停留在叙述方式或数学结构等外层表象之上，还需要对数学结论的运算、推理过程等进行类比分析，从解题的思想方法、思维策略等层面寻求内在的关联.

例 2　（1）设函数 $f(x) = x^2 + ax$，$x \in [1, +\infty)$，若 $f(x)$ 是增函数，求实数 a 的取值范围.

（2）设数列 $\{a_n\}$ 的通项 $a_n = n^2 + an$，$n \in \mathbf{N}^+$，若 $\{a_n\}$ 是递增数列，求实数 a 的取值范围.

分析及求解　（1）因为 $f(x)$ 是增函数，所以 $f'(x) = 2x + a \geqslant 0$，即 $a \geqslant -2x$ 在 $[1, +\infty)$ 内恒成立，所以 $a \geqslant -2$.

（2）**方法一**　因为 $f'(n) = 2n + a$，$f(n)$ 在 $\mathbf{N}^+$ 上是增函数，所以

$$2n + a \geqslant 0,$$

即 $a \geqslant -2n$ 在 $n \in \mathbf{N}^+$ 时恒成立，从而 $a \geqslant -2$.

方法二　因为

$$a_{n+1} - a_n = [(n+1)^2 + a(n+1)] - (n^2 + an) = 2n + 1 + a > 0,$$

所以 $a > -(2n+1)$ 在 $\mathbf{N}^+$ 内恒成立，故 $a > -3$.

显然，解（2）的方法一是类比解（1）得到的，所得结果不正确，方法二是由递增数列的性质得到，结果是正确的.事实上，由 $a \geqslant -2n$ 在 $n \in \mathbf{N}^+$ 时恒成立得到的 $a \geqslant -2$ 说明的是 a_n 在 $[1, +\infty)$ 上是增函数，而 a_n 在 $\mathbf{N}^+$ 上是增函数，不要求在 $[1, +\infty)$ 上是增函数.不妨取 $a = -\dfrac{5}{2}$，这时 $a_n = n^2 - \dfrac{5}{2}n$，$a_n$ 在 $[1, 2]$ 内不是单调递增的，但不影响 a_n 在 $\mathbf{N}^+$ 上的单调递增性，所以在用类比方法解题时一定要注意类比的科学性，防止不当类比.

三、类比法在其他方面的应用

类比法是按同类事物或相似事物的发展规律相一致的原则，对预测目标加以对比分析，来推断预测目标事物未来发展趋向与可能水平的一种预测方法.它的应用形式很多，如由点推面、由局部推整体等.

例 3　我们可以根据国外某汽车车型的新款换代时间，通过类比推测出国内同款车型的更新换代时间，并可以根据国外市场的销售情况，推测出国内同类市场的销售情况.

例 4 曾任美国麻省理工学院机械工程系的系主任的谢皮罗教授在 1962 年发现放洗澡水时,水流出浴池总是形成逆时针方向的漩涡.他认为这种现象与地球自转有关.由于地球是自西向东不停地旋转,所以北半球的洗澡水总是逆时针方向流出浴池.他由此推理,北半球的台风同样是逆时针方向旋转的,其道理与洗澡水流出漩涡呈逆时针方向的道理是相同的.谢皮罗还断言,如果在南半球,情况恰好相反.他的论文发表后,引起了世界各国科学家的莫大兴趣.他们纷纷进行观察或实验,其结果与谢皮罗的论断完全相符.

例 5 1678 年,荷兰物理学家惠更斯在研究光的传播现象时发现,光与声音的性质在许多方面都非常相似.例如,光的传播速度非常快,而光线可能来自完全不同甚至相反的方向;声音也是这样,它借助空气朝气源周围的各个方向以相同速度传播.光与声的可观察性质也是一一对应的:声音有回音、音量、音调等,而光线则有反射、亮度、颜色等;而且,与光一样,声音的传播也服从折射定律和反射定律.根据类比,惠更斯提出了"光本质是一种波动"的假说.

以上的例子都成功地运用了类比法,但在实际生活中,也存在不少失败的情况.怎样使用类比法才有更高的可靠性呢?

随着控制论和仿生学等重要学科的建立,类比法的巨大潜力得以充分发挥,许多人投入到提高类比法可靠性的研究当中,他们通过不断探索,找出了三个基本原则:一是两个对象进行类比时,所依据的相似属性越多,以此推测出的其他属性也就有更大可能的相似性;二是类比所依据的相似属性之间联系越紧密,类比推理应用也就越有效,推理结论的可靠性也就越大;三是类比所依据的数学模型越精确,类比法的应用也越有效.只要把握以上的三个基本原则,无论在数学上,还是在其他方面,类比法都会起到非常重要的作用.

第七节 数学实验(八)——MATLAB 计算多元函数微分

(一) 偏导数的计算

在 MATLAB 软件中,求一元函数导数与多元函数偏导数都是由函数 diff 实现,其常用的调用格式为

(1) diff(f,x),求表达式 f 对变量 x 的一阶偏导数,即求 $\dfrac{\partial f}{\partial x}$;

(2) diff(f,x,n),求表达式 f 对变量 x 的 n 阶偏导数,即求 $\dfrac{\partial^n f}{\partial x^n}$.

注意在上述调用格式中,函数 f 应表示为符号表达式.

如果求混合偏导数 $\dfrac{\partial^2 f}{\partial x \partial y}$,只需在 $\dfrac{\partial f}{\partial x}$(diff(f,x))的基础上再对 y 求偏导数 (diff(diff(f,x),y)或 f_x=diff(f,x), f_xy=diff(f_x,y)).

例 1 计算二元函数 $f(x,y)=x\cos y$ 的一阶偏导数.

解　在 MATLAB 中输入：

```
>> syms x y;           % 定义符号变量 x,y
>> f = x * cos(y);     % 用符号表达式表示函数 f(x,y)
>> f_x = diff(f,x)     % 求 f 对 x 的一阶偏导数
>> f_y = diff(f,y)     % 求 f 对 y 的一阶偏导数
```

运算结果为

```
f_x = cos(y)
f_y = -x * sin(y)
```

即 $\dfrac{\partial f}{\partial x} = \cos\,y, \dfrac{\partial f}{\partial y} = -x\sin\,y.$

例 2　计算 $f(x,y) = x^6 - 3y^4 + 2x^2 y^2$ 的二阶偏导数：$\dfrac{\partial^2 z}{\partial x^2}, \dfrac{\partial^2 z}{\partial y^2}, \dfrac{\partial^2 z}{\partial x \partial y}, \dfrac{\partial^2 z}{\partial y \partial x}.$

解　在 MATLAB 中输入：

```
>> syms x y ;
>> f = x^6 - 3 * y^4 + 2 * x^2 * y^2;
>> f_xx = diff(f,x,2)    % 计算 f 对 x 的二阶偏导数
>> f_yy = diff(f,y,2)    % 计算 f 对 y 的二阶偏导数
>> f_x = diff(f, x)
>> f_xy = diff(f_x,y)    % 求混合偏导数
>> f_yx = diff(diff(f,y),x)      % 求混合偏导数
```

运算结果为

```
f_xx = 30 * x^4 + 4 * y^2
f_yy = 4 * x^2 - 36 * y^2
f_xy = 8 * x * y
f_yx = 8 * x * y
```

即 $f''_{xx}(x,y) = 30x^4 + 4y^2, f''_{yy}(x,y) = 4x^2 - 36y^2, f''_{xy}(x,y) = 8xy, f''_{yx}(x,y) = 8xy.$

例 3　计算函数 $f(x,y) = x^3 y^2 + x^2$ 的一阶偏导数在点 $(2,3)$ 处的值.

解　在 MATLAB 中输入：

```
>> syms x y;
>> f = x^3 * y^2 + x^2;
>> f_x = diff(f,x);
>> f_y = diff(f,y);
>> f_xv = subs(f_x,{x,y},{2,3})    % 将一阶偏导数在(2,3)处的值
>> f_yv = subs(f_y,{x,y},{2,3})    % 将一阶偏导数在(2,3)处的值
```

运算结果为

```
f_xv = 112, f_yv = 48
```

即 $f'_x(2,3) = 112, f'_y(2,3) = 48.$

（二）多元函数的极值与最值

例 4　求函数 $z = x^4 - 8xy + 2y^2 - 3$ 的极值点.

解　首先用 diff 命令求 z 关于 x, y 的偏导数

```
≫clear;  syms x y;
≫z=x^4-8*x*y+2*y^2-3;
≫diff(z,x)
≫diff(z,y)
```

结果为

```
ans = 4 * x^3 - 8 * y
ans = -8 * x + 4 * y
```

即 $\dfrac{\partial z}{\partial x} = 4x^3 - 8y, \dfrac{\partial z}{\partial y} = -8x + 4y$. 再求解方程组 $\begin{cases} 4x^3 - 8y = 0, \\ -8x + 4y = 0, \end{cases}$ 求得各驻点的坐标. 一般方程组的符号解用 solve 命令, 当方程组不存在符号解时, solve 将给出数值解. 求解该方程组的 MATLAB 代码为

```
≫[x,y]=solve('4*x^3-8*y=0','-8*x+4*y=0','x','y')
```

结果有三个驻点, 分别是 $P(-2, -4), Q(0, 0), R(2, 4)$. 下面再求判别式中的二阶偏导数：

```
≫A=diff(z,x,2)
≫B=diff(diff(z,x),y)
≫C=diff(z,y,2)
```

结果为

```
A = 12 * x^2
B = -8
C = 4
```

输入以下命令继续计算

```
≫ans1=subs(A*C-B*B,[x,y],[-2,-4])
≫ans2=subs(A*C-B*B,[x,y],[0,0])
≫ans3=subs(A*C-B*B,[x,y],[2,4])
```

得到结果 ans1 = 128, ans2 = -64, ans3 = 128. 由判别法可知 $P(-2, -4)$ 和 $R(2, 4)$ 都是函数的极小值点, 而点 $Q(0, 0)$ 不是极值点. 实际上 $P(-2, -4)$ 和 $R(2, 4)$ 是函数的最小值点.

例 5　求函数 $z = xy$ 在条件 $x + y = 1$ 下的极值点.

解　构造拉格朗日函数

$$L(x, y) = xy + \lambda(x + y - 1),$$

求拉格朗日函数的无条件极值. 先求 L 关于 x, y, λ 的一阶偏导数.

```
≫clear;syms x y lambda
≫l=x*y+lambda*(x+y-1);
≫diff(l,x)
≫diff(l,y)
```

```
>>diff(l,lambda)
```

得 $\dfrac{\partial L}{\partial x}=y+\lambda$，$\dfrac{\partial L}{\partial y}=x+\lambda$，$\dfrac{\partial L}{\partial \lambda}=x+y-1$，再解方程组 $\begin{cases} y+\lambda=0, \\ x+\lambda=0, \\ x+y-1=0. \end{cases}$

```
>>clear; syms x y lambda
>>[x,y,k]=solve('y+lambda=0','x+lambda=0','x+y-1=0','x','y',
'lambda')
```

得 $x=\dfrac{1}{2}$，$y=\dfrac{1}{2}$，$\lambda=-\dfrac{1}{2}$，经过判断，点 $\left(\dfrac{1}{2},\dfrac{1}{2}\right)$ 为函数的极大值点，此时函数达到最大值.

知 识 拓 展

定义　设 $z=f(x,y)$ 在 $P_0(x_0,y_0)$ 的某邻域 $U(P_0)$ 内有定义，以 P_0 点为起点引方向射线 l，任取 $P_0(x_0+\Delta x,y_0+\Delta y)\in l$. 如果 $\lim\limits_{\rho\to 0}\dfrac{f(x_0+\Delta x,y_0+\Delta y)-f(x_0,y_0)}{\rho}$ 存在（其中 $\rho=|P_0P|$），则称此极限为 $z=f(x,y)$ 在 P_0 点沿 l 的**方向导数**，记为 $\dfrac{\partial f}{\partial l}$. 即

$$\left.\frac{\partial f}{\partial l}\right|_{P_0}=\lim_{\rho\to 0}\frac{f(x_0+\Delta x,y_0+\Delta y)-f(x_0,y_0)}{\rho}.$$

定理　设 $z=f(x,y)$ 在 $P(x,y)$ 处可微分，则 $f(x,y)$ 在 P 点沿任意方向 l 的方向导数均存在，且

$$\left.\frac{\partial f}{\partial l}\right|_P=\left.\frac{\partial f}{\partial x}\right|_P\cos\alpha+\left.\frac{\partial f}{\partial y}\right|_P\sin\alpha.$$

其中：

$$\boldsymbol{e}_l=(\cos\alpha,\sin\alpha)=\left(\frac{\Delta x}{\rho},\frac{\Delta y}{\rho}\right),\alpha\text{ 为 }x\text{ 轴正向到 }l\text{ 的转角.}$$

证　由于 $z=f(x,y)$ 在点 P 处可微分，所以

$$\Delta z=f(x+\Delta x,y+\Delta y)-f(x,y)=\left.\frac{\partial f}{\partial x}\right|_P\Delta x+\left.\frac{\partial f}{\partial y}\right|_P\Delta y+o(\rho),$$

则

$$\left.\frac{\partial f}{\partial l}\right|_P=\lim_{\rho\to 0}\frac{\Delta z}{\rho}=\lim_{\rho\to 0}\left(\left.\frac{\partial f}{\partial x}\right|_P\frac{\Delta x}{\rho}+\left.\frac{\partial f}{\partial y}\right|_P\frac{\Delta y}{\rho}+\frac{o(\rho)}{\rho}\right)=\left.\frac{\partial f}{\partial x}\right|_P\cdot\cos\alpha+\left.\frac{\partial f}{\partial y}\right|_P\cdot\sin\alpha.$$

注意：$u=f(x,y,z)$ 在 P 点可微分，有 $\dfrac{\partial f}{\partial l}=\dfrac{\partial f}{\partial x}\cos\alpha+\dfrac{\partial f}{\partial y}\cos\beta+\dfrac{\partial f}{\partial z}\cos\gamma$.

例1　求函数 $z=xe^{2y}$ 在点 $P(1,0)$ 处沿点 $P(1,0)$ 到点 $Q(2,-1)$ 的方向导数.

解　$l=\overrightarrow{PQ}=(1,-1)$，因此 x 轴到方向 l 的转角 $\alpha=-\dfrac{\pi}{4}$，又

$$\frac{\partial z}{\partial x}=e^{2y}, \quad \frac{\partial z}{\partial y}=2xe^{2y},$$

所以

$$\frac{\partial z}{\partial l} = 1 \cdot \cos\left(-\frac{\pi}{4}\right) + 2 \cdot \sin\left(-\frac{\pi}{4}\right) = -\frac{\sqrt{2}}{2}.$$

例 2　求 $u = \ln(x + \sqrt{y^2 + z^2})$ 在点 $A(1,0,1)$ 沿 A 指向 $B(3,-2,2)$ 的方向导数.

解　$l = \overrightarrow{AB} = (2,-2,1)$，则 $e_l = \left(\frac{2}{3}, -\frac{2}{3}, \frac{1}{3}\right)$，又

$$\frac{\partial u}{\partial x}\bigg|_A = \frac{1}{2}, \quad \frac{\partial u}{\partial y}\bigg|_A = 0, \quad \frac{\partial u}{\partial z}\bigg|_A = \frac{1}{2},$$

所以　$\dfrac{\partial u}{\partial l}\bigg|_A = \dfrac{1}{2}.$

》 本 章 小 结 《

一、知识小结

本章内容包括二元函数的概念，二元函数的极限与连续的概念，二元函数的偏导数和全微分的概念及其计算与应用等.本章内容是一元微分学的自然推广.本章只重点介绍了二元函数的情况，二元函数中各概念或计算等都可以推广到 n 元函数.

（1）自变量看成一个点 P，函数可表示成 $u = f(P)$.当 P 表示一维点，在一区间上变化时，$u = f(P)$ 表示一元函数；当 P 表示二维点，在一平面区域中变化时，$u = f(P)$ 表示一二元函数.即一元函数、二元函数可用统一形式表示.此时，一元函数极限与连续也可用统一的形式来表示：$\lim\limits_{P \to P_0} f(P) = A$，$\lim\limits_{P \to P_0} f(P) = f(P_0)$.但要注意，对于一元函数而言，$P \to P_0$ 只能有左右两个方向；而对于二元函数而言，$P \to P_0$ 则可以有无数多个方向.一元函数中在 P_0 极限存在的充要条件是左右极限存在且相等；而在二元函数极限中，函数在 P_0 处极限存在的充要条件是按任意方向 P 趋于 P_0 所对应的极限存在且相等.不能因为点 P 以某一种或几种方式趋于 P_0 时，二元函数趋于同一个数，从而得到函数极限存在的结论.

但是，如果点 P 以两种方式趋于 P_0 时，二元函数趋于不同的值，可断定此函数在 $P \to P_0$ 时没有极限.一元函数与二元函数在 P_0 处连续的定义是相同的，P_0 为函数的连续点均应满足以下三个条件：

① $f(P)$ 在 P_0 处及其周围有定义；

② 极限 $\lim\limits_{P \to P_0} f(P)$ 存在；

③ $\lim\limits_{P \to P_0} f(P) = f(P_0)$.

若以上有一条不满足，P_0 点即为函数的间断点.

（2）多元函数的偏导数与一元函数的导数无论从定义的形式上，还是求导公式都是相同的.在求关于一个变量的偏导数时，要把其他变量看作是常数，对此变量进行求导.

应当注意，多元函数偏导数的记号与一元函数导数的记号是不同的，两者不能混

涵.偏导数的记号,如 $\frac{\partial z}{\partial x}$,$\frac{\partial z}{\partial y}$ 是一个整体,不能分割,而导数 $\frac{dy}{dx}$ 则可以看作是两个微分之商.对于二元函数来说,二阶偏导数共有四个,分别记为 $\frac{\partial^2 z}{\partial x^2}$,$\frac{\partial^2 z}{\partial x \partial y}$,$\frac{\partial^2 z}{\partial y \partial x}$,$\frac{\partial^2 z}{\partial y^2}$.其中,$\frac{\partial^2 z}{\partial x \partial y}$,$\frac{\partial^2 z}{\partial y \partial x}$ 称为二阶混合偏导数.一般情况下有 $\frac{\partial^2 z}{\partial x \partial y} = \frac{\partial^2 z}{\partial y \partial x}$.

在一元复合函数中,函数对自变量的导数等于函数对中间变量的导数乘以中间变量对自变量的导数.在二元复合函数中,复合求导法则与一元复合求导法则相比较还是较相似的.

例如,如果函数 $z=f(u,v)$,$u=u(x,y)$,$v=v(x,y)$ 复合而得 $z=f(u(x,y),v(x,y))$,则有

$$\frac{\partial z}{\partial x} = \frac{\partial z}{\partial u}\frac{\partial u}{\partial x} + \frac{\partial z}{\partial v}\frac{\partial v}{\partial x}, \frac{\partial z}{\partial y} = \frac{\partial z}{\partial u}\frac{\partial u}{\partial y} + \frac{\partial z}{\partial v}\frac{\partial v}{\partial y}.$$

从这两个公式结构来看,它们有以下一些特征:

① 由于函数 $z=f(u(x,y),v(x,y))$ 有两个自变量 x 与 y,所以有偏导数 $\frac{\partial z}{\partial x}$,$\frac{\partial z}{\partial y}$ 两个公式.

② 由于函数复合过程中有两个中间变量 u 与 v,所以每一个偏导公式都是两项之和,这两项分别含有函数对中间变量的偏导数 $\frac{\partial z}{\partial u}$,$\frac{\partial z}{\partial v}$.

③ 公式中每一项的构成跟一元复合函数求导法则类似.

由此可见,多元复合函数的求导关键在于弄清函数在复合过程中哪些是中间变量,哪些是自变量.为了直观地显示各变量间的关系,可借助于结构图来表示.

(3) 多元函数极值的定义跟一元函数极值的定义十分相似,它们都是以某一点处的值与其周围的函数值相比较.极值为局部概念,而最值为全局概念,极大值不一定大于极小值.求函数的极值一般可按下列步骤进行:

① 求出 $\frac{\partial z}{\partial x}$,$\frac{\partial z}{\partial y}$,$\frac{\partial^2 z}{\partial x^2}$,$\frac{\partial^2 z}{\partial x \partial y} = \frac{\partial^2 z}{\partial y \partial x}$,$\frac{\partial^2 z}{\partial y^2}$;

② 令 $\frac{\partial z}{\partial x}=0$,$\frac{\partial z}{\partial y}=0$,得到二元函数的驻点 (x_0, y_0);

③ 计算出驻点处对应的二阶偏导数值 $A = \frac{\partial^2 z}{\partial x^2}\Big|_{(x_0,y_0)}$,$B = \frac{\partial^2 z}{\partial x \partial y}\Big|_{(x_0,y_0)}$,$C = \frac{\partial^2 z}{\partial y^2}\Big|_{(x_0,y_0)}$;

④ 再根据二元函数极值判别法,判定点 (x_0, y_0) 是否是极值点,是极大值点还是极小值点;

⑤ 最后算出极大值或极小值.

在求解实际问题时,往往驻点仅有一个,此点一般即为所求的最值点.

(4) 在一元函数中,可微分与可导这两个概念是等价的.但对于二元函数来说,可微性要比可导性强.也即二元函数在 M 点处可微分,则在这一点关于 x,y 的两个偏导数都存在,且全微分 $\mathrm{d}z = \frac{\partial z}{\partial x}\mathrm{d}x + \frac{\partial z}{\partial y}\mathrm{d}y$.但如果 $\frac{\partial z}{\partial x}$ 与 $\frac{\partial z}{\partial y}$ 都存在,不一定有二元函数可微分,

只有当两个偏导数在 M 点处存在且连续时,才能保证 $z=f(x,y)$ 在 M 点处是可微分的.微分可近似表示增量,即 $\Delta z \approx \mathrm{d}z = \dfrac{\partial z}{\partial x}\mathrm{d}x + \dfrac{\partial z}{\partial y}\mathrm{d}y$.

二、典型例题

例 1 设 $z = \ln(x^2+y^2)$,求证:$\dfrac{\partial^2 z}{\partial x^2} + \dfrac{\partial^2 z}{\partial y^2} = 0$.

解 $\dfrac{\partial z}{\partial x} = \dfrac{2x}{x^2+y^2}, \dfrac{\partial z}{\partial y} = \dfrac{2y}{x^2+y^2}$,

$$\frac{\partial^2 z}{\partial x^2} = \frac{\partial}{\partial x}\left(\frac{2x}{x^2+y^2}\right) = \frac{2 \cdot (x^2+y^2) - 2x \cdot 2x}{(x^2+y^2)^2} = \frac{2(y^2-x^2)}{(x^2+y^2)^2},$$

$$\frac{\partial^2 z}{\partial y^2} = \frac{\partial}{\partial y}\left(\frac{2y}{x^2+y^2}\right) = \frac{2 \cdot (x^2+y^2) - 2y \cdot 2y}{(x^2+y^2)^2} = \frac{2(x^2-y^2)}{(x^2+y^2)^2},$$

所以

$$\frac{\partial^2 z}{\partial x^2} + \frac{\partial^2 z}{\partial y^2} = \frac{2(y^2-x^2)}{(x^2+y^2)^2} + \frac{2(x^2-y^2)}{(x^2+y^2)^2} = 0.$$

例 2 设函数 $z=f(x,y)$ 由方程 $z^x = y^z$ 所确定,求 $\mathrm{d}z$.

解 令 $F(x,y,z) = z^x - y^z$,则 $F_x' = z^x \ln z, F_y' = -zy^{z-1}, F_z' = xz^{x-1} - y^z \ln y$,因此

$$\frac{\partial z}{\partial x} = -\frac{F_x'}{F_z'} = -\frac{z^x \ln z}{xz^{x-1} - y^z \ln y} = \frac{z^x \ln z}{y^z \ln y - xz^{x-1}},$$

$$\frac{\partial z}{\partial y} = -\frac{F_y'}{F_z'} = -\frac{-zy^{z-1}}{xz^{x-1} - y^z \ln y} = \frac{zy^{z-1}}{xz^{x-1} - y^z \ln y},$$

所以

$$\mathrm{d}z = \frac{z^x \ln z}{y^z \ln y - xz^{x-1}}\mathrm{d}x + \frac{zy^{z-1}}{xz^{x-1} - y^z \ln y}\mathrm{d}y.$$

例 3 设 $\varphi(t)$ 为可微分函数,证明函数 $z = \varphi(x^2+y^2)$ 满足:$y\dfrac{\partial z}{\partial x} - x\dfrac{\partial z}{\partial y} = 0$.

解 设 $u = x^2+y^2$,则 $\dfrac{\partial u}{\partial x} = 2x, \dfrac{\partial u}{\partial y} = 2y$,这时 $z = \varphi(x^2+y^2) = \varphi(u)$,因此

$$\frac{\partial z}{\partial x} = \frac{\mathrm{d}\varphi}{\mathrm{d}u}\frac{\partial u}{\partial x} = 2x\frac{\mathrm{d}\varphi}{\mathrm{d}u}, \qquad \frac{\partial z}{\partial y} = \frac{\mathrm{d}\varphi}{\mathrm{d}u}\frac{\partial u}{\partial y} = 2y\frac{\mathrm{d}\varphi}{\mathrm{d}u},$$

所以

$$y\frac{\partial z}{\partial x} - x\frac{\partial z}{\partial y} = y \cdot 2x\frac{\mathrm{d}\varphi}{\mathrm{d}u} - x \cdot 2y\frac{\mathrm{d}\varphi}{\mathrm{d}u} = 0.$$

例 4 设 $F(x-y, y-z) = 0$ 确定了隐函数 $z = f(x,y)$,证明:$\dfrac{\partial z}{\partial x} + \dfrac{\partial z}{\partial y} = 1$.

证 设 $u = x-y, v = y-z$,则 $\dfrac{\partial u}{\partial x} = 1, \dfrac{\partial u}{\partial y} = -1, \dfrac{\partial v}{\partial y} = 1, \dfrac{\partial v}{\partial z} = -1$,因此

$$F_x' = F_u' \cdot \frac{\partial u}{\partial x} = F_u',$$

$$F_y' = F_u' \cdot \frac{\partial u}{\partial y} + F_v' \cdot \frac{\partial v}{\partial y} = -F_u' + F_v',$$

$$F_z' = F_v' \cdot \frac{\partial v}{\partial z} = -F_v'$$

于是

$$\frac{\partial z}{\partial x} = -\frac{F_x'}{F_z'} = \frac{F_u'}{F_v'}, \quad \frac{\partial z}{\partial y} = -\frac{F_y'}{F_z'} = \frac{F_v' - F_u'}{F_v'},$$

所以

$$\frac{\partial z}{\partial x} + \frac{\partial z}{\partial y} = \frac{F_u'}{F_v'} + \frac{F_v' - F_u'}{F_v'} = 1.$$

例 5 求平面 $3x + 4y - z - 26 = 0$ 上距原点最近的点.

解 设 $P(x, y, z)$ 为平面上的任一点,则 P 到原点的距离 d 的平方 u 为
$$u = d^2 = x^2 + y^2 + z^2,$$
所求的就是在条件 $\varphi(x, y, z) = 3x + 4y - z - 26 = 0$ 下 u 的最小值.

构造拉格朗日函数
$$F(x, y, z, \lambda) = x^2 + y^2 + z^2 + \lambda(3x + 4y - z - 26),$$

则 $F_x' = 2x + 3\lambda, \quad F_y' = 2y + 4\lambda, \quad F_z' = 2z - \lambda, \quad F_\lambda' = 3x + 4y - z - 26,$

解方程组

$$\begin{cases} 2x + 3\lambda = 0, \\ 2y + 4\lambda = 0, \\ 2z - \lambda = 0, \\ 3x + 4y - z - 26 = 0, \end{cases}$$

得出的解 $x = 3, y = 4, z = -1, \lambda = -2$,这是唯一可能的极值点,因为由问题本身可知最小值一定存在,所以最小值就在这个极值点处取得,也就是说,平面上的点 $(3, 4, -1)$ 距原点最近.

复 习 题 八

一、填空题

1. 若 $f\left(\dfrac{y}{x}\right) = \dfrac{\sqrt{x^2 + y^2}}{y}(x > 0, y > 0)$,则 $f(x) = $ _____.

2. 函数 $f(x) = \dfrac{1}{(x - \sqrt{y})^2}$ 的间断线的方程为 _____.

3. 设 $z = \ln\left(x + \dfrac{y}{2x}\right)$,则 $\dfrac{\partial z}{\partial x}\bigg|_{(1,0)} = $ _____, $\mathrm{d}z|_{(1,0)} = $ _____.

4. 设 $z = x^y$，则 $\dfrac{\partial^2 z}{\partial x \partial y}\bigg|_{\substack{x=2 \\ y=3}} = $ _____.

5. 设 $z = z(x, y)$ 由方程 $yz + x^2 + z = 0$ 所确定，则 $\mathrm{d}z = $ _____.

二、 单项选择题

1. 二元函数 $z = \ln xy$ 的定义域是（　　）.

A. $\{(x, y) \mid x \geq 0, y \geq 0\}$

B. $\{(x, y) \mid x < 0, y < 0\}$

C. $\{(x, y) \mid x \leq 0, y \leq 0$ 或 $x \geq 0, y \geq 0\}$

D. $\{(x, y) \mid x < 0, y < 0$ 或 $x > 0, y > 0\}$

2. 如果函数 $z = f(x, y)$ 在点 (x_0, y_0) 处偏导数存在，则在 (x_0, y_0) 点处（　　）.

A. 取极值　　　　　B. 连续　　　　　C. 全微分存在　　　　　D. 以上都不对

3. 设 $z = x^{xy}$，则 $\dfrac{\partial z}{\partial x} = $（　　）.

A. yx^{xy}

B. $x^{xy} \ln x$

C. $yx^{xy} + yx^{xy} \ln x$

D. $yx^{xy} + x^{xy} \ln x$

4. 如果函数 $z = f(x, y)$ 在点 (x_0, y_0) 处有 $f'_x(x_0, y_0) = 0$，$f'_y(x_0, y_0) = 0$，则在 (x_0, y_0) 处（　　）.

A. 连续　　　　　B. 取极值　　　　　C. 偏导数存在　　　　　D. 以上都不对

三、 计算题

（一）求下列函数的一阶偏导数：

1. $z = \arcsin(x^2 + xy + y^2)$.　　　　　2. $z = (\sin x)^{\cos y}$.

3. $z = u^2 \ln v, u = \dfrac{y}{x}, v = 3x - 2y$.　　　　　4. $\mathrm{e}^{xy} - \arctan z + xyz = 0$.

（二）设 $z = f(x^2 - y^2, \mathrm{e}^{xy})$，求 $\mathrm{d}z$.

*（三）已知函数 $z = z(x, y)$ 由方程 $x^2 + y^2 + z^2 = 4z$ 所确定，求 $\dfrac{\partial^2 z}{\partial x^2}, \dfrac{\partial^2 z}{\partial y \partial x}$.

*（四）证明：函数 $u = x^k F\left(\dfrac{z}{x}, \dfrac{y}{x}\right)$ 满足方程 $x\dfrac{\partial u}{\partial x} + y\dfrac{\partial u}{\partial y} + z\dfrac{\partial u}{\partial z} = ku$，其中 k 为常数.

» 第九章

多元函数积分学

学习目标

- 理解二重积分的概念及其几何意义
- 掌握二重积分的性质
- 掌握 X 型区域和 Y 型区域的划分方法及其特点,会将任意区域分解为若干个 X 型区域和 Y 型区域的和
- 掌握在直角坐标系中计算二重积分的方法,会选择合适的积分次序
- 会在极坐标系下计算二重积分
- 了解用 MATLAB 数学软件计算二重积分的方法
- 通过变量替换法、类比法等数学方法的学习应用,提高求解数学问题的能力

前面我们已学过一元函数积分学,其中的被积函数都是一元函数,积分范围是数轴上的区间,求的是与一元函数及区间有关的量.但是,在科学技术中,往往要计算与多元函数及平面或空间区域有关的量,如空间立体的体积,曲面面积,非均匀物体的质量、重心等,而这些量的计算,用定积分很难解决.18 世纪,随着对函数和极限研究的深入,伯努利、欧拉、拉格朗日、克雷尔、达朗贝尔、麦克劳林等数学家把定积分概念推广到了二重积分、三重积分,也对微积分基础作了深刻的研究.当被积函数是二元或三元函数,积分范围是平面或空间的区域时,这样的积分就是重积分.本章我们重点讨论二重积分的概念、计算及一些应用,二重积分是二元函数在平面区域上的积分,同定积分类似,是某种特定形式的和的极限.我们在学习这些新知识的时候,可以类比以前所学的定积分,找出二者之间的联系与区别.多元函数积分学有着广泛的应用,下面我们先看实例.

曲顶柱体的体积实例 曲顶柱体是这样的柱体,它的底是 xOy 面上的有界闭区域 D,它的侧面是以 D 的边界曲线为准线而母线平行于 z 轴的柱面,它的顶部是曲面 S(图 9.1).

设曲面 S 的方程为 $z=f(x,y) \geqslant 0$,现求曲顶柱体的体积,可分四步:分割、近似表示、求和、取极限.具体步

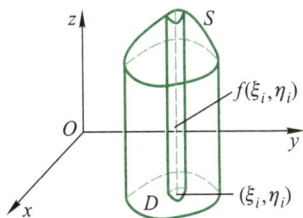

图 9.1

骤如下：

（1）用任意曲线网将区域 D 分割成 n 个小区域：
$$\Delta\sigma_1, \Delta\sigma_2, \cdots, \Delta\sigma_n,$$
同时用上述记号表示各个小区域的面积，相应地把曲顶柱体分为 n 个以 $\Delta\sigma_i$ 为底面、母线平行于 z 轴的小曲顶柱体，其体积记为 $\Delta V_i(i=1,2,\cdots,n)$.

（2）在每个小区域 $\Delta\sigma_i$ 上任取一点 $P(\xi_i,\eta_i)$，将第 i 个曲顶柱体的体积用高为 $f(\xi_i,\eta_i)$、底为 $\Delta\sigma_i$ 的平顶柱体的体积来近似表示，即
$$\Delta V_i \approx f(\xi_i,\eta_i)\Delta\sigma_i \quad (i=1,2,\cdots,n).$$

显然，它们之间存在一定的误差，且误差的大小与 $\Delta\sigma_i$ 的直径（$\Delta\sigma_i$ 的直径是指 $\Delta\sigma_i$ 中任意两点间的距离的最大值）有关，$\Delta\sigma_i$ 的直径越小，误差越小.

（3）求和，得曲顶柱体体积的近似值
$$V \approx \sum_{i=1}^{n} f(\xi_i,\eta_i)\Delta\sigma_i,$$
分割得越细它的误差越小.

（4）取极限，以 λ 表示 $\Delta\sigma_1, \Delta\sigma_2, \cdots, \Delta\sigma_n$ 中直径的最大值，称 λ 为细度. 当区域分割越来越细密，λ 越来越小时，一般说来和式 $\sum\limits_{i=1}^{n} f(\xi_i,\eta_i)\Delta\sigma_i$ 与曲顶柱体的体积就越来越接近. 因此，当 $\lambda \to 0$ 时，和式 $\sum\limits_{i=1}^{n} f(\xi_i,\eta_i)\Delta\sigma_i$ 的极限就是曲顶柱体的体积，即
$$V = \lim_{\lambda \to 0} \sum_{i=1}^{n} f(\xi_i,\eta_i)\Delta\sigma_i.$$

平板的质量实例 设 D 为 xOy 平面上的薄板（图 9.2），平板的质量分布不均匀. 已知在 $P(x,y)$ 处的质量面密度为 $\mu=\mu(x,y)\geq 0$，求此非均匀平板的质量. 同以上求曲顶柱体体积一样可分四步：分割、近似表示、求和、取极限. 求非均匀平板质量. 具体步骤如下：

（1）用任意曲线网将区域 D 分割成 n 个小区域：
$$\Delta\sigma_1, \Delta\sigma_2, \cdots, \Delta\sigma_n,$$
同时用上述记号表示各个小区域的面积，相应地把非均匀平板分为 n 个小平板，第 i 个平板质量记为 $\Delta m_i(i=1,2,\cdots,n)$.

（2）在每个小区域 $\Delta\sigma_i$ 上任取一点 $P(\xi_i,\eta_i)$，将第 i 个小平板近似看作是均匀平板，其质量可用 $\mu(\xi_i,\eta_i)\Delta\sigma_i$ 来近似表示. 即

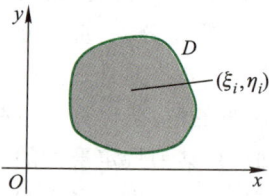

图 9.2

$$\Delta m_i \approx \mu(\xi_i,\eta_i)\Delta\sigma_i(i=1,2,\cdots,n),$$
显然，它们之间存在一定的误差，且 $\Delta\sigma_i$ 的直径越小，误差越小.

（3）求和，得非均匀平板的近似值
$$m \approx \sum_{i=1}^{n} \mu(\xi_i,\eta_i)\Delta\sigma_i,$$

分割得越细它的误差越小.

（4）取极限,以 λ 表示 $\Delta\sigma_1,\Delta\sigma_2,\cdots,\Delta\sigma_n$ 中直径的最大值,称 λ 为细度.当区域分割越来越细密,λ 越来越小时,一般说来和式 $\sum_{i=1}^{n}\mu(\xi_i,\eta_i)\Delta\sigma_i$ 与非均匀平板的质量就越来越接近.因此,当 $\lambda\to0$ 时,和式 $\sum_{i=1}^{n}\mu(\xi_i,\eta_i)\Delta\sigma_i$ 的极限就是非均匀平板的质量.即

$$m=\lim_{\lambda\to0}\sum_{i=1}^{n}\mu(\xi_i,\eta_i)\Delta\sigma_i.$$

从数学本质上看,以上两个问题的处理方法及运算结构是完全一样的,最后都归结到求二元函数的同一形式的和式的极限.

现把问题的具体背景脱离掉,抽象出处理这类问题的一般数学方法,从而得到数学上的二重积分概念.

第一节　二重积分的概念与性质

一、二重积分的定义

设 D 为平面上的有界闭区域,$z=f(x,y)$ 是定义在 D 上的一个二元函数.将 D 任意分割成 n 个小区域:$\Delta\sigma_1,\Delta\sigma_2,\cdots,\Delta\sigma_n$,同时也用 $\Delta\sigma_i(i=1,2,\cdots,n)$ 表示其面积,在每个小区域 $\Delta\sigma_i$ 上任取一点 $(\xi_i,\eta_i)(i=1,2,\cdots,n)$.作和式

$$\sum_{i=1}^{n}f(\xi_i,\eta_i)\Delta\sigma_i,$$

如果不论区域怎样分割,也不论怎样取点,只要当细度 $\lambda\to0$ 时（λ 表示 $\Delta\sigma_1,\Delta\sigma_2,\cdots,\Delta\sigma_n$ 中直径的最大值,$\Delta\sigma_i$ 的直径是指 $\Delta\sigma_i$ 中任意两点间的距离的最大值）,上述和式总趋于同一确定值 A 的话,则称 $f(x,y)$ 在 D 上**可积**,此极限值 A 为函数 $f(x,y)$ 在区域 D 上的**二重积分**,记为 $\iint\limits_{D}f(x,y)\mathrm{d}\sigma$,即

$$\iint\limits_{D}f(x,y)\mathrm{d}\sigma=\lim_{\lambda\to0}\sum_{i=1}^{n}f(\xi_i,\eta_i)\Delta\sigma_i.$$

并称 D 为积分区域,$f(x,y)$ 为**被积函数**,$f(x,y)\mathrm{d}\sigma$ 为**被积表达式**,$\mathrm{d}\sigma$ 为**面积元素**,x 与 y 为积分变量,$\sum_{i=1}^{n}f(\xi_i,\eta_i)\Delta\sigma_i$ 为积分和.

小贴士

在直角坐标系下,记 $\mathrm{d}\sigma=\mathrm{d}x\mathrm{d}y$.二重积分 $\iint\limits_{D}f(x,y)\mathrm{d}\sigma$ 记为 $\iint\limits_{D}f(x,y)\mathrm{d}x\mathrm{d}y$.

可以证明:当$f(x,y)$在有界闭区域D上连续时,$f(x,y)$在D上一定可积.

由二重积分的定义可知,前文中的曲顶柱体体积为$V=\iint\limits_{D}f(x,y)\mathrm{d}\sigma$;非均匀平板的质量为$m=\iint\limits_{D}\mu(x,y)\mathrm{d}\sigma$.

二重积分的几何意义是明显的,当被积函数$f(x,y)\geqslant0$时,$\iint\limits_{D}f(x,y)\mathrm{d}\sigma$表示曲顶柱体的体积.如果$f(x,y)$是负的,柱体就在$xOy$面的下方,二重积分的绝对值仍等于柱体的体积,但二重积分值是负的.如果$f(x,y)$在D的部分区域上是正的,而在其他区域上是负的,那么$f(x,y)$在D上的二重积分就等于xOy面上方的柱体体积减去xOy面下方的柱体体积所得之差.

? 请思考 ··

二重积分是定积分在平面上的推广,请思考二者的异同.

二、二重积分的性质

与定积分类似,二重积分有以下性质:

(1)常数因子可以从积分号里面提出来,即

$$\iint\limits_{D}kf(x,y)\mathrm{d}\sigma=k\iint\limits_{D}f(x,y)\mathrm{d}\sigma\,(k\text{ 为常数}).$$

(2)函数和、差的二重积分等于各个函数二重积分的和、差,即

$$\iint\limits_{D}[f(x,y)\pm g(x,y)]\mathrm{d}\sigma=\iint\limits_{D}f(x,y)\mathrm{d}\sigma\pm\iint\limits_{D}g(x,y)\mathrm{d}\sigma.$$

(3)二重积分具有区域的可加性,即如果D由D_1,D_2组成,则

$$\iint\limits_{D}f(x,y)\mathrm{d}\sigma=\iint\limits_{D_1}f(x,y)\mathrm{d}\sigma+\iint\limits_{D_2}f(x,y)\mathrm{d}\sigma.$$

(4)设在D上,$f(x,y)=1$,S为D的面积,则

$$\iint\limits_{D}f(x,y)\mathrm{d}\sigma=\iint\limits_{D}1\mathrm{d}\sigma=S.$$

习题 9.1

1. 二重积分的几何意义是什么?
2. 试用二重积分表示平面区域D的面积.
3. 试用二重积分表示球$x^2+y^2+z^2=R^2$的体积.
*4. 设平面薄板D是由$x+y=2$,$y=x$和x轴所围成的区域,它的面密度$\rho(x,y)=x^2+y^2$,用二重积分表示此薄板的质量.

二重积分的
概念与性质
测一测

第二节　二重积分的计算

二重积分计算的方法是从定义区域入手,将二重积分转化为两次定积分来计算.

一、直角坐标系下二重积分的计算

1. X 型区域和 Y 型区域

在直角坐标系下,为了能将二重积分化为两次定积分,故将平面区域分为两类.

若平面区域为

$$D=\{(x,y)\mid y_1(x)\leqslant y\leqslant y_2(x),a\leqslant x\leqslant b\},$$

则称此区域为 X 型区域(图 9.3).

若平面区域为

$$D=\{(x,y)\mid x_1(y)\leqslant x\leqslant x_2(y),c\leqslant y\leqslant d\},$$

则称此区域为 Y 型区域(图 9.4).

直角坐标系下二重积分的计算(一)

直角坐标系下二重积分的计算(二)

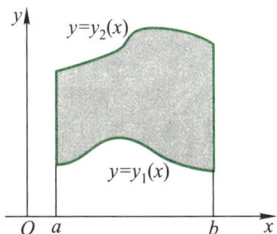

图 9.3

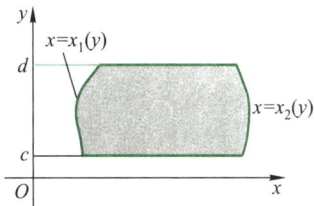

图 9.4

对于 X 型区域 D,其特点是垂直于 x 轴的直线 $x=x_0(a<x_0<b)$ 至多与区域 D 的边界交于两点.

而对于 Y 型区域 D,其特点是垂直于 y 轴的直线 $y=y_0(c<y_0<d)$ 至多与区域 D 的边界交于两点.

小贴士

任一区域都可分解为若干个 X 型区域与 Y 型区域之和.

请思考

如何将任意一个区域分解为几个 X 型区域与 Y 型区域之和?

例1 D 是由直线 $x=0, y=1$ 及 $y=x$ 围成的区域(图 9.5).试用集合表示.

解 D 可看作是 X 型区域,用集合表示为 $D = \{(x,y) \mid 0 \leqslant x \leqslant 1, x \leqslant y \leqslant 1\}$.

D 也可看作是 Y 型区域,用集合表示为 $D = \{(x,y) \mid 0 \leqslant y \leqslant 1, 0 \leqslant x \leqslant y\}$.

例2 D 是由直线 $y=2, y=x$ 和曲线 $xy=1$ 围成的区域(图 9.6).试用集合表示.

解 通过解方程,得交点坐标为

$$A\left(\frac{1}{2}, 2\right), \quad B(1,1), \quad C(2,2).$$

把 D 看作是 X 型区域时,D 可分解为 D_1 与 D_2 之和.用集合表示为

$$D = \left\{(x,y) \,\middle|\, \frac{1}{2} \leqslant x \leqslant 1, \frac{1}{x} \leqslant y \leqslant 2\right\} \cup$$
$$\{(x,y) \mid 1 \leqslant x \leqslant 2, x \leqslant y \leqslant 2\}.$$

把 D 看作是 Y 型区域时,用集合表示为

$$D = \left\{(x,y) \,\middle|\, 1 \leqslant y \leqslant 2, \frac{1}{y} \leqslant x \leqslant y\right\}.$$

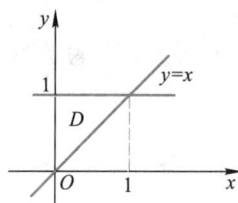

图 9.5

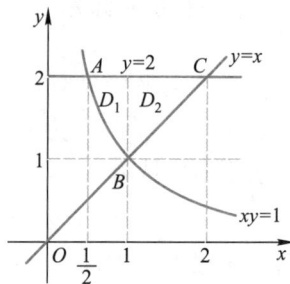

图 9.6

2. 直角坐标系下二重积分的计算方法

下面利用求曲顶柱体体积来说明二重积分的计算方法.

考虑如图 9.7 所示的曲顶柱体,其底面为 xOy 面上的 X 型区域 D,

$$D = \{(x,y) \mid y_1(x) \leqslant y \leqslant y_2(x), a \leqslant x \leqslant b\},$$

其中 $y=y_1(x)$ 与 $y=y_2(x)$ 为被直线 $x=a, x=b$ 所夹的 D 的上下两段边界曲线,顶面为 $z=f(x,y) \geqslant 0$.

如图 9.7、图 9.8 所示,用垂直于 x 轴的任一平面 $x=x_0 (a \leqslant x_0 \leqslant b)$ 去切割曲顶柱体,所得的截面是以 $z=f(x_0, y)(y_1(x_0) \leqslant y \leqslant y_2(x_0))$ 为曲边的曲边梯形,它的面积可用定积分表示为

$$\int_{y_1(x_0)}^{y_2(x_0)} f(x_0, y)\, \mathrm{d}y.$$

显然,它是 x_0 的函数,记作 $S(x_0)$.

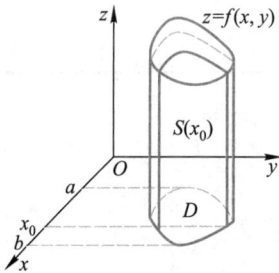

图 9.7

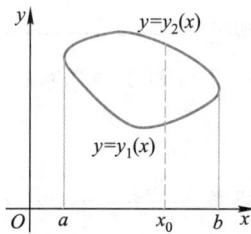

图 9.8

因为 x_0 是 a 与 b 之间的任一定值,所以可把 x_0 仍记作 x,对 y 积分时这个 x 看作常数,这就得到了在 x 处的截面面积

$$S(x) = \int_{y_1(x)}^{y_2(x)} f(x, y)\,\mathrm{d}y.$$

由于 x 的变化区间为 $[a, b]$,且 $S(x)\mathrm{d}x$ 为曲顶柱体中一个薄片的体积,所以整个曲顶柱体的体积 V 可以由这样的薄片体积 $S(x)\mathrm{d}x$ 从 $x = a$ 到 $x = b$ 无限累加而得,即

$$V = \int_a^b S(x)\,\mathrm{d}x = \int_a^b \left[\int_{y_1(x)}^{y_2(x)} f(x, y)\,\mathrm{d}y \right]\mathrm{d}x,$$

简记为

$$\int_a^b \mathrm{d}x \int_{y_1(x)}^{y_2(x)} f(x, y)\,\mathrm{d}y.$$

同时,由二重积分的几何意义可知

$$V = \iint\limits_D f(x, y)\,\mathrm{d}\sigma,$$

于是有

$$\iint\limits_D f(x, y)\,\mathrm{d}\sigma = \int_a^b \left[\int_{y_1(x)}^{y_2(x)} f(x, y)\,\mathrm{d}y \right]\mathrm{d}x = \int_a^b \mathrm{d}x \int_{y_1(x)}^{y_2(x)} f(x, y)\,\mathrm{d}y.$$

在直角坐标系下,二重积分 $\iint\limits_D f(x, y)\,\mathrm{d}\sigma$ 也可表示成 $\iint\limits_D f(x, y)\,\mathrm{d}x\mathrm{d}y$,从而有

$$\iint\limits_D f(x, y)\,\mathrm{d}\sigma = \iint\limits_D f(x, y)\,\mathrm{d}x\mathrm{d}y = \int_a^b \left[\int_{y_1(x)}^{y_2(x)} f(x, y)\,\mathrm{d}y \right]\mathrm{d}x = \int_a^b \mathrm{d}x \int_{y_1(x)}^{y_2(x)} f(x, y)\,\mathrm{d}y.$$

这就是先对 y,后对 x 的累次(二次)积分公式,在先对 y 积分时,应把 x 暂时固定,看作常数.

同理,如果区域 D 为 Y 型区域,即 $D = \{(x, y) \mid x_1(y) \leqslant x \leqslant x_2(y), c \leqslant y \leqslant d\}$. 此时二重积分转化为累次(二次)积分为

$$\iint\limits_D f(x, y)\,\mathrm{d}\sigma = \iint\limits_D f(x, y)\,\mathrm{d}x\mathrm{d}y = \int_c^d \left[\int_{x_1(y)}^{x_2(y)} f(x, y)\,\mathrm{d}x \right]\mathrm{d}y = \int_c^d \mathrm{d}y \int_{x_1(y)}^{x_2(y)} f(x, y)\,\mathrm{d}x.$$

这就是先对 x,后对 y 的累次积分公式,在先对 x 积分时,应把 y 暂时固定,看作常数.

综上所述,我们得到二重积分在直角坐标系中的计算公式:

(1) 当积分区域 D 为 X 型区域时,先对 y,后对 x 积分

$$\iint\limits_D f(x, y)\,\mathrm{d}\sigma = \iint\limits_D f(x, y)\,\mathrm{d}x\mathrm{d}y = \int_a^b \mathrm{d}x \int_{y_1(x)}^{y_2(x)} f(x, y)\,\mathrm{d}y;$$

(2) 当积分区域 D 为 Y 型区域时,先对 x,后对 y 积分

$$\iint\limits_D f(x, y)\,\mathrm{d}\sigma = \iint\limits_D f(x, y)\,\mathrm{d}x\mathrm{d}y = \int_c^d \mathrm{d}y \int_{x_1(y)}^{x_2(y)} f(x, y)\,\mathrm{d}x.$$

💡 **小贴士**

将二重积分化为二次积分时,确定积分限是一个关键.积分限是根据积分区域 D 来确定的,先画出积分区域 D 的图形.假如积分区域 D 是 X 型的,如图 9.3 所示,在区间 $[a, b]$ 上任意取定一个 x 值,积分区域上以这个 x 值为横坐标的点在一段直线上,这段直线平行于 y 轴,该线段上点的纵坐标从 $y_1(x)$ 变到 $y_2(x)$,这就是上述公式中先把 x 看作常量而对 y 积分时的上限和下限.因为上面的 x 值是在 $[a, b]$ 上任意取定的,所以再把 x 看作变量而对 x 积分时,积分区间就是 $[a, b]$.

⭐ **小点睛**

　　二重积分是通过转化为两次一元函数的定积分来计算的.这种化归的思想方法,在数学中普遍存在.

　　例 3　计算二重积分 $\displaystyle\iint_D \frac{1}{(x+y)^2}dxdy$,其中 $D = \{3 \leq x \leq 4, 1 \leq y \leq 2\}$.

　　解　因为积分区域为两对边分别平行于 x 轴、y 轴的正方形区域,故二重积分的次序可任意选取.

　　不妨先对 y,后对 x 积分,则有

$$\iint_D \frac{1}{(x+y)^2}dxdy = \int_3^4 dx \int_1^2 \frac{dy}{(x+y)^2} = \int_3^4 \left(\frac{1}{x+1} - \frac{1}{x+2}\right)dx$$

$$= \ln\frac{x+1}{x+2}\Big|_3^4 = \ln\frac{25}{24}.$$

　　例 4　计算二重积分 $\displaystyle\iint_D (4-x-y)dxdy$,其中 D 为由直线 $y=x, x=2$ 与 $y=0$ 所围成的三角形.

　　解　如图 9.9 所示,积分区域 D 既可看作是 X 型区域,又可看作是 Y 型区域.将二重积分化为先对 y 后对 x 的累次积分,得

$$\iint_D (4-x-y)dxdy = \int_0^2 dx \int_0^x (4-x-y)dy$$

$$= \int_0^2 \left(4y - xy - \frac{1}{2}y^2\right)\Big|_0^x dx$$

$$= \int_0^2 \left(4x - \frac{3}{2}x^2\right)dx$$

$$= \left(2x^2 - \frac{1}{2}x^3\right)\Big|_0^2 = 4.$$

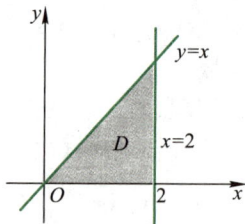

图 9.9

　　如果将二重积分化为先对 x 后对 y 的累次积分,那么

$$\iint_D (4-x-y)dxdy = \int_0^2 dy \int_y^2 (4-x-y)dx = \int_0^2 \left(4x - \frac{1}{2}x^2 - yx\right)\Big|_y^2 dy$$

$$= \int_0^2 \left(6 - 6y + \frac{3}{2}y^2\right)dy = \left(6y - 3y^2 + \frac{1}{2}y^3\right)\Big|_0^2 = 4.$$

　　例 5　计算二重积分 $\displaystyle\iint_D e^{-y^2}dxdy$,$D$ 为 $y=x, y=1$ 及 y 轴所围成的区域.

　　解　由于 D 既可看作是 X 型区域,又可看作是 Y 型区域(图 9.10),故理论上此二重积分既可先对 x 积分、后对 y 积分,也可先对 y 积分、后对 x 积分.

　　但若先对 y 积分再对 x 积分,积分 $\displaystyle\int e^{-y^2}dy$ 积不出来.

　　若先对 x 积分,则 e^{-y^2} 可视作常数,故

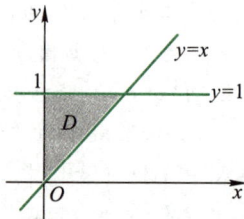

图 9.10

$$\iint\limits_{D} e^{-y^2} dx dy = \int_0^1 dy \int_0^y e^{-y^2} dx = \int_0^1 y e^{-y^2} dy$$

$$= -\frac{1}{2} (e^{-y^2}) \Big|_0^1 = \frac{1}{2} (1 - e^{-1}).$$

例 6 求 $\iint\limits_{D} y dx dy$，其中 D 是曲线 $x = y^2 + 1$，直线 $x = 0, y = 0$ 与 $y = 1$ 所围成的区域.

解 按题意，条件区域 D 如图 9.11 所示.若先对 y 积分，需要将积分区域分为两部分.

若先对 x 积分，则有

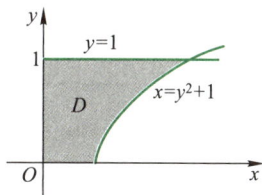

图 9.11

$$\iint\limits_{D} y dx dy = \int_0^1 dy \int_0^{y^2+1} y dx = \int_0^1 yx \Big|_0^{y^2+1} dy$$

$$= \int_0^1 y(y^2 + 1) dy = \frac{3}{4}.$$

🔖 小贴士 ━━━━━━

　　在直角坐标系下计算二重积分时，选择适当的积分次序非常重要，选得不好，积分计算可能很繁琐，甚至计算不出来.至于如何选择积分次序，主要是从被积函数及积分区域的特点去考虑.一般来说，首先要保证第一次积分能计算出结果，其次，尽量少划分积分区域，只要多划分一块区域，就要多算一个二次积分.如果被积函数不可直接积分或者有更少的积分区域划分方法，就要考虑交换积分次序了.

例 7 交换 $I = \int_0^1 dx \int_{-x}^{x^2} f(x, y) dy$ 的积分次序.

解 由题意此二重积分的积分区域表示为 X 型区域（图 9.12）：

$$D = \{(x, y) \mid -x \le y \le x^2, 0 \le x \le 1\}.$$

现将 D 转换表示成 Y 型区域

$$D = \{(x, y) \mid -y \le x \le 1, -1 \le y \le 0\} \cup$$
$$\{(x, y) \mid \sqrt{y} \le x \le 1, 0 \le y \le 1\},$$

从而有

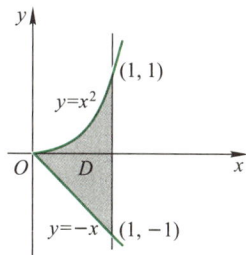

图 9.12

$$I = \int_{-1}^0 dy \int_{-y}^1 f(x, y) dx + \int_0^1 dy \int_{\sqrt{y}}^1 f(x, y) dx.$$

❓ 请思考 ⋯⋯⋯⋯⋯⋯⋯⋯⋯

　　每个二重积分都可以交换积分次序吗？

例 8 交换 $I = \int_0^1 dx \int_0^{x^2} f(x, y) dy + \int_1^2 dx \int_0^{2-x} f(x, y) dy$ 的积分次序.

解 所给积分由两部分组成，设它们的积分区域分别为 D_1, D_2，它们均为 X 型区

域(图 9.13).其中
$$D_1 = \{(x,y) \mid 0 \leqslant y \leqslant x^2, 0 \leqslant x \leqslant 1\},$$
$$D_2 = \{(x,y) \mid 0 \leqslant y \leqslant 2-x, 1 \leqslant x \leqslant 2\}.$$

现将 D_1, D_2 合并为 D,并将 D 表示为 Y 型区域:
$$D = \{(x,y) \mid \sqrt{y} \leqslant x \leqslant 2-y, 0 \leqslant y \leqslant 1\}.$$

所以将 I 交换积分次序后有
$$I = \int_0^1 \mathrm{d}y \int_{\sqrt{y}}^{2-y} f(x,y)\,\mathrm{d}x.$$

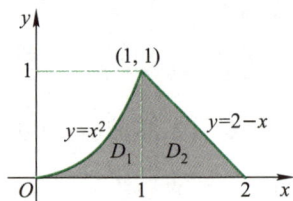

图 9.13

📖 小贴士

　　有的积分区域 D 并不是单一的 X 型区域或者 Y 型区域,则在计算这种类型的二重积分时,应先把区域 D 分解为若干个 X 型区域与 Y 型区域之和,然后在每个区域内分别积分,最后求其和.

　　例 9　设 D 是 xOy 平面上以 $(1,1),(-1,1)$ 和 $(-1,-1)$ 为顶点的三角形区域,D_1 是 D 在第一象限的部分,则 $\iint\limits_D (xy + \cos x \sin y)\mathrm{d}x\mathrm{d}y = ($ 　　$).$

A. $2\iint\limits_{D_1} \cos x \sin y \mathrm{d}x\mathrm{d}y$　　　　B. $2\iint\limits_{D_1} xy\mathrm{d}x\mathrm{d}y$

C. $4\iint\limits_{D_1} (xy + \cos x \sin y)\mathrm{d}x\mathrm{d}y$　　　　D. 0

　　解　如图 9.14 所示,将区域 D 分为四个部分 $D_1,$ D_2, D_3 和 D_4(D_1 与 D_2 关于 y 轴对称,D_3 与 D_4 关于 x 轴对称),记
$$I = \iint\limits_D (xy + \cos x \sin y)\mathrm{d}x\mathrm{d}y,$$

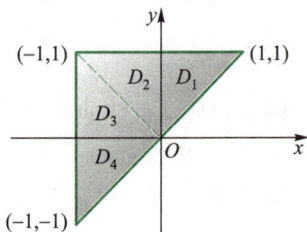

图 9.14

则 $I = I_1 + I_2$,其中
$$I_1 = \iint\limits_D xy\mathrm{d}x\mathrm{d}y, I_2 = \iint\limits_D \cos x \sin y \mathrm{d}x\mathrm{d}y.$$

因为 $z = xy$ 关于 x 和关于 y 都是奇函数,故
$$I_1 = \iint\limits_D xy\mathrm{d}x\mathrm{d}y = \iint\limits_{D_1+D_2} xy\mathrm{d}x\mathrm{d}y + \iint\limits_{D_3+D_4} xy\mathrm{d}x\mathrm{d}y$$
$$= 0 + 0 = 0.$$

又因为 $z = \cos x \sin y$ 是关于 x 的偶函数,关于 y 的奇函数,故
$$I_2 = \iint\limits_D \cos x \sin y \mathrm{d}x\mathrm{d}y = \iint\limits_{D_1+D_2} \cos x \sin y \mathrm{d}x\mathrm{d}y + \iint\limits_{D_3+D_4} \cos x \sin y \mathrm{d}x\mathrm{d}y$$
$$= 2\iint\limits_{D_1} \cos x \sin y \mathrm{d}x\mathrm{d}y + 0 = 2\iint\limits_{D_1} \cos x \sin y \mathrm{d}x\mathrm{d}y.$$

所以 $I = I_1 + I_2 = 2\iint\limits_{D_1} \cos x \sin y \mathrm{d}x\mathrm{d}y$,选 A.

> 🔖 **小贴士** ─────────────────────

在分析问题和计算时常用到对称性质：

（1）设区域 D 关于 x 轴对称，D_1 为 D 在 x 轴上方的部分，如果函数 $f(x,y)$ 关于 y 为偶函数（即 $f(x,-y)=f(x,y)$），则 $\iint\limits_D f(x,y)\,\mathrm{d}x\mathrm{d}y = 2\iint\limits_{D_1} f(x,y)\,\mathrm{d}x\mathrm{d}y$（图 9.15（a））.

设区域 D 关于 x 轴对称，D_1 为 D 在 x 轴上方的部分，如果函数 $f(x,y)$ 关于 y 为奇函数（即 $f(x,-y)=-f(x,y)$），则 $\iint\limits_D f(x,y)\,\mathrm{d}x\mathrm{d}y = 0$（图 9.15（b）和图 9.16）.

（2）设区域 D 关于 y 轴对称，D_1 为 D 在 y 轴右侧的部分，如果函数 $f(x,y)$ 关于 x 为偶函数（即 $f(-x,y)=f(x,y)$），则 $\iint\limits_D f(x,y)\,\mathrm{d}x\mathrm{d}y = 2\iint\limits_{D_1} f(x,y)\,\mathrm{d}x\mathrm{d}y$.

设区域 D 关于 y 轴对称，D_1 为 D 在 y 轴右侧的部分，如果函数 $f(x,y)$ 关于 x 为奇函数（即 $f(-x,y)=-f(x,y)$），则 $\iint\limits_D f(x,y)\,\mathrm{d}x\mathrm{d}y = 0$.

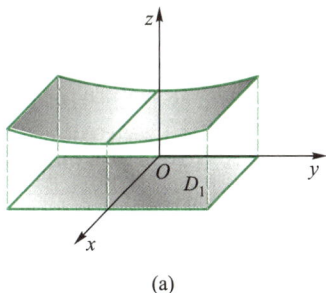 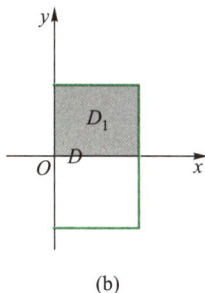 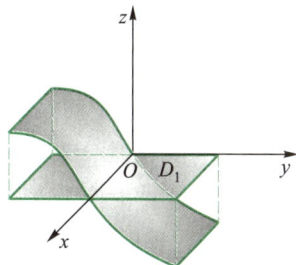

(a)　　　　　　　　(b)

图 9.15　　　　　　　　　　　　　　　图 9.16

二、极坐标系下二重积分的计算

对积分区域是圆域或圆域的一部分或被积函数的形式为 $f(x^2+y^2)$，$f\left(\dfrac{y}{x}\right)$ 等的积分，采用极坐标计算会简便得多.下面介绍二重积分在极坐标系下的计算方法.

在直角坐标系中，我们可用平行于 x 轴和 y 轴的两族直线来分割区域为一系列小矩形，此时的面积元素 $\mathrm{d}\sigma = \mathrm{d}x\mathrm{d}y$，从而有

$$\iint\limits_D f(x,y)\,\mathrm{d}\sigma = \iint\limits_D f(x,y)\,\mathrm{d}x\mathrm{d}y.$$

在极坐标系中，点的坐标是 (ρ,θ)，现用以极点为圆心的同心圆，以极点为起点的射线族来分割区域 D（图 9.17），在这种分割下，当 $\mathrm{d}\theta\to 0$，$\mathrm{d}\rho\to 0$ 时，小区域 $\mathrm{d}\sigma$ 可近似看作一条边长是 $\mathrm{d}\rho$，另一条边长是 $\rho\mathrm{d}\theta$ 的一个小矩形.于是有面积元素为 $\rho\mathrm{d}\rho\mathrm{d}\theta$，即 $\mathrm{d}\sigma = \rho\mathrm{d}\rho\mathrm{d}\theta$（图 9.18）.

极坐标系下二重积分的计算

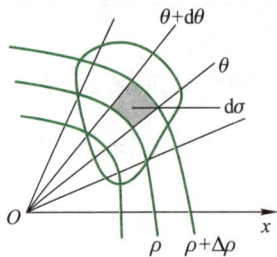

图 9.17

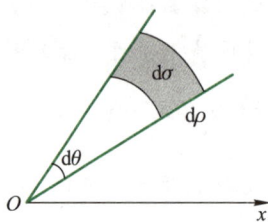

图 9.18

在极坐标下,$x=\rho\cos\theta$,$y=\rho\sin\theta$,故被积函数 $f(x,y)$ 的表达式为

$$f(x,y)=f(\rho\cos\theta,\rho\sin\theta),$$

从而有

$$\iint\limits_{D}f(x,y)\,\mathrm{d}\sigma = \iint\limits_{D}f(\rho\cos\theta,\rho\sin\theta)\rho\,\mathrm{d}\rho\,\mathrm{d}\theta.$$

小贴士

这个公式可以这样来记忆:

(1) 被积函数中的 x,y 分别用 $\rho\cos\theta$,$\rho\sin\theta$ 代替;

(2) 把面积元素 $\mathrm{d}\sigma$ 换成 $\rho\,\mathrm{d}\rho\,\mathrm{d}\theta$.

在极坐标系下,二重积分同样是要化为二次积分来计算,可分三种情况来讨论:

(1) 极点在区域 D 之外,这时区域 D 可表示为

$$D=\left\{(\rho,\theta)\,\middle|\,\rho_1(\theta)\leqslant\rho\leqslant\rho_2(\theta),\alpha\leqslant\theta\leqslant\beta\right\}(\text{图 }9.19),$$

此时

$$\iint\limits_{D}f(\rho\cos\theta,\rho\sin\theta)\rho\,\mathrm{d}\rho\,\mathrm{d}\theta = \int_{\alpha}^{\beta}\mathrm{d}\theta\int_{\rho_1(\theta)}^{\rho_2(\theta)}f(\rho\cos\theta,\rho\sin\theta)\rho\,\mathrm{d}\rho.$$

(2) 极点在区域 D 内,区域 D 的边界线方程为 $\rho=\rho(\theta)$,这时区域 D 可表示为

$$D=\left\{(\rho,\theta)\,\middle|\,0\leqslant\rho\leqslant\rho(\theta),0\leqslant\theta\leqslant2\pi\right\}(\text{图 }9.20),$$

此时

$$\iint\limits_{D}f(\rho\cos\theta,\rho\sin\theta)\rho\,\mathrm{d}\rho\,\mathrm{d}\theta = \int_{0}^{2\pi}\mathrm{d}\theta\int_{0}^{\rho(\theta)}f(\rho\cos\theta,\rho\sin\theta)\rho\,\mathrm{d}\rho.$$

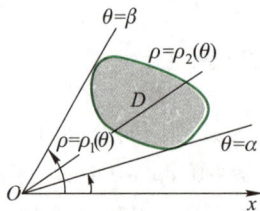

图 9.19

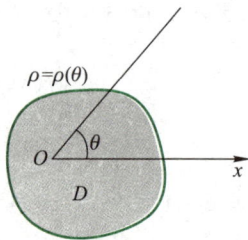

图 9.20

（3）极点在区域 D 的边界上,区域 D 的边界线方程为 $\rho=\rho(\theta)$,这时区域 D 可表示为

$$D=\{(\rho,\theta)\mid 0\leqslant\rho\leqslant\rho(\theta),\alpha\leqslant\theta\leqslant\beta\}\,(图9.21),$$

此时

$$\iint\limits_{D}f(\rho\cos\theta,\rho\sin\theta)\rho\mathrm{d}\rho\mathrm{d}\theta=\int_{\alpha}^{\beta}\mathrm{d}\theta\int_{0}^{\rho(\theta)}f(\rho\cos\theta,\rho\sin\theta)\rho\mathrm{d}\rho.$$

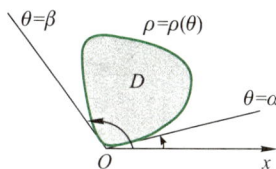

图 9.21

📖 **小贴士**

极坐标系下,二次积分的积分限的确定,与直角坐标系下的积分限的确定的方法类似.只不过,这里一般先积 ρ,后积 θ.

例 10　计算二重积分 $\iint\limits_{D}x^2\mathrm{d}x\mathrm{d}y$,其中区域 D 为圆环域 $1\leqslant x^2+y^2\leqslant 4$.

解　积分区域 D 为圆环域,极点在区域 D 外面,在极坐标系下,积分区域 D 的外环方程为 $\rho=2$,内环方程为 $\rho=1$,因而区域 D 的极坐标表示为

$$D=\{(\rho,\theta)\mid 1\leqslant\rho\leqslant2,0\leqslant\theta\leqslant2\pi\}\,(图9.22),$$

从而有

$$\iint\limits_{D}x^2\mathrm{d}x\mathrm{d}y=\int_{0}^{2\pi}\mathrm{d}\theta\int_{1}^{2}(\rho\cos\theta)^2\rho\mathrm{d}\rho$$

$$=\int_{0}^{2\pi}\cos^2\theta\mathrm{d}\theta\int_{1}^{2}\rho^3\mathrm{d}\rho=\frac{15}{4}\pi.$$

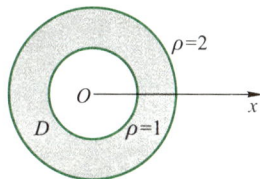

图 9.22

例 11　计算二重积分 $\iint\limits_{D}\mathrm{e}^{-x^2-y^2}\mathrm{d}x\mathrm{d}y$,其中 D 为圆域 $x^2+y^2\leqslant 1$.

解　因为 $\int\mathrm{e}^{-x^2}\mathrm{d}x$ 不能用初等函数表示,因而本题如果在直角坐标系下进行求解,难以求出.

现在极坐标系下进行求解,此时积分区域 D 表示为

$$D=\{(\rho,\theta)\mid 0\leqslant\rho\leqslant1,0\leqslant\theta\leqslant2\pi\},$$

从而有

$$\iint\limits_{D}\mathrm{e}^{-x^2-y^2}\mathrm{d}x\mathrm{d}y=\int_{0}^{2\pi}\mathrm{d}\theta\int_{0}^{1}\mathrm{e}^{-\rho^2}\rho\mathrm{d}\rho=-\frac{1}{2}\int_{0}^{2\pi}\mathrm{e}^{-\rho^2}\Big|_{0}^{1}\mathrm{d}\theta$$

$$=-\frac{1}{2}\int_{0}^{2\pi}(\mathrm{e}^{-1}-1)\mathrm{d}\theta=\pi(1-\mathrm{e}^{-1}).$$

例 12　计算二重积分 $\iint\limits_{D}y\mathrm{d}x\mathrm{d}y$,其中 D 为 $x^2+y^2=2ax$ 与 x 轴围成的上半圆.

解　直角坐标系下方程为 $x^2+y^2=2ax$ 的圆在极坐标系下方程为 $\rho=2a\cos\theta$.根据题意,在极坐标系下,积分区域 D 可表示为

$$D = \left\{ (\rho, \theta) \mid 0 \leqslant \rho \leqslant 2a\cos\theta, 0 \leqslant \theta \leqslant \frac{\pi}{2} \right\},$$

因而，

$$\iint\limits_{D} y \, dx \, dy = \int_{0}^{\frac{\pi}{2}} d\theta \int_{0}^{2a\cos\theta} \rho \sin\theta \rho \, d\rho = \frac{1}{3} \int_{0}^{\frac{\pi}{2}} \rho^{3} \bigg|_{0}^{2a\cos\theta} \sin\theta \, d\theta$$

$$= \frac{8}{3} a^{3} \int_{0}^{\frac{\pi}{2}} \cos^{3}\theta \sin\theta \, d\theta = -\frac{2}{3} a^{3} \cos^{4}\theta \bigg|_{0}^{\frac{\pi}{2}} = \frac{2}{3} a^{3}.$$

例 13　求由 $z = x^2 + y^2$ 与 $z = 1$ 所围成的立体的体积.

解　把所求立体投影到 xOy 平面，得一个以原点为中心，1 为半径的圆域 D（图 9.23）.

可以看出，所求立体体积等于以 D 为底、高为 1 的圆柱体体积与以曲面 $z = x^2 + y^2$ 为曲顶、D 为底的曲顶柱体体积之差.

圆柱体体积 $V_1 = \pi$.

曲顶柱体体积 $V_2 = \iint\limits_{D} (x^2 + y^2) \, d\sigma.$

将 V_2 化成极坐标计算得

图 9.23

$$V_2 = \int_{0}^{2\pi} d\theta \int_{0}^{1} \rho^2 \rho \, d\rho = \frac{1}{4} \int_{0}^{2\pi} d\theta = \frac{\pi}{2}.$$

因而，所求立体体积为

$$V = V_1 - V_2 = \pi - \frac{\pi}{2} = \frac{\pi}{2}.$$

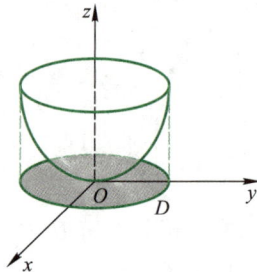

习题 9.2

1. 计算下列累次积分：

（1）$\displaystyle\int_{0}^{2} dy \int_{0}^{1} (x^2 + 2y) \, dx.$

（2）$\displaystyle\int_{1}^{2} dx \int_{\frac{1}{x}}^{x} \frac{x^2}{y^2} \, dy.$

（3）$\displaystyle\int_{0}^{1} dx \int_{0}^{\frac{\pi}{2}} \sqrt{x} \cos y \, dy.$

（4）$\displaystyle\int_{0}^{\frac{3}{2}} dy \int_{0}^{1} (4 - x^2 - y^2) \, dx.$

（5）$\displaystyle\int_{0}^{2\pi} d\theta \int_{0}^{a} r e^{-r^2} \, dr.$

（6）$\displaystyle\int_{0}^{2\pi} \int_{a}^{b} \rho^3 \, d\rho \, d\theta.$

2. 交换积分次序：

（1）$\displaystyle\int_{-1}^{2} dx \int_{x^2}^{x+2} f(x,y) \, dy.$

（2）$\displaystyle\int_{0}^{1} \int_{y}^{\sqrt{y}} f(x,y) \, dx \, dy.$

（3）$\displaystyle\int_{-1}^{0} dy \int_{-y}^{1} f(x,y) \, dx + \int_{0}^{1} dy \int_{\sqrt{y}}^{1} f(x,y) \, dx.$

*（4）$\displaystyle\int_{0}^{2a} dx \int_{\sqrt{2ax-x^2}}^{\sqrt{2ax}} f(x,y) \, dy.$

*（5）$\displaystyle\int_{0}^{1} dx \int_{x^2}^{2-x} f(x,y) \, dy.$

*（6）$\displaystyle\int_{0}^{1} dx \int_{0}^{x^2} f(x,y) \, dy + \int_{1}^{3} dx \int_{0}^{\frac{1}{2}(3-x)} f(x,y) \, dy.$

3. 计算下列二重积分:

(1) $\iint\limits_{D}\cos(x+y)\mathrm{d}x\mathrm{d}y$,其中 D 是由 $x=0,y=\pi,y=x$ 所围成的区域.

(2) $\iint\limits_{D}(x^2+y)\mathrm{d}x\mathrm{d}y$,其中 D 是由 $y=x^2,y^2=x$ 所围成的区域.

(3) $\iint\limits_{D}\dfrac{x^2}{y^3}\mathrm{d}x\mathrm{d}y$,其中 D 是由 $x=2,y=x,xy=1$ 所围成的区域.

(4) $\iint\limits_{D}\mathrm{e}^{-y^2}\mathrm{d}x\mathrm{d}y$,其中 D 是以 $O(0,0),A(1,1),B(0,1)$ 为顶点的三角形区域.

(5) $\iint\limits_{D}x\sqrt{y}\,\mathrm{d}\sigma$,其中 D 是由两条抛物线 $y=x^2,x=y^2$ 所围成的区域.

(6) $\iint\limits_{D}\sin\sqrt{x^2+y^2}\,\mathrm{d}\sigma$,其中 D 是由圆环 $\pi^2\leqslant x^2+y^2\leqslant 4\pi^2$ 所围成的区域.

(7) $\iint\limits_{D}\sqrt{1-x^2-y^2}\,\mathrm{d}x\mathrm{d}y$,其中 D 是由 $x^2+y^2\leqslant 1$ 与 $y\geqslant 0$ 所围成的区域.

(8) $\iint\limits_{D}\arctan\dfrac{y}{x}\mathrm{d}x\mathrm{d}y$,其中 D 是由 $x^2+y^2\leqslant 4,x^2+y^2\geqslant 1,y\leqslant x,y\geqslant 0$ 所围成的区域.

*4. 求由旋转抛物面 $z=1-x^2-y^2$ 与平面 $z=0$ 围成的立体的体积.

*5. 求由平面 $x+y+z=1$ 及三个坐标面围成的立体的体积.

*6. 设平面薄板所占 xOy 平面上的区域为 $1\leqslant x^2+y^2\leqslant 4,x\geqslant 0,y\geqslant 0$,其面密度为 $u(x,y)=x^2+y^2$,求薄板的质量 m.

■ 第三节 数学思想方法选讲——变量代换法

一、变量代换法的概念

变量代换法又称换元法,即根据所要求解的式子的结构特征,巧妙地设置新的变量来替代原来表达式中的某些式子或变量,对新的变量求出结果后,返回去再求出原变量的结果.变量代换法通过引入新的变量,将分散的条件联系起来,使超越式化为有理式、高次式化为低次式、隐性关系式化为显性关系式,从而达到化繁为简、变未知为已知的目的.变量代换法是数学中解决许多问题的重要方法,它对于推动数学本身的发展功不可没.就解决问题而言,在许多情况下,变量代换法的思维方式更具有改变解决问题方法结构性的创新.

二、变量代换法在高等数学中的应用

在大学数学课程的知识体系中,除了基本概念和定理之外,最重要的是各种类型运算的训练,可归纳为五种类型:极限运算、导数运算、积分运算、级数运算和微分方程的求解等.各类运算的基本形式可以利用公式直接求解,但是许多问题都会涉及复杂形式的计算或者不能直接利用公式来求解的运算,这就需要用某种方法进行形式转换,使问题变为易于求解的形式,这就是变量代换法.变量代换法是一种常用的数学方法和基本运算技巧,该方法不仅能开拓解题思路,而且可以化难为易、化繁为简.

(一) 用变量代换求极限

1. 利用变量代换得到第一个重要极限 $\lim\limits_{x \to 0}\dfrac{\sin x}{x}=1$ 的其他变形

例如,令 $x=f(t)$ 且 $\lim f(t)=0$,则有 $\lim\dfrac{\sin f(t)}{f(t)}=1$.

2. 利用变量代换得到第二个重要极限 $\lim\limits_{x \to \infty}\left(1+\dfrac{1}{x}\right)^{x}=e$ 的变形

$$\lim\left(1+\dfrac{1}{f(x)}\right)^{f(x)}=e,$$

其中 $\lim f(x)=\infty$.

3. 无理根式形式的极限问题

例如:求 $\lim\limits_{x \to 4}\dfrac{\sqrt{1+2x}-3}{x-4}$.可作变量代换:$\sqrt{1+2x}-3=t$(也可利用有理化法求得极限).

4. 其他类型.

有些函数求极限不能直接运用求极限的运算法则,可依题意作适当变换,转化为熟悉的形式求出极限.

例 1 求 $\lim\limits_{x \to 0^{+}}\dfrac{e^{\frac{1}{x}}+e^{-\frac{1}{x}}}{e^{\frac{1}{x}}-e^{-\frac{1}{x}}}$.

解 作变量代换,令 $e^{\frac{1}{x}}=t$,则有

$$\lim\limits_{x \to 0^{+}}\dfrac{e^{\frac{1}{x}}+e^{-\frac{1}{x}}}{e^{\frac{1}{x}}-e^{-\frac{1}{x}}}=\lim\limits_{t \to +\infty}\dfrac{t^{2}+1}{t^{2}-1}=1.$$

(二) 用变量代换求导数

1. 一元或多元复合函数求导

例 2 设 $z=f(x^{2}+y^{2},x\sin y)$,且具有连续偏导数,求 $\dfrac{\partial z}{\partial x}$.

解 令 $u=x^{2}+y^{2},v=x\sin y$,则有

$$z=f(u,v).$$

由复合函数的链式求导法则得

$$\dfrac{\partial z}{\partial x}=\dfrac{\partial z}{\partial u}\dfrac{\partial u}{\partial x}+\dfrac{\partial z}{\partial v}\dfrac{\partial v}{\partial x}=f_{u}'2x+f_{v}'\sin y=2xf_{u}'+\sin yf_{v}'.$$

2. 积分上限函数求导

例 3 设 $\varphi(x)=\displaystyle\int_{a}^{u(x)}f(t)\mathrm{d}t$,求 $\dfrac{\mathrm{d}\varphi}{\mathrm{d}x}$.

解　令 $\varphi = \varphi(u), u = u(x)$，由一元函数的求导法则可得

$$\frac{\mathrm{d}\varphi}{\mathrm{d}x} = \frac{\mathrm{d}\varphi}{\mathrm{d}u} \cdot \frac{\mathrm{d}u}{\mathrm{d}x} = f[u(x)]u'(x).$$

3. 利用函数导数求单调性、极值

例 4　已知函数 $f(x) = \mathrm{e}^{x^2 - 2x}$，求函数的单调区间.

分析　函数看作由 $f(x) = \mathrm{e}^{u}, u = x^2 - 2x$ 两个函数复合而成，而函数 $f(x) = \mathrm{e}^{u}$ 是一个单调递增函数，将问题转化为求函数 $u = x^2 - 2x$ 单调区间.

（三）用变量代换求积分

1. 三角函数代换

被积函数中含有 $\sqrt{a^2 - x^2}, \sqrt{a^2 + x^2}, \sqrt{x^2 - a^2}$，分别作变量代换：$x = a\sin t, x = a\tan t, x = a\sec t$，将根式去掉变成三角函数的积分，最后作变量还原.

2. 倒数代换

例 5　$I = \displaystyle\int \frac{x^2 - 2x + 3}{(x - 2)^{100}} \mathrm{d}x.$

解　令 $x - 2 = \dfrac{1}{t}$，得

$$I = \int t^{100} \left[\left(2 + \frac{1}{t} \right)^2 - 2\left(2 + \frac{1}{t} \right) + 3 \right] \left(-\frac{1}{t^2} \right) \mathrm{d}t = -\int \left(2t^{97} + t^{96} + 3t^{98} \right) \mathrm{d}t$$

$$= -\frac{t^{98}}{49} - \frac{t^{97}}{97} - \frac{t^{99}}{33} + C = -\frac{1}{33(x-2)^{99}} - \frac{1}{97(x-2)^{97}} - \frac{1}{49(x-2)^{98}} + C.$$

3. 指数代换

当被积函数是由 a^x 所构成的代数式的积分时，一般采用指数代换即令 $t = a^x$ 来求解.

例 6　$I = \displaystyle\int \frac{1}{\mathrm{e}^{\frac{x}{2}} + \mathrm{e}^x} \mathrm{d}x.$

解　令 $\mathrm{e}^{\frac{x}{2}} = t$，则 $x = 2\ln t$，有

$$I = \int \frac{1}{t + t^2} \cdot \frac{2}{t} \mathrm{d}t = 2\int \left(\frac{1}{t^2} - \frac{1}{t} + \frac{1}{1+t} \right) \mathrm{d}t$$

$$= 2\left[-\frac{1}{t} - \ln t + \ln(1+t) \right] + C = -2\mathrm{e}^{-\frac{x}{2}} - x + 2\ln\left(1 + \mathrm{e}^{\frac{x}{2}} \right) + C.$$

三、变量代换法在二重积分计算中的应用

换元法是计算定积分的重要方法，它也是计算重积分的重要方法. 由于二重积分的积分区域是平面上的区域，它比定积分的积分区间复杂得多，因此二重积分的换元法不仅要简化被积函数，更重要的是简化积分区域.

关于二重积分的变量代换，有如下定理.

定理　设 $f(x, y)$ 在 D 上连续，$x = x(u, v), y = y(u, v)$ 在平面 uOv 上的某区域 D' 上

具有连续的一阶偏导数,且雅可比行列式 $J(u,v) = \begin{vmatrix} \dfrac{\partial x}{\partial u} & \dfrac{\partial x}{\partial v} \\ \dfrac{\partial y}{\partial u} & \dfrac{\partial y}{\partial v} \end{vmatrix} = \dfrac{\partial(x,y)}{\partial(u,v)} \neq 0, D'$ 对应于

xOy 平面上的区域 D,则

$$\iint\limits_D f(x,y)\,dxdy = \iint\limits_{D'} f[x(u,v),y(u,v)]\,|J(u,v)|\,dudv, \tag{1}$$

公式(1)称为二重积分的换元公式.

定理剖析:从几何的角度看,函数组 $\begin{cases} x=x(u,v), \\ y=y(u,v) \end{cases}$ 是一种变换,它把 xOy 平面上的区域变为 uOv 平面上的区域. 在这个变换之下其面积微元之比正好为函数组 $\begin{cases} x=x(u,v), \\ y=y(u,v) \end{cases}$ 的雅可比的绝对值: $\dfrac{d\sigma_{xy}}{d\sigma_{uv}} = |J(u,v)|$, 即 $d\sigma_{xy} = |J(u,v)|\,d\sigma_{uv}$. 这就是二重积分换元法的内涵.

要点:当二重积分中积分区域的边界方程较复杂无法画出图形,也无法确定累次积分的积分限时,常考虑应用上面定理换元.

根据上面定理可以直接推导出一个应用广泛的重要结论:二重积分的极坐标代换.

例 7　求 $\iint\limits_D e^{\frac{x-y}{x+y}}\,dxdy$,其中 D 是由 $x=0, y=0, x+y+1$ 所围区域.

解　为了简化被积函数,令 $u=x-y, v=x+y$,为此作变换

$$T: x=\frac{1}{2}(u+v), y=\frac{1}{2}(v-u),$$

则

$$J(u,v) = \begin{vmatrix} \dfrac{1}{2} & \dfrac{1}{2} \\ -\dfrac{1}{2} & \dfrac{1}{2} \end{vmatrix} = \frac{1}{2} > 0.$$

在变换 T 的作用下,区域 D 可以表示为: $0 \leqslant v \leqslant 1, -v \leqslant u \leqslant v$,于是:

$$\iint\limits_D e^{\frac{x-y}{x+y}}\,dxdy = \iint\limits_{D'} e^{\frac{u}{v}} \frac{1}{2}\,dudv = \frac{1}{2}\int_0^1 dv \int_{-v}^v e^{\frac{u}{v}}\,du$$

$$= \frac{1}{2}\int_0^1 v(e - e^{-1})\,dv = \frac{e - e^{-1}}{4}.$$

第四节　数学实验(九)——MATLAB 计算二重积分

在 MATLAB 中主要用函数 int 进行符号积分,其常用的调用格式为:int(f,x,a,b),计算符号表达式 f 对变量 x 在区间[a,b]上的积分值.

MATLAB 没有提供命令来直接计算二元函数的积分,而是把二重积分转换成二次积分来计算.例如计算二重积分 $\int_c^d \int_a^b f(x,y)\,\mathrm{d}x\mathrm{d}y$ 可用命令 int(int(f,x,a,b),y,c,d) 来计算(或者先求 fx = int(f,x,a,b),再求重积分 int(fx,y,c,d)).

例 1　计算积分 $\int_1^2 \int_{2-x}^{\sqrt{2x-x^2}} xy\,\mathrm{d}y\mathrm{d}x.$

解　在 MATLAB 中输入:

```
>> syms x y;
>> f = x * y;
>> int(int(f, y, 2-x, sqrt(2 * x-x^2)), x, 1, 2)
```

运算结果为

```
    ans = 1 / 4
```

即原积分等于 $\dfrac{1}{4}$.

例 2　计算二重积分 $\iint_D (1 + x^2)y\,\mathrm{d}x\mathrm{d}y$,其中积分区域 D 是圆 $x^2 + y^2 = 1$ 在第一象限中的区域.

解　在 MATLAB 中输入:

```
>> syms x y;
>> f = (1+x^2) * y;
>> xmin = 0;
>> xmax = 1;
>> ymin = 0;
>> ymax = sqrt(1-x^2);
>> fy = int(f, y, ymin, ymax);
>> val = int(fy, x, xmin, xmax);
```

运算结果为

```
    ans = 2 / 5
```

即原积分等于 $\dfrac{2}{5}$.

例 3　计算 $\iint_{D_{xy}} \dfrac{\sin(x + y)}{x + y}\,\mathrm{d}\sigma$,其中 D_{xy} 是由曲线 $x = y^2, y = x - 2$ 所围成的平面区域.

解　我们首先在 MATLAB 中画出积分区域的图形,输入程序如下:

```
>>syms x y
>> f1 = x-y^2;
>> f2 = x-y-2;
>> fimplicit(f1)    % 在默认区间 [-5 5]上绘制 f1(x,y) = 0 定义的隐函数
>> hold on          % 设置图形保持状态
>> fimplicit (f2)
```

```
>>hold off              % 关闭图形保持状态
>>axis([-0.5 5 -1.5 3])         % 设置坐标轴的长度即坐标轴的范围
>>title('由 x=y^2 和 y=x-2 所围成的积分区域 Dxy')      % 加图形标题
```
运行后所得区域如图 9.24 所示.

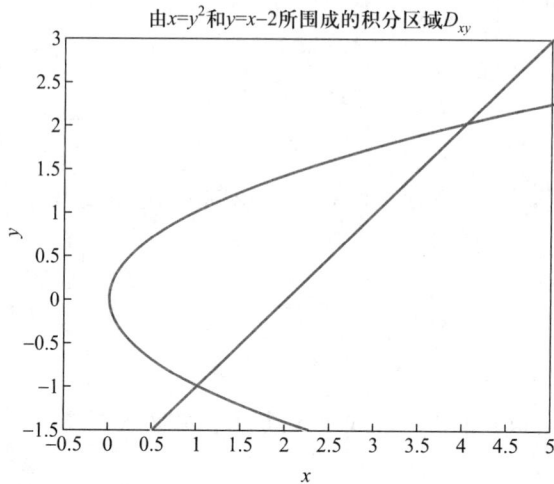

图 9.24

确定积分限, 程序如下:

```
>>syms x y
>>y1=x-y^2==0;
>>y2=x-y-2==0;
>>[x,y]=solve(y1,y2,x,y)
```

运行后屏幕显示两条曲线, $x=y^2$ 与 $y=x-2$ 的交点如下:

```
x =
    1
    4
y =
    -1
    2
```

输入计算程序如下:

```
>>syms x y
>>f=sin(x+y)/(x+y);
>>x1=y^2;
>>x2=y+2;
>>jfx=int(f,x,x1,x2);   % 求以 x1,x2 为上下限,以 x 为自变量的 f 的积
```
分值
```
>>jfy=int(jfx,y,-1,2);  % 求以 -1,2 为上下限,以 y 为自变量的 jfx 的积
```
分值

```
>>jf2 = double(jfy)        % 求 jf2 的近似值
```
运行后屏幕显示如下：
```
jf2 =
    1.9712
```
因此，所求的 $\iint\limits_{D_{xy}} \dfrac{\sin(x+y)}{x+y} \mathrm{d}\sigma \approx 1.971\,2$.

知 识 拓 展

1. 空间曲面的面积

设空间曲面 Σ 由方程 $z=f(x,y)$，$(x,y)\in D$ 给出，由 D 为 Σ 在 xOy 平面上的投影，假定 D 是有界闭区域，$f(x,y)$ 在 D 上有连续的偏导数. 我们来求 Σ 的面积 S.

将 D 任意分为 n 个小闭区域 $\Delta\sigma_1,\Delta\sigma_2,\cdots,\Delta\sigma_n$（也表示相应的面积），在第 i 个小区域上任取点 $P_i(x_i,y_i)\in\Delta\sigma_i$，令 $z_i=f(x_i,y_i)$，则点 $M_i(x_i,y_i,z_i)\in\Sigma$. 过点 M_i 作曲面 Σ 的切平面 Π_i，其单位长的法向量为 $\boldsymbol{n}_i$，以 $\Delta\sigma_i$ 的边界为准线，母线平行于 z 轴的柱面割出 Σ 上的一小块曲面 ΔS_i（也表示相应的面积），同时这个柱面还割出切平面 Π_i 上的一小块平面 ΔA_i（也表示相应的面积），用 ΔA_i 近似代替 ΔS_i，则
$$S = \sum_{i=1}^{n}\Delta S_i \approx \sum_{i=1}^{n}\Delta A_i.$$

设 $\boldsymbol{n}_i=\{\cos\alpha_i,\cos\beta_i,\cos\gamma_i\}$，取 ΔA_i 的法向量 $\boldsymbol{n}_i$ 与 z 轴的夹角小于 $\dfrac{\pi}{2}$，则
$$\cos\gamma_i = \frac{1}{\sqrt{1+f_x^2(x_i,y_i)+f_y^2(x_i,y_i)}}.$$

因 $\Delta\sigma_i$ 是 ΔA_i 在 xOy 平面上的投影，则它们的面积关系为 $\Delta\sigma_i=\Delta A_i\cos\gamma_i$，从而有
$$\Delta A_i = \frac{\Delta\sigma_i}{\cos\gamma_i} = \sqrt{1+f_x^2(x_i,y_i)+f_y^2(x_i,y_i)}\cdot\Delta\sigma_i,$$
于是有
$$S \approx \sum_{i=1}^{n}\sqrt{1+f_x^2(x_i,y_i)+f_y^2(x_i,y_i)}\cdot\Delta\sigma_i.$$

区域 D 的分割越细密，这种近似程度就越好，设 λ 表示各个小区域直径中的最大值，如果 $\lim\limits_{\lambda\to0}\sum\limits_{i=1}^{n}\sqrt{1+f_x^2(x_i,y_i)+f_y^2(x_i,y_i)}\cdot\Delta\sigma_i$ 存在，则此极限即为曲面 Σ 的面积 S，即
$$S = \iint_D \sqrt{1+f_x^2(x,y)+f_y^2(x,y)}\,\mathrm{d}\sigma.$$

例1 求圆锥 $z=\sqrt{x^2+y^2}$ 被圆柱 $x^2+y^2=x$ 所截部分的面积.

解 $S=\iint_D\sqrt{1+z_x^2+z_y^2}\mathrm{d}x\mathrm{d}y$，其中 $D=\{(x,y)\mid x^2+y^2\leqslant x\}$，则
$$z=\sqrt{x^2+y^2}\Rightarrow z_x=\frac{x}{\sqrt{x^2+y^2}},z_y=\frac{y}{\sqrt{x^2+y^2}}.$$

所以有

$$\sqrt{1+z_x^2+z_y^2} = \sqrt{1+\left(\frac{x}{\sqrt{x^2+y^2}}\right)^2+\left(\frac{y}{\sqrt{x^2+y^2}}\right)^2} = \sqrt{2},$$

$$S = \iint_D \sqrt{2}\,\mathrm{d}x\mathrm{d}y = \sqrt{2} \cdot D \text{ 的面积} = \sqrt{2} \cdot \left(\frac{1}{2}\right)^2 \pi = \frac{\sqrt{2}}{4}\pi.$$

2. 三重积分的概念及其计算方法

与二重积分的定义相仿,我们来定义三重积分.

定义 设 $f(x,y,z)$ 是空间有界闭区域 Ω 上的有界函数,现把 Ω 分为若干小块 $\Delta V_1, \Delta V_2, \cdots, \Delta V_n, \Delta V_i$ 表示其体积,在每个小区域 ΔV_i 上任取一点 (ξ_i, η_i, ζ_i)($i = 1, 2, \cdots, n$),作和式 $\sum_{i=1}^{n} f(\xi_i, \eta_i, \zeta_i)\Delta V_i.$

如果不论怎样分割,也不论怎样取点,只要当细度 $\lambda \to 0$ 时(λ 表示 $\Delta V_1, \Delta V_2, \cdots, \Delta V_n$ 中直径的最大值,ΔV_i 的直径是指 ΔV_i 中任意两点间的距离的最大值),上述和式总趋于同一确定值 A 的话,则称 $f(x,y,z)$ 在 Ω 上可积,此极限值 A 为函数 $f(x,y,z)$ 在 Ω 上的三重积分,记为

$$\iiint_{\Omega} f(x,y,z)\,\mathrm{d}V,$$

即

$$\iiint_{\Omega} f(x,y,z)\,\mathrm{d}V = \lim_{\lambda \to 0} \sum_{i=1}^{n} f(\xi_i, \eta_i, \zeta_i)\Delta V_i.$$

其中 $\mathrm{d}V$ 称为**体积元素**,其他的记号类似二重积分.

上面的极限对于任一种划分都应存在且值相等.现用平行于三个坐标面的三族平面来划分 Ω,此时,则有 $\Delta V_i = \Delta x_i \Delta y_i \Delta z_i$,进而 $\mathrm{d}V = \mathrm{d}x\mathrm{d}y\mathrm{d}z$,得

$$\iiint_{\Omega} f(x,y,z)\,\mathrm{d}V = \iiint_{\Omega} f(x,y,z)\,\mathrm{d}x\mathrm{d}y\mathrm{d}z,$$

并称 $\mathrm{d}x\mathrm{d}y\mathrm{d}z$ 为直角坐标系中的**体积元素**.

将 Ω 向 xOy 平面上投影,得 xOy 平面上一区域 D,以 D 的边界为准线,母线平行于 z 轴作一柱面,又设过 D 内的点且平行于 z 轴的直线与 Ω 边界的交线不超过两个,这时,Ω 的边界被分为三个部分 S_1, S_2 和 S_0.其中 S_1, S_2 分别为 D 内的 Ω 的边界的下面部分和上面部分,S_0 为 Ω 的边界与柱面的公共部分.

设 $S_1: z = z_1(x,y)$,$S_2: z = z_2(x,y)$,此时,有

$$\Omega = \{(x,y,z) \mid z_1(x,y) \leqslant z \leqslant z_2(x,y), (x,y) \in D\}.$$

若 $D = \{(x,y) \mid y_1(x) \leqslant y \leqslant y_2(x), a \leqslant x \leqslant b\}$,进一步有

$$\iiint_{\Omega} f(x,y,z)\,\mathrm{d}V = \int_a^b \mathrm{d}x \int_{y_1(x)}^{y_2(x)} \mathrm{d}y \int_{z_1(x,y)}^{z_2(x,y)} f(x,y,z)\,\mathrm{d}z.$$

例 2 计算 $\iiint_{\Omega} \dfrac{\mathrm{d}V}{x^2+y^2}$,其中 Ω 为由平面 $x = 1, x = 2, z = 0, y = x, z = y$ 所围成的区域.

解 现把 Ω 向 xOy 平面上投影,得投影区域 $D = \{(x,y) \mid 0 \leqslant y \leqslant x, 1 \leqslant x \leqslant 2\}$,而

在 D 上，有 $0 \leqslant z \leqslant y$，从而有

$$\Omega = \{(x,y,z) \mid 1 \leqslant x \leqslant 2, 0 \leqslant y \leqslant x, 0 \leqslant z \leqslant y\},$$

所以

$$\iiint\limits_{\Omega} \frac{\mathrm{d}V}{x^2+y^2} = \int_1^2 \mathrm{d}x \int_0^x \mathrm{d}y \int_0^y \frac{\mathrm{d}z}{x^2+y^2} = \int_1^2 \mathrm{d}x \int_0^x \frac{y}{x^2+y^2}\mathrm{d}y$$

$$= \int_1^2 \frac{1}{2}\ln(x^2+y^2) \Big|_{y=0}^{y=x} \mathrm{d}x = \int_1^2 \frac{1}{2}\ln 2\mathrm{d}x = \frac{1}{2}\ln 2.$$

例 3　求 $\iiint\limits_{\Omega} xy^2z^3\mathrm{d}x\mathrm{d}y\mathrm{d}z$，$\Omega$ 为 $z=xy, y=x, x=1$ 及 $z=0$ 所围成的区域.

解　$\Omega = \{(x,y,z) \mid 0 \leqslant x \leqslant 1, 0 \leqslant y \leqslant x, 0 \leqslant z \leqslant xy\}$，则

$$\iiint\limits_{\Omega} xy^2z^3\mathrm{d}x\mathrm{d}y\mathrm{d}z = \int_0^1 \mathrm{d}x \int_0^x \mathrm{d}y \int_0^{xy} xy^2z^3\mathrm{d}z$$

$$= \int_0^1 \mathrm{d}x \int_0^x xy^2 \frac{1}{4}x^4y^4\mathrm{d}y = \frac{1}{4}\int_0^1 \mathrm{d}x \int_0^x x^5y^6\mathrm{d}y$$

$$= \frac{1}{4}\int_0^1 \frac{1}{7}x^5x^7\mathrm{d}x = \frac{1}{28}\int_0^1 x^{12}\mathrm{d}x = \frac{1}{13}\cdot\frac{1}{28} = \frac{1}{364}.$$

上面所讲的积分法则，我们习惯称为"先二后一".

》　本　章　小　结　《

一、知识小结

（1）如果把一元函数作为被积函数、区间作为积分区域，就得到定积分；把二元函数作为被积函数、平面区域作为积分区域，就得到二重积分.定积分、二重积分的本质都是一样的，即都是通过"分割、近似表示、求和、取极限"的步骤构成的，可用一个统一的形式来描述：

$$\int\limits_{\Omega} f(P)\mathrm{d}\Omega = \lim_{\lambda \to 0} \sum_{i=1}^n f(P_i)\Delta\Omega_i.$$

这里 Ω 为一有界区域，它或是直线段，或是平面的一区域；$f(P)$ 为定义在 Ω 上的函数，它或是一元函数，或是二元函数；λ 为子域 $\Delta\Omega_i$ 的最大直径.重积分也有与定积分相类似的性质：线性性质，对区域的可加性，估值性质，中值性质等.

（2）重积分的计算都可以归结为定积分来计算，是从定义区域入手，将重积分转化为累次积分.在直角坐标系下：

① 当积分区域 D 为 X 型区域时，$D = \{(x,y) \mid y_1(x) \leqslant y \leqslant y_2(x), a \leqslant x \leqslant b\}$，此时二重积分应先对 y 积分，后对 x 积分：

$$\iint\limits_{D} f(x,y)\mathrm{d}\sigma = \iint\limits_{D} f(x,y)\mathrm{d}x\mathrm{d}y = \int_a^b \mathrm{d}x \int_{y_1(x)}^{y_2(x)} f(x,y)\mathrm{d}y.$$

② 当积分区域 D 为 Y 型区域时，$D = \{(x,y) \mid x_1(y) \leqslant x \leqslant x_2(y), c \leqslant y \leqslant d\}$，此时二重积分应先对 x 积分，后对 y 积分：

$$\iint\limits_{D} f(x,y)\,\mathrm{d}\sigma = \iint\limits_{D} f(x,y)\,\mathrm{d}x\mathrm{d}y = \int_{c}^{d}\mathrm{d}y\int_{x_1(y)}^{x_2(y)} f(x,y)\,\mathrm{d}x.$$

二重积分化为累次积分时,有两种不同的积分次序,有时对某一次序来说,计算比较复杂,甚至不可能积出,此时可考虑交换积分次序来进行运算.

当被积函数中的自变量 x,y 以 $x^2+y^2,x^2-y^2,xy,\dfrac{x}{y}$ 等形式出现,以及积分区域为圆域、扇形域、圆环域等区域时,对二重积分的计算在极坐标系下进行往往会更简便一些,在极坐标系下的二重积分的计算公式是

$$\iint\limits_{D} f(x,y)\,\mathrm{d}\sigma = \iint\limits_{D} f(\rho\cos\theta,\rho\sin\theta)\rho\,\mathrm{d}\rho\,\mathrm{d}\theta,$$

它是把被积函数中的 x,y 分别用 $\rho\cos\theta,\rho\sin\theta$ 代替,把面积元素 $\mathrm{d}\sigma$ 换成 $\rho\mathrm{d}\rho\mathrm{d}\theta$.

二、典型例题

例 1　设函数 $f(x,y)$ 连续,改变累次积分 $I = \int_{-2}^{2}\mathrm{d}x\int_{-\sqrt{4-x^2}}^{4-x^2} f(x,y)\,\mathrm{d}y$ 的次序.

解　由给出的积分限可知

$$D = \{(x,y)\mid -\sqrt{4-x^2}\leqslant y\leqslant 4-x^2,-2\leqslant x\leqslant 2\},$$

$$I = \iint\limits_{D} f(x,y)\,\mathrm{d}x\mathrm{d}y = \int_{0}^{4}\mathrm{d}y\int_{-\sqrt{4-y}}^{\sqrt{4-y}} f(x,y)\,\mathrm{d}x + \int_{-2}^{0}\mathrm{d}y\int_{-\sqrt{4-y^2}}^{\sqrt{4-y^2}} f(x,y)\,\mathrm{d}x.$$

例 2　计算二重积分 $I = \iint\limits_{D}\arctan\dfrac{y}{x}\mathrm{d}x\mathrm{d}y$,其中 D 为圆 $x^2+y^2=1$ 及 $x^2+y^2=4$ 与直线 $y=x,y=0$ 所围的第一象限的区域.

解　将极坐标变换 $x=\rho\cos\theta,y=\rho\sin\theta$ 代入到边界方程中去,边界 $x^2+y^2=1$ 及 $x^2+y^2=4$ 在极坐标系下的方程分别为 $\rho=1$ 和 $\rho=2$,直线 $y=x$ 方程变为 $\theta=\dfrac{\pi}{4}$,$y=0$ 变为 $\theta=0$,极坐标系下,被积函数变为 $\arctan\dfrac{y}{x}=\theta$,从而有

$$I = \iint\limits_{D}\arctan\dfrac{y}{x}\mathrm{d}x\mathrm{d}y = \int_{0}^{\frac{\pi}{4}}\mathrm{d}\theta\int_{1}^{2}\theta\rho\,\mathrm{d}\rho = \dfrac{3\pi^2}{64}.$$

例 3　计算二重积分 $I = \iint\limits_{D}\cos(x^2+y^2)\,\mathrm{d}x\mathrm{d}y$,其中 $D = \{(x,y)\mid x^2+y^2\leqslant R^2\}$.

解　区域 D 的边界为 $x^2+y^2\leqslant R^2$,在极坐标系下,$D:0\leqslant\theta\leqslant 2\pi,0\leqslant\rho\leqslant R$,

$$I = \iint\limits_{D}\cos(x^2+y^2)\,\mathrm{d}x\mathrm{d}y = \int_{0}^{2\pi}\mathrm{d}\theta\int_{0}^{R}\cos\rho^2\cdot\rho\,\mathrm{d}\rho = \pi\sin R^2.$$

例 4　计算二重积分 $I = \iint\limits_{D}x^2\mathrm{e}^{-y^2}\mathrm{d}x\mathrm{d}y$,$D$ 是以 $(0,0),(1,1),(0,1)$ 为顶点的三角形.

解　因为 $\int\mathrm{e}^{-y^2}\mathrm{d}y$ 不能用初等函数表示出其结果,所以它不能先积分,故

$$I = \iint\limits_{D} x^2 e^{-y^2} dx dy = \int_0^1 e^{-y^2} dy \int_0^y x^2 dx = \frac{1}{3} \int_0^1 y^3 e^{-y^2} dy$$

$$= -\frac{1}{6} \int_0^1 y^2 d(e^{-y^2}) = -\frac{1}{6} \left[y^2 e^{-y^2} \Big|_0^1 - 2 \int_0^1 y e^{-y^2} dy \right] = \frac{1}{6} \left(1 - \frac{2}{e} \right).$$

例 5　计算二重积分 $I = \iint\limits_{D} \frac{\sin x}{x} dx dy$，$D$ 是由直线 $y = x$ 及抛物线 $y = x^2$ 所围成的区域.

解　因为 $\int \frac{\sin x}{x} dx$ 不能用有限形式表示出其结果，所以它不能先积分，故

$$I = \iint\limits_{D} \frac{\sin x}{x} dx dy = \int_0^1 \frac{\sin x}{x} dx \int_{x^2}^x dy = \int_0^1 \frac{\sin x}{x} (x - x^2) dx$$

$$= \int_0^1 (1 - x) \sin x dx = 1 - \sin 1.$$

复习题九

一、填空题

1. 设 D 为直线 $x = 0, x = 1, y = 1, y = 2$ 所围成的区域，则 $\iint\limits_{D} \frac{x^2}{y^2} dx dy = $ _____.

2. 交换二重积分的次序：$\int_0^1 dx \int_{\sqrt{x}}^1 f(x, y) dy = $ _____.

3. $\int_0^1 dx \int_0^{\frac{\pi}{2}} \sqrt{x} \cos y dy = $ _____.

4. 若积分区域 D 是由 $x = 0, x = 1, y = 0, y = 1$ 所围成的矩形区域，则 $\iint\limits_{D} e^{x+y} dx dy = $

_____.

*5. 设 D 为 $x^2 + y^2 = R^2$ 围成的区域，则 $\iint\limits_{D} \sqrt{R^2 - x^2 - y^2} dx dy = $ _____.

二、单项选择题

1. 设 D 是由直线 $x = 0, x = 1, y = 0, y = 1$ 围成的单位区域，则二重积分 $\iint\limits_{D} dx dy = $ (　　).

　A. 4　　　　　　B. 2　　　　　　C. 1　　　　　　D. $\frac{1}{2}$

2. 设 $D = \{(x, y) \mid 0 \leqslant x \leqslant 1, 0 \leqslant y \leqslant 2\}$，则 $\iint\limits_{D} xy dx dy = $ (　　).

　A. 1　　　　　　B. 2　　　　　　C. $\frac{1}{2}$　　　　　　D. $\frac{1}{4}$

3. 二次积分 $\int_0^1 \mathrm{d}x \int_0^{1-x} f(x,y)\,\mathrm{d}y = ($).

A. $\int_0^1 \mathrm{d}y \int_0^{1-y} f(x,y)\,\mathrm{d}x$ B. $\int_0^1 \mathrm{d}y \int_0^{1-x} f(x,y)\,\mathrm{d}x$

C. $\int_0^{1-x} \mathrm{d}x \int_0^1 f(x,y)\,\mathrm{d}y$ D. $\int_0^1 \mathrm{d}y \int_0^1 f(x,y)\,\mathrm{d}x$

4. 设 $D = \{(x,y) \mid x^2 + y^2 = a^2, y \geq 0\}$, 其中 $a > 0$, 在极坐标下, $\iint\limits_D (x^2 + y^2)\,\mathrm{d}x\mathrm{d}y$ 可以表示为( ).

A. $\int_0^\pi \mathrm{d}\theta \int_0^a \rho^3\,\mathrm{d}\rho$ B. $\int_0^\pi \mathrm{d}\theta \int_0^a \rho^2\,\mathrm{d}\rho$

C. $\int_{-\frac{\pi}{2}}^{\frac{\pi}{2}} \mathrm{d}\theta \int_0^a \rho^3\,\mathrm{d}\rho$ D. $\int_{-\frac{\pi}{2}}^{\frac{\pi}{2}} \mathrm{d}\theta \int_0^a \rho^2\,\mathrm{d}\rho$

*5. 设区域 $D: x^2 + y^2 \leq 1$, f 是区域 D 上的连续函数, 则二重积分 $\iint\limits_D f(\sqrt{x^2 + y^2})\,\mathrm{d}x\mathrm{d}y = ($).

A. $2\pi \int_0^1 \rho f(\rho)\,\mathrm{d}\rho$ B. $4\pi \int_0^1 \rho f(\rho)\,\mathrm{d}\rho$

C. $2\pi \int_0^1 f(\rho^2)\,\mathrm{d}\rho$ D. $4\pi \int_0^1 \rho f(\rho^2)\,\mathrm{d}\rho$

三、 计算题

1. 计算 $\iint\limits_D 3x^2 y^3\,\mathrm{d}x\mathrm{d}y$, $D = \{(x,y) \mid 0 \leq x \leq 1, 0 \leq y \leq \sqrt{1-x^2}\}$.

2. 计算二重积分 $\iint\limits_D \dfrac{\sin x}{x}\,\mathrm{d}x\mathrm{d}y$, 其中区域 D 为直线 $y = 0, y = x, x = 1$ 所围成的区域.

3. 交换二重积分次序 $\int_0^1 \mathrm{d}y \int_y^1 \mathrm{e}^{-x^2}\,\mathrm{d}x$, 并计算.

*4. 交换积分次序 $\int_0^1 \mathrm{d}x \int_{-x}^{x^2} f(x,y)\,\mathrm{d}y$.

*5. 计算 $\iint\limits_D x^2\,\mathrm{d}x\mathrm{d}y$, 其中 D 是由 $1 \leq x^2 + y^2 \leq 4$ 所围成的区域.

*6. 计算 $\iiint\limits_\Omega x\,\mathrm{d}x\mathrm{d}y\mathrm{d}z$, 其中 Ω 由三个坐标面与 $x + 2y + z = 1$ 所围成.

» 第十章

无穷级数

学习目标

- 了解级数的收敛与发散、收敛级数的和的概念,了解级数的基本性质及级数收敛的必要条件
- 掌握正项级数敛散性的比较判别法和比值判别法,掌握几何级数及 p 级数的收敛与发散的条件
- 掌握交错级数的莱布尼茨判别法,了解任意项级数的绝对收敛与条件收敛
- 会求幂级数的收敛半径、收敛区间及收敛域,会将函数展开成幂级数
- 了解函数展开成傅里叶级数的方法
- 会用 MATLAB 数学软件将函数进行级数展开
- 了解函数逼近的思想方法,正确认识远大理想与努力学习的辩证关系

级数研究无穷项和的问题,是表示函数、研究函数性质以及进行数值计算的重要工具,是分析学逼近理论的重要组成部分.级数起源于公元前,古希腊科学家亚里士多德阐述了公比大于 0 小于 1 的几何级数具有和数,阿基米德进一步利用几何级数求和方法计算抛物线弓形面积.我国关于级数的研究可追溯到南北朝时期,数学家祖冲之在割圆术、开方术等研究基础上,阐明了以级数展开逼近任意轨迹或形状的思想.在我国,清代数学家明安图成功开创了中算史上无穷级数研究之先河.17、18 世纪,是级数理论发展的黄金期,西方数学家牛顿、莱布尼茨、格雷戈里、泰勒、拉格朗日等在级数发展的不同阶段均作出了重要贡献.直到 19 世纪,随着柯西提出以极限作为级数的研究基础,级数理论得以日趋完善.

本章先介绍常数项级数的基本概念和敛散性判断,并以此为基础进一步探讨函数项级数,着重讨论如何将函数展开成幂级数与傅里叶级数.

芝诺悖论 古希腊数学家芝诺提出一系列关于运动的不可分性的哲学悖论,其中最著名的是"阿基里斯跑不过乌龟".阿基里斯(又名阿喀琉斯)是古希腊神话中善跑的英雄.在他和乌龟的竞赛中,他速度比乌龟快,乌龟在前面跑,他在后面追,但他不可能追上乌龟.因为在竞赛中,追者首先必须到达被追者的出发点,当阿基里斯追到原先乌龟的出发点时,乌龟已经又向前爬了一段;阿基里斯必须继续追,而当他追到乌龟

刚才待的地方,乌龟又已经向前爬了一段距离……就这样,不管这个距离有多小,但只要乌龟不停地奋力向前爬,阿基里斯就永远也追不上乌龟!

假设乌龟在阿基里斯前面 l(单位:m),乌龟的速度是 v(单位:m/s),阿基里斯的速度是乌龟的 q 倍($q>1$).那么第一阶段,阿基里斯跑到乌龟出发点,需要的时间 $t_1 = \dfrac{l}{qv}$;第二阶段,阿基里斯跑到乌龟刚才的地方,需要的时间 $t_2 = \dfrac{l}{q^2 v}$;第三阶段,阿基里斯跑到乌龟刚才在的地方,需要的时间 $t_3 = \dfrac{l}{q^3 v}$;……如此,所需要的总时间

$$T = \frac{l}{qv} + \frac{l}{q^2 v} + \frac{l}{q^3 v} + \cdots = \sum_{n=1}^{\infty} \frac{l}{q^n v}.$$

这涉及计算离散的无穷个数的和,我们以前所定义的和是针对有限个数而言的,那么无限个数相加到底有没有和呢?如果有和又该怎么求和呢?对这个抽象出来的一般性问题,数学上有必要进行研究,这就是数项级数研究的主题.

自然对数表的制作 我们在中学就学过用自然对数可以查自然对数表,如 $\ln 2$ 可通过查表得其值为 0.693 1. 那么自然对数表中这些值是怎么来的呢?

这就要用到函数的幂级数展开.这是本章的重点内容之一.

第一节 数项级数的概念与性质

一、数项级数的概念

定义 10.1.1 给定一个数列 $\{u_n\}$:$u_1, u_2, u_3, \cdots, u_n, \cdots$,以加法符号"+"顺次连接数列的各项得到式子 $u_1 + u_2 + u_3 + \cdots + u_n + \cdots$,称为**常数项无穷级数**,简称(**数项**)**级数**,记作 $\sum\limits_{n=1}^{\infty} u_n$,即 $\sum\limits_{n=1}^{\infty} u_n = u_1 + u_2 + u_3 + \cdots + u_n + \cdots$,其中第 n 项 u_n 称为级数的**一般项**或**通项**.

例如:

$$\sum_{n=1}^{\infty} \frac{1}{2^n} = \frac{1}{2} + \frac{1}{4} + \cdots + \frac{1}{2^n} + \cdots,$$

$$\sum_{n=1}^{\infty} \frac{(-1)^{n-1}}{n} = 1 - \frac{1}{2} + \frac{1}{3} + \cdots + \frac{(-1)^{n-1}}{n} + \cdots,$$

$$\sum_{n=1}^{\infty} \sin \frac{n}{2}\pi = 1 + 0 - 1 + 0 + \cdots + \sin \frac{n}{2}\pi + \cdots$$

上述级数定义只是一个形式上的定义,如何理解无穷多个数相加呢?一切未知向已知转化,我们从有限项的和出发,观察它们的变化趋势,由此来理解无穷多个数相加的含义.

取级数 $\sum\limits_{n=1}^{\infty} u_n$ 的前 n 项相加,记其和为 S_n,即

$$S_n = u_1 + u_2 + u_3 + \cdots + u_n,$$

常数项级数
的概念

称 S_n 为级数 $\displaystyle\sum_{n=1}^{\infty} u_n$ 的前 n 项**部分和**.

当 n 依次取 $1,2,3,\cdots$ 时,得到一个新的数列

$$S_1=u_1,S_2=u_1+u_2,\cdots,S_n=u_1+u_2+u_3+\cdots+u_n,\cdots$$

称数列 $\{S_n\}$ 为级数 $\displaystyle\sum_{n=1}^{\infty} u_n$ 的**部分和数列**. 级数 $\displaystyle\sum_{n=1}^{\infty} u_n$ 与其部分和数列一一对应.

定义 10.1.2　如果级数 $\displaystyle\sum_{n=1}^{\infty} u_n$ 的部分和数列 $\{S_n\}$ 极限存在且为 S,即 $S=\lim\limits_{n\to\infty}S_n$,

则称级数 $\displaystyle\sum_{n=1}^{\infty} u_n$ **收敛**,并称极限值 S 为**级数** $\displaystyle\sum_{n=1}^{\infty} u_n$ **的和**,记作

$$S=\sum_{n=1}^{\infty} u_n=u_1+u_2+u_3+\cdots+u_n+\cdots=\lim_{n\to\infty}S_n.$$

如果部分和数列 $\{S_n\}$ 极限不存在,则称**级数** $\displaystyle\sum_{n=1}^{\infty} u_n$ **发散**,发散级数不存在和.

$$r_n=u_{n+1}+u_{n+2}+\cdots=\sum_{i=n+1}^{\infty} u_i$$ 称为**级数的余项**,当级数收敛时,余项表示用 S_n 代替 S 所产生的误差. 显然,级数收敛的充分必要条件是 $\lim\limits_{n\to\infty}r_n=0$.

⭐ **小点睛**

极限这个思想方法贯穿整个高等数学始终.连续、导数、积分、级数收敛等概念都是通过极限来定义的.

这里,我们把无穷多项和的问题,转化为有限项和的极限,把待求的问题转化为已经解决的问题,这种化归的方法,在数学中很常用.

例 1　讨论几何级数(等比级数)

$$\sum_{n=0}^{\infty} aq^n=a+aq+aq^2+\cdots+aq^n+\cdots\quad(a\neq 0)$$

的敛散性.

解　(1)当 $|q|\neq 1$ 时,前 n 项部分和 $S_n=\dfrac{a(1-q^n)}{1-q}$.

若 $|q|<1$,$\lim\limits_{n\to\infty}q^n=0$,$\lim\limits_{n\to\infty}S_n=\dfrac{a}{1-q}$.

若 $|q|>1$,$\lim\limits_{n\to\infty}q^n=\infty$,$\lim\limits_{n\to\infty}S_n=\infty$.

(2)当 $q=1$,$S_n=na$,$\lim\limits_{n\to\infty}S_n=\infty$.

(3)当 $q=-1$,$S_n=\dfrac{a[1-(-1)^n]}{2}$,$\{S_n\}$ 的极限不存在.

综上,几何级数 $\displaystyle\sum_{n=0}^{\infty} aq^n$ 当且仅当 $|q|<1$ 时收敛,其和为 $\dfrac{a}{1-q}$;当 $|q|\geq 1$ 时,级数发散.

> 📌 **小贴士**
>
> 该题的结论要熟记,几何级数在后面的学习中经常会用到.

芝诺悖论再探析   回到开始的案例.假设乌龟在阿基里斯前面 l(单位:m),乌龟的速度是 v(单位:m/s),阿基里斯的速度是乌龟的 q 倍($q>1$).那么第一阶段,阿基里斯跑到乌龟出发点,需要的时间 $t_1 = \dfrac{l}{qv}$;第二阶段,阿基里斯跑到乌龟刚才在的地方,需要的时间 $t_2 = \dfrac{l}{q^2 v}$;第三阶段,阿基里斯跑到乌龟刚才在的地方,需要的时间 $t_3 = \dfrac{l}{q^3 v}$;……如此,所需要的总时间

$$T = \frac{l}{qv} + \frac{l}{q^2 v} + \frac{l}{q^3 v} + \cdots = \sum_{n=1}^{\infty} \frac{l}{q^n v}.$$

这是一个几何级数,公比 $\dfrac{1}{q}<1$,所以收敛.

$$T = \sum_{n=1}^{\infty} \frac{l}{q^n v} = \frac{l}{v} \cdot \frac{\dfrac{1}{q}}{1 - \dfrac{1}{q}} = \frac{l}{qv - v}.$$

这个时间,跟用路程问题中追击问题解出来的结论是一样的.问题混淆了"阶段"无限和时间无限,"阿基里斯追到刚才乌龟在的地方时,乌龟总要往前爬一点"这个阶段是无限的,但是,这个无限阶段所需要的时间是有限的.

例 2   判别级数 $\displaystyle\sum_{n=1}^{\infty} \ln \frac{n+1}{n}$ 的敛散性.

解 $\ln \dfrac{n+1}{n} = \ln(n+1) - \ln n$,因此,部分和

$$S_n = (\ln 2 - \ln 1) + (\ln 3 - \ln 2) + \cdots + (\ln(n+1) - \ln n) = \ln(n+1),$$

于是 $\lim\limits_{n \to \infty} S_n = \lim\limits_{n \to \infty} \ln(n+1) = +\infty$,所以级数 $\displaystyle\sum_{n=1}^{\infty} \ln \frac{n+1}{n}$ 发散.

例 3   设数列通项 $u_n = \dfrac{1}{1+2+3+\cdots+n}$($n=1,2,3,\cdots$),判别级数 $\displaystyle\sum_{n=1}^{\infty} u_n$ 的敛散性.

解   因为 $1+2+\cdots+n = \dfrac{n(n+1)}{2}$,所以 $u_n = \dfrac{2}{n(n+1)} = 2\left(\dfrac{1}{n} - \dfrac{1}{n+1} \right)$. 级数的前 n 项部分和

$$S_n = 2\left[\frac{1}{1 \times 2} + \frac{1}{2 \times 3} + \cdots + \frac{1}{n(n+1)} \right]$$

$$= 2\left[\left(1 - \frac{1}{2} \right) + \left(\frac{1}{2} - \frac{1}{3} \right) + \cdots + \left(\frac{1}{n} - \frac{1}{n+1} \right) \right]$$

$$= 2\left[1 - \frac{1}{n+1}\right],$$

$$\lim_{n \to \infty} S_n = \lim_{n \to \infty} 2\left(1 - \frac{1}{n+1}\right) = 2.$$

所以级数 $\displaystyle\sum_{n=1}^{\infty} \frac{1}{1+2+3+\cdots+n}$ 收敛,其和为 2.

> 🌱 **小贴士**
>
> 　　利用前 n 项和的极限是否存在来判别级数敛散性,是一个理论上看起来很完美的方法,但实际使用会遇到麻烦.主要问题是,很难写出部分和 S_n 的表达式,计算其极限更无从谈起.能写出部分和 S_n 表达式的,只有等差数列、等比数列,以及可以拆项相消等几种简单情形,很多级数是不能顺利写出部分和 S_n 表达式的,所以第二节我们会继续探讨判断级数敛散性的其他方法.

二、数项级数的基本性质

　　性质 1　若级数 $\displaystyle\sum_{n=1}^{\infty} u_n$ 收敛于 S, k 为任意常数,则级数 $\displaystyle\sum_{n=1}^{\infty} ku_n$ 也收敛,且其和为 kS,即

$$\sum_{n=1}^{\infty} ku_n = k\sum_{n=1}^{\infty} u_n = kS.$$

　　此性质表明,级数的每一项都乘以一个不为零的常数后,所构成的新级数敛散性不变.

　　性质 2　若级数 $\displaystyle\sum_{n=1}^{\infty} u_n$ 和 $\displaystyle\sum_{n=1}^{\infty} v_n$ 都收敛,则级数 $\displaystyle\sum_{n=1}^{\infty} (u_n \pm v_n)$ 收敛;若级数 $\displaystyle\sum_{n=1}^{\infty} u_n$ 收敛,而 $\displaystyle\sum_{n=1}^{\infty} v_n$ 发散,则级数 $\displaystyle\sum_{n=1}^{\infty} (u_n \pm v_n)$ 发散.

　　性质 3　加上、去掉或改变级数 $\displaystyle\sum_{n=1}^{\infty} u_n$ 的有限项,不改变级数的敛散性,但对于收敛的级数,其和一般要改变.

　　性质 4　对收敛级数的项任意加括号后所成的级数仍然收敛,且其和不变.但加括号后所成的级数收敛,原级数不一定收敛.

　　以上性质都可以利用级数收敛的定义进行证明,读者可自行证明.

　　性质 5　级数 $\displaystyle\sum_{n=1}^{\infty} u_n$ 收敛,则它的通项极限为零,即 $\displaystyle\lim_{n \to \infty} u_n = 0$.

　　证　设 $\displaystyle\sum_{n=1}^{\infty} u_n = S$,则 $\displaystyle\lim_{n \to \infty} S_n = \lim_{n \to \infty} S_{n-1} = S$.由于 $u_n = S_n - S_{n-1}$,所以

$$\lim_{n \to \infty} u_n = \lim_{n \to \infty} (S_n - S_{n-1}) = \lim_{n \to \infty} S_n - \lim_{n \to \infty} S_{n-1} = S - S = 0.$$

数项级数的
性质

数项级数的
概念与性质
测一测

> **小贴士**
>
> 性质 5 的逆否命题是成立的.如果级数的一般项不趋于零,则级数 $\sum\limits_{n=1}^{\infty} u_n$ 必定发散.我们常用这个结论来判断级数发散.
>
> 但是,原命题的逆命题不一定成立.级数的一般项趋于零并不是级数收敛的充分条件,有些级数虽然一般项趋于零,但仍然是发散的.上文例 2 便是一例.

例 4 判别级数 $\sum\limits_{n=1}^{\infty} \dfrac{3+(-1)^n}{2^n}$ 的敛散性.

解 因为 $\sum\limits_{n=1}^{\infty} \dfrac{3}{2^n} = 3\sum\limits_{n=1}^{\infty} \dfrac{1}{2^n}$ 收敛,$\sum\limits_{n=1}^{\infty} \dfrac{(-1)^n}{2^n} = \sum\limits_{n=1}^{\infty} \left(\dfrac{-1}{2}\right)^n$ 收敛,由性质 2,$\sum\limits_{n=1}^{\infty} \dfrac{3+(-1)^n}{2^n}$ 收敛.

例 5 考察下列级数的敛散性:

(1) $\sum\limits_{n=1}^{\infty} \dfrac{n}{3n+1}$. (2) $\sum\limits_{n=1}^{\infty} \left(\dfrac{n-1}{n}\right)^n$.

解 (1) 通项 $u_n = \dfrac{n}{3n+1}$,因为 $\lim\limits_{n\to\infty} u_n = \dfrac{1}{3} \neq 0$,所以原级数发散.

(2) 通项 $u_n = \left(\dfrac{n-1}{n}\right)^n = \left(1-\dfrac{1}{n}\right)^n$,因为 $\lim\limits_{n\to\infty} u_n = \lim\limits_{n\to\infty} \left[\left(1+\dfrac{1}{-n}\right)^{-n}\right]^{-1} = \dfrac{1}{e} \neq 0$,所以级数发散.

习题 10.1

1. 讨论下列级数的敛散性:

(1) $\sum\limits_{n=1}^{\infty} \left[\dfrac{3}{4^n} + \dfrac{(-1)^n}{3^n}\right]$. (2) $\sum\limits_{n=1}^{\infty} \left(\sqrt{n+1}-\sqrt{n}\right)$. (3) $\sum\limits_{n=1}^{\infty} \dfrac{1}{n(n+3)}$.

(4) $\sum\limits_{n=1}^{\infty} \cos\dfrac{1}{n}$. (5) $\sum\limits_{n=1}^{\infty} \dfrac{(-1)^n n}{2n+1}$. (6) $\sum\limits_{n=1}^{\infty} \left(\dfrac{n+1}{n}\right)^n$.

2. 设(1) $\sum\limits_{n=1}^{\infty} u_n$ 收敛,(2) $\sum\limits_{n=1}^{\infty} u_n$ 发散.分别就(1)和(2)两种情况下讨论下列级数的敛散性:

① $\sum\limits_{n=1}^{\infty} 10u_n$. ② $\sum\limits_{n=1}^{\infty} u_{n+10}$. ③ $\sum\limits_{n=1}^{\infty} u_n+10$.

④ $\sum\limits_{n=1}^{\infty} (u_n+10)$. ⑤ $\sum\limits_{n=1}^{\infty} \dfrac{1}{u_n}$.

第二节　数项级数的审敛法

根据定义判断级数敛散性是比较复杂的,因为部分和往往很难写出一般表达式. 本节讨论一些比较方便的级数敛散性的判断方法. 先讨论正项级数,以此为基础进一步讨论交错级数和一般项级数敛散性的判断方法.

一、正项级数及其审敛法

定义 10.2.1　若级数 $\sum\limits_{n=1}^{\infty} u_n$ 满足 $u_n \geq 0 (n=1,2,\cdots)$,则称该级数为**正项级数**.

(一) 比较判别法

正项级数 $\sum\limits_{n=1}^{\infty} u_n$ 的前 n 项之和数列 $\{S_n\} = \{u_1+u_2+\cdots+u_n\}$ 是一个单调增加数列,

根据极限理论中单调有界数列必有极限的准则,我们有如下引理:

引理　正项级数收敛的充要条件是它的部分和数列 $\{S_n\}$ 有界.

定理 10.2.1(比较判别法)　设 $\sum\limits_{n=1}^{\infty} u_n$ 和 $\sum\limits_{n=1}^{\infty} v_n$ 为两个正项级数,如果它们的通项满足 $u_n \leq v_n (n=1,2,3,\cdots)$,则

(1) 若级数 $\sum\limits_{n=1}^{\infty} v_n$ 收敛,则级数 $\sum\limits_{n=1}^{\infty} u_n$ 也收敛;

(2) 若级数 $\sum\limits_{n=1}^{\infty} u_n$ 发散,则级数 $\sum\limits_{n=1}^{\infty} v_n$ 也发散.

证　(1) 假设级数 $\sum\limits_{n=1}^{\infty} v_n$ 收敛于和 σ ,则级数 $\sum\limits_{n=1}^{\infty} u_n$ 的部分和

$$S_n = u_1+u_2+\cdots+u_n \leq v_1+v_2+\cdots+v_n \leq \sigma \ (n=1,2,3,\cdots),$$

即部分和数列 $\{S_n\}$ 有界. 由引理知级数 $\sum\limits_{n=1}^{\infty} u_n$ 收敛.

(2) 为(1)的逆否命题,显然成立.

正项级数的
比较审敛法

🔔 **小贴士**

比较判别法还是比较直观的,若"大"级数收敛,则"小"级数也收敛;若"小"级数发散,则"大"级数必定发散.

在使用比较判别法时,要注意正确使用. 要想判断一个级数收敛,必须要找一个通项比它大而且是收敛的级数;要想判断一个级数是发散的,必须要找一个通项比它小而且是发散的级数.

考虑到同乘一个不为零的常数不改变级数敛散性,去掉级数前面有限项也不改变级数敛散性,我们可以得到如下更一般的结论:

推论 设 $\sum\limits_{n=1}^{\infty} u_n$ 和 $\sum\limits_{n=1}^{\infty} v_n$ 为两个正项级数,如果它们的通项满足 $u_n \leq kv_n$ ($k > 0$ 为常数, $n \geq N$, N 为任意给定的正整数),则

(1) 若级数 $\sum\limits_{n=1}^{\infty} v_n$ 收敛,则级数 $\sum\limits_{n=1}^{\infty} u_n$ 也收敛;

(2) 若级数 $\sum\limits_{n=1}^{\infty} u_n$ 发散,则级数 $\sum\limits_{n=1}^{\infty} v_n$ 也发散.

例 1 讨论 p 级数 $\sum\limits_{n=1}^{\infty} \dfrac{1}{n^p}$ 的敛散性.

解 (1) 当 $p = 1$ 时, $\sum\limits_{n=1}^{\infty} \dfrac{1}{n}$ 称为调和级数. 利用单调性可证 $\ln(1+x) < x$ ($x > 0$),故 $\ln\left(1 + \dfrac{1}{n}\right) < \dfrac{1}{n}$,由上节例 2 知级数 $\sum\limits_{n=1}^{\infty} \ln\left(1 + \dfrac{1}{n}\right)$ 是发散的,根据比较判别法可得 $\sum\limits_{n=1}^{\infty} \dfrac{1}{n}$ 是发散的.

(2) 当 $p \leq 1$ 时,因为 $\dfrac{1}{n^p} \geq \dfrac{1}{n}$ ($n = 1, 2, \cdots$),而由 (1) 知调和级数 $\sum\limits_{n=1}^{\infty} \dfrac{1}{n}$ 发散,由比较判别法知此时级数也发散.

(3) 当 $p > 1$ 时,也可以用比较判别法证明级数是收敛的(证明见本章小结例 2).

综上, p 级数 $\sum\limits_{n=1}^{\infty} \dfrac{1}{n^p}$ 当 $p \leq 1$ 时发散;当 $p > 1$ 时收敛.

小贴士

应用比较判别法,关键是要找到一个已知敛散性的参考级数,使其通项与要判别敛散性的级数的通项进行比较后,能依据定理 10.2.1,对后者的敛散性得到明确的结论. 最常用的参考级数是几何级数 $\sum\limits_{n=0}^{\infty} aq^n$ 和 p 级数 $\sum\limits_{n=1}^{\infty} \dfrac{1}{n^p}$.

例 2 判别下列级数的敛散性:

(1) $1 + \dfrac{1}{\sqrt{2}} + \dfrac{1}{\sqrt{3}} + \cdots + \dfrac{1}{\sqrt{n}} + \cdots$. (2) $\sum\limits_{n=1}^{\infty} \dfrac{n}{(n+1)^3}$. (3) $\sum\limits_{n=1}^{\infty} \dfrac{1}{\sqrt{n(n+1)}}$.

解 (1) 改写级数为 $\sum\limits_{n=1}^{\infty} \dfrac{1}{n^{\frac{1}{2}}}$,则它是 p 级数且 $p = \dfrac{1}{2} < 1$,所以级数发散.

(2) 因为 $\dfrac{n}{(n+1)^3} < \dfrac{n}{n^3} = \dfrac{1}{n^2}$,而 $\sum\limits_{n=1}^{\infty} \dfrac{1}{n^2}$ 收敛,由比较判别法知所给级数收敛.

（3）由于 $\sqrt{n(n+1)}<n+1$，所以 $\dfrac{1}{\sqrt{n(n+1)}}>\dfrac{1}{n+1}$，而级数 $\displaystyle\sum_{n=1}^{\infty}\dfrac{1}{n+1}=\sum_{n=2}^{\infty}\dfrac{1}{n}$，这是一个

发散的调和级数．由比较判别法，$\displaystyle\sum_{n=1}^{\infty}\dfrac{1}{\sqrt{n(n+1)}}$ 也是发散的．

把比较判别法写成极限形式，就是下面的推论：

推论　设 $\displaystyle\sum_{n=1}^{\infty}u_n$ 和 $\displaystyle\sum_{n=1}^{\infty}v_n(v_n\neq0)$ 是两个正项级数，若极限 $\displaystyle\lim_{n\to\infty}\dfrac{u_n}{v_n}=k$，则

（1）$0<k<+\infty$，$\displaystyle\sum_{n=1}^{\infty}u_n$ 和 $\displaystyle\sum_{n=1}^{\infty}v_n$ 具有相同的敛散性；

（2）$k=0$，则当 $\displaystyle\sum_{n=1}^{\infty}v_n$ 收敛时，$\displaystyle\sum_{n=1}^{\infty}u_n$ 必定收敛；

（3）$k=+\infty$，则当 $\displaystyle\sum_{n=1}^{\infty}v_n$ 发散时，$\displaystyle\sum_{n=1}^{\infty}u_n$ 必定发散．

小贴士

根据等价无穷小的定义，进一步可以得到如下结论：

若 $u_n\sim v_n(n\to\infty)$，则 $\displaystyle\sum_{n=1}^{\infty}u_n$ 与 $\displaystyle\sum_{n=1}^{\infty}v_n$ 敛散性相同．

例 3　判别下列级数的敛散性：

（1）$\displaystyle\sum_{n=1}^{\infty}\sin\dfrac{1}{n}$.　　（2）$\displaystyle\sum_{n=6}^{\infty}\dfrac{\sqrt{n}}{(n+1)(2n-5)}$.

解　（1）因为当 $n\to\infty$ 时 $\sin\dfrac{1}{n}\sim\dfrac{1}{n}$，而级数 $\displaystyle\sum_{n=1}^{\infty}\dfrac{1}{n}$ 发散，由推论知所给级数也发散．

（2）$\displaystyle\lim_{n\to\infty}\dfrac{\dfrac{\sqrt{n}}{(n+1)(2n-5)}}{\dfrac{1}{n^{\frac{3}{2}}}}=\lim_{n\to\infty}\dfrac{1}{2-\dfrac{3}{n}-\dfrac{5}{n^2}}=\dfrac{1}{2}>0$，

级数 $\displaystyle\sum_{n=1}^{\infty}\dfrac{1}{n^{\frac{3}{2}}}$ 是收敛的，由推论知所给级数收敛．

（二）比值判别法

定理 10.2.2（达朗贝尔（d'Alembert）比值判别法）　设 $\displaystyle\sum_{n=1}^{\infty}u_n$ 为正项级数，通项

相邻项之比的极限为 $\displaystyle\lim_{n\to\infty}\dfrac{u_{n+1}}{u_n}=k$，则

（1）若 $k<1$ 时，则级数 $\displaystyle\sum_{n=1}^{\infty}u_n$ 收敛；

（2）若 $k>1$ 或为 $+\infty$ 时，则级数 $\displaystyle\sum_{n=1}^{\infty}u_n$ 发散；

（3）若 $k=1$，则级数可能收敛，也可能发散．

正项级数的
比值审敛法

> 🖐 **小贴士**
>
> 　　相比于比较判别法,比值判别法不需要寻找参考级数,它是直接以级数相邻通项之比的极限作为判断依据的,因此它特别适用于通项以 $n!$ 或 a^n(a 是正常数)为因子的级数. 当然,它对一般项中只有幂函数或对数函数的级数是无能为力的.

　　例 4　判别下列级数的敛散性:

(1) $\displaystyle\sum_{n=1}^{\infty} \frac{n!}{10^n}$.

(2) $\displaystyle\sum_{n=1}^{\infty} \frac{n^k}{2^n}$($k>0$ 为常数).

(3) $\displaystyle\sum_{n=1}^{\infty} \frac{n^k}{n!}$($k>0$ 为常数).

(4) $\displaystyle\sum_{n=1}^{\infty} \frac{a^n}{n!}$($a>0$ 为常数).

　　解　(1) $\displaystyle\lim_{n\to\infty} \frac{u_{n+1}}{u_n} = \lim_{n\to\infty} \frac{(n+1)!}{10^{n+1}} \cdot \frac{10^n}{n!} = \lim_{n\to\infty} \frac{n+1}{10} = \infty$.

由比值判别法知,所给级数发散.

(2) $\displaystyle\lim_{n\to\infty} \frac{u_{n+1}}{u_n} = \lim_{n\to\infty} \left[\frac{(n+1)^k}{2^{n+1}} \cdot \frac{2^n}{n^k} \right] = \lim_{n\to\infty} \frac{1}{2}\left(1 + \frac{1}{n}\right)^k = \frac{1}{2} < 1$.

由比值判别法知,所给级数收敛.

(3) $\displaystyle\lim_{n\to\infty} \frac{u_{n+1}}{u_n} = \lim_{n\to\infty} \left[\frac{(n+1)^k}{(n+1)!} \cdot \frac{n!}{n^k} \right] = \lim_{n\to\infty} \frac{1}{n+1}\left(1 + \frac{1}{n}\right)^k = 0 < 1$.

由比值判别法知,所给级数收敛.

(4) $\displaystyle\lim_{n\to\infty} \frac{u_{n+1}}{u_n} = \lim_{n\to\infty} \left[\frac{a^{n+1}}{(n+1)!} \cdot \frac{n!}{a^n} \right] = \lim_{n\to\infty} \frac{a}{n+1} = 0 < 1$.

由比值判别法知,所给级数收敛.

二、交错级数及其审敛法

　　定义 10.2.2　如果级数通项正负交错,即级数可以写成 $\displaystyle\sum_{n=1}^{\infty} (-1)^n u_n$ 或 $\displaystyle\sum_{n=1}^{\infty} (-1)^{n-1} u_n$ 的形式,其中 $u_n>0$,则称为**交错级数**.

　　定理 10.2.3(莱布尼茨判别法)　如果交错级数 $\displaystyle\sum_{n=1}^{\infty} (-1)^{n-1} u_n$($u_n>0$)通项的绝对值单调递减且趋于 0,即 $u_n>u_{n+1}$($n=1,2,3,\cdots$),且 $\displaystyle\lim_{n\to\infty} u_n=0$,则级数收敛,且其和 $S \leqslant u_1$.

　　证　部分和

$$S_{2n} = u_1 - u_2 + u_3 - u_4 + \cdots + u_{2n-1} - u_{2n}$$
$$= (u_1 - u_2) + (u_3 - u_4) + \cdots + (u_{2n-1} - u_{2n}),$$

因通项的绝对值单调减少,所以 $\{S_{2n}\}$ 为单调增加数列.

　　又

$$S_{2n} = u_1 - (u_2 - u_3) - (u_4 - u_5) - \cdots - (u_{2n-2} - u_{2n-1}) - u_{2n} \leqslant u_1,$$

交错级数及
其审敛法

所以 $\{S_{2n}\}$ 有上界,据极限理论,数列 $\{S_{2n}\}$ 存在极限 $\lim\limits_{n\to\infty}S_{2n}\leqslant u_1$.

又 $S_{2n+1}=S_{2n}+u_{2n+1}$,因为通项极限为 0,所以存在极限

$$\lim_{n\to\infty}S_{2n+1}=\lim_{n\to\infty}S_{2n}\leqslant u_1.$$

综上,交错级数的部分和数列 $\{S_n\}$ 存在极限 $\lim\limits_{n\to\infty}S_n\leqslant u_1$,即级数收敛且和不超过首项.

🔖 **小贴士**

定理的条件只是交错级数收敛的充分而非必要条件,也就是说,交错级数满足定理条件必收敛,但不满足定理条件不一定发散.

例 5　讨论下列交错级数的敛散性:

（1） $\displaystyle\sum_{n=1}^{\infty}(-1)^n\frac{1}{n}$.　　（2） $\displaystyle\sum_{n=1}^{\infty}\left(\frac{\pi}{2}-\arctan n\right)\cos n\pi$.

解　（1）因为

$$u_n=\frac{1}{n}>\frac{1}{n+1}=u_{n+1},\lim_{n\to\infty}u_n=\lim_{n\to\infty}\frac{1}{n}=0,$$

由定理 10.2.3 知,级数收敛.

（2） $\cos n\pi=(-1)^n$, $u_n=\dfrac{\pi}{2}-\arctan n>0$,所以级数是交错级数;又 u_n 单调减少,且 $\lim\limits_{n\to\infty}u_n=0$,由定理 10.2.3 可知级数收敛.

三、绝对收敛与条件收敛

若级数的通项为任意实数,这样的级数称为**任意项级数**.

定义 10.2.3　若由任意级数 $\displaystyle\sum_{n=1}^{\infty}u_n$ 通项的绝对值构成的级数 $\displaystyle\sum_{n=1}^{\infty}|u_n|$ 收敛,则称级数 $\displaystyle\sum_{n=1}^{\infty}u_n$ 为**绝对收敛**;若 $\displaystyle\sum_{n=1}^{\infty}u_n$ 收敛而 $\displaystyle\sum_{n=1}^{\infty}|u_n|$ 发散,则称 $\displaystyle\sum_{n=1}^{\infty}u_n$ **条件收敛**.

例如,级数 $\displaystyle\sum_{n=1}^{\infty}(-1)^n\frac{1}{n^2}$ 是绝对收敛,而级数 $\displaystyle\sum_{n=1}^{\infty}(-1)^n\frac{1}{n}$ 则是条件收敛的.

定理 10.2.4　绝对收敛级数必定收敛,即若 $\displaystyle\sum_{n=1}^{\infty}|u_n|$ 收敛,则可推出 $\displaystyle\sum_{n=1}^{\infty}u_n$ 收敛.

绝对收敛与
条件收敛

🔖 **小贴士**

此定理的意义在于,对一般项级数 $\displaystyle\sum_{n=1}^{\infty}u_n$,我们可以先考虑它所对应的正项级数 $\displaystyle\sum_{n=1}^{\infty}|u_n|$ 的敛散性.

我们进一步给出任意项级数的比值审敛法.

定理 10.2.5　若任意项级数 $\displaystyle\sum_{n=1}^{\infty}u_n$ 满足 $\lim\limits_{n\to\infty}\left|\dfrac{u_{n+1}}{u_n}\right|=k$,则

（1）若 $k<1$ 时，则级数 $\displaystyle\sum_{n=1}^{\infty} u_n$ 绝对收敛；

（2）若 $k>1$ 或为 $+\infty$ 时，则级数 $\displaystyle\sum_{n=1}^{\infty} u_n$ 发散；

（3）若 $k=1$，无法判断.

🖐 小贴士

应用此定理时需注意，一般情况下，$\displaystyle\sum_{n=1}^{\infty} |u_n|$ 发散是不能推出 $\displaystyle\sum_{n=1}^{\infty} u_n$ 也发散的，但是如果是用比值审敛法判断 $\displaystyle\sum_{n=1}^{\infty} |u_n|$ 发散，即 $\displaystyle\lim_{n\to\infty}\left|\frac{u_{n+1}}{u_n}\right|>1$，此时 $\displaystyle\lim_{n\to\infty} u_n \neq 0$，级数 $\displaystyle\sum_{n=1}^{\infty} u_n$ 必发散.

例 6 判别下列级数的敛散性. 如果收敛，指出是绝对收敛还是条件收敛.

（1）$\displaystyle\sum_{n=1}^{\infty} (-1)^{n-1}\frac{n^3}{2^n}$.   （2）$\displaystyle\sum_{n=1}^{\infty} (-1)^{n-1}\frac{1}{\sqrt{n}}$.

解 （1）先考虑所对应的正项级数 $\displaystyle\sum_{n=1}^{\infty} \frac{n^3}{2^n}$，

$$\lim_{n\to\infty} \frac{\dfrac{(n+1)^3}{2^{n+1}}}{\dfrac{n^3}{2^n}} = \frac{1}{2}.$$

由比值审敛法可知，$\displaystyle\sum_{n=1}^{\infty} \frac{n^3}{2^n}$ 是收敛的. 故原级数绝对收敛.

（2）对应的正项级数 $\displaystyle\sum_{n=1}^{\infty} \frac{1}{\sqrt{n}}$ 是 p 级数，发散的. 而原级数 $\displaystyle\sum_{n=1}^{\infty} (-1)^{n-1}\frac{1}{\sqrt{n}}$ 是交错级数，

$$\frac{1}{\sqrt{n}} > \frac{1}{\sqrt{n+1}}, \quad \text{且} \lim_{n\to\infty} \frac{1}{\sqrt{n}} = 0.$$

由莱布尼茨判别法可知，$\displaystyle\sum_{n=1}^{\infty} (-1)^{n-1}\frac{1}{\sqrt{n}}$ 是收敛的. 所以原级数是条件收敛的.

习题 10.2

1. 判别下列正项级数的敛散性：

（1）$\displaystyle\sum_{n=1}^{\infty} \frac{1}{n(n+2)}$.   （2）$\displaystyle\sum_{n=1}^{\infty} \sin\frac{1}{n^2+1}$.   （3）$\displaystyle\sum_{n=1}^{\infty} \frac{n^2}{2^n+1}$.   （4）$\displaystyle\sum_{n=4}^{\infty} \frac{\sqrt{n}}{n^2-10}$.

（5）$\displaystyle\sum_{n=1}^{\infty}\tan\frac{\pi}{4^n}$.　　（6）$\displaystyle\sum_{n=1}^{\infty}\frac{3^n}{n\cdot 2^n}$.　　（7）$\displaystyle\sum_{n=1}^{\infty}\frac{n!}{n^n}$.　　*（8）$\displaystyle\sum_{n=1}^{\infty}\frac{1+\sin\dfrac{1}{n}}{n+1}$.

2. 判断下列级数的敛散性，如果收敛，指出是绝对收敛还是条件收敛：

（1）$\displaystyle\sum_{n=1}^{\infty}(-1)^n\frac{2^n+1}{3^n-1}$.　　（2）$\displaystyle\sum_{n=1}^{\infty}(-1)^n\frac{1}{\ln(n+1)}$.

（3）$\displaystyle\sum_{n=1}^{\infty}\frac{\cos n\pi}{\sqrt{n}}$.　　　（4）$\displaystyle\sum_{n=1}^{\infty}(-1)^n\frac{n}{2n-1}$；

3. 级数 $\displaystyle\sum_{n=1}^{\infty}(-1)^n\ln\frac{n+1}{n}$（　　）.

A. 发散　　　　　　B. 条件收敛　　　C. 绝对收敛　　　D. 以上都不对

4. 下列级数收敛的是（　　）.

A. $\displaystyle\sum_{n=1}^{\infty}\frac{2^n}{n^2}$　　B. $\displaystyle\sum_{n=1}^{\infty}\sqrt{\frac{n}{n+1}}$　　C. $\displaystyle\sum_{n=1}^{\infty}\frac{1+(-1)^n}{n}$　　D. $\displaystyle\sum_{n=1}^{\infty}\frac{(-1)^n}{\sqrt{n}}$

5. 下列级数条件收敛的是（　　）.

A. $\displaystyle\sum_{n=1}^{\infty}\frac{(-1)^n-n}{n^2}$　　　　　　　B. $\displaystyle\sum_{n=1}^{\infty}(-1)^n\frac{n+1}{2n-1}$

C. $\displaystyle\sum_{n=1}^{\infty}(-1)^n\frac{n!}{n^n}$　　　　　　　D. $\displaystyle\sum_{n=1}^{\infty}(-1)^n\frac{n+1}{n^2}$

*6. 讨论级数 $\displaystyle\sum_{n=1}^{\infty}(-1)^n\frac{1}{n^p}$ 的敛散性.

第三节　幂　级　数

一、函数项级数

定义 10.3.1　$u_1(x),u_2(x),\cdots,u_n(x)\cdots$ 是定义在区间 I 上的函数列，称和式

$u_1(x)+u_2(x)+\cdots+u_n(x)+\cdots$ 为定义在区间 I 上的**(函数项)级数**，记为 $\displaystyle\sum_{n=1}^{\infty}u_n(x)$.

　　若 $x_0\in I$，代入函数项级数，得到一个常数项级数 $\displaystyle\sum_{n=1}^{\infty}u_n(x_0)$. 若常数项级数

$\displaystyle\sum_{n=1}^{\infty}u_n(x_0)$ 收敛，则称 x_0 为函数项级数 $\displaystyle\sum_{n=1}^{\infty}u_n(x)$ 的**收敛点**；若常数项级数 $\displaystyle\sum_{n=1}^{\infty}u_n(x_0)$

发散，则称 x_0 为函数项级数 $\displaystyle\sum_{n=1}^{\infty}u_n(x)$ 的**发散点**. $\displaystyle\sum_{n=1}^{\infty}u_n(x)$ 的收敛点的全体称为

$\displaystyle\sum_{n=1}^{\infty}u_n(x)$ 的**收敛域**，发散点的全体称为 $\displaystyle\sum_{n=1}^{\infty}u_n(x)$ 的**发散域**.

幂级数的收敛域

在收敛域上,函数项级数 $\sum\limits_{n=1}^{\infty} u_n(x)$ 的和是关于 x 的函数,称之为**和函数** $s(x)$. 即

在收敛域上,$\sum\limits_{n=1}^{\infty} u_n(x) = s(x)$.

二、幂级数及其收敛性

定义 10.3.2 形如

$$\sum_{n=0}^{\infty} a_n (x-x_0)^n = a_0 + a_1(x-x_0) + a_2(x-x_0)^2 + \cdots \tag{1}$$

的函数项级数称为 $(x-x_0)$ 的**幂级数**,记为 $\sum\limits_{n=0}^{\infty} a_n (x-x_0)^n$.

特例:当 $x_0 = 0$,即在零点处的幂级数为

$$\sum_{n=0}^{\infty} a_n x^n = a_0 + a_1 x + a_2 x^2 + \cdots \tag{2}$$

称为 x 的**幂级数**,记为 $\sum\limits_{n=0}^{\infty} a_n x^n$.

若在(1)中令 $x-x_0 = t$,则(1)化为(2)的形式,故研究幂级数,只需研究在零点处的幂级数即可.

下面讨论幂级数的收敛性.

引理(阿贝尔定理) 若幂级数 $\sum\limits_{n=0}^{\infty} a_n x^n$ 在 $x = \bar{x} \neq 0$ 收敛,则对满足不等式 $|x| < |\bar{x}|$ 的任何 x,幂级数 $\sum\limits_{n=0}^{\infty} a_n x^n$ 收敛而且绝对收敛;若幂级数 $\sum\limits_{n=0}^{\infty} a_n x^n$ 在 $x = \bar{x}$ 时发散,则对满足不等式 $|x| > |\bar{x}|$ 的任何 x,幂级数 $\sum\limits_{n=0}^{\infty} a_n x^n$ 发散.

由此定理可知,幂级数 $\sum\limits_{n=0}^{\infty} a_n x^n$ 的收敛域是以原点为中心的区间(端点另外讨论). 若以 $2R$ 表示区间的长度,则称 R 为幂级数的收敛半径,我们称 $(-R, R)$ 为幂级数 $\sum\limits_{n=0}^{\infty} a_n x^n$ 的**收敛区间**. 收敛区间与收敛的收敛区间的端点共同构成收敛域.

定理 10.3.1 如果 $\sum\limits_{n=0}^{\infty} a_n x^n$ 满足 $a_n \neq 0 (n = 0, 1, 2, \cdots)$,$\rho = \lim\limits_{n\to\infty} \left| \dfrac{a_{n+1}}{a_n} \right|$,则收敛半径

$$R = \begin{cases} +\infty, & \rho = 0, \\ \dfrac{1}{\rho}, & 0 < \rho < +\infty, \\ 0, & \rho = +\infty. \end{cases}$$

证 利用任意项级数的比值审敛法,对于 $0 < \rho < +\infty$ 的情形,由于

$$\lim_{n \to \infty} \left| \frac{a_{n+1} x^{n+1}}{a_n x^n} \right| = \lim_{n \to \infty} \left| \frac{a_{n+1}}{a_n} \right| |x| = \rho |x|,$$

所以有

当 $\rho |x| < 1$，即 $|x| < \dfrac{1}{\rho}$，级数 $\displaystyle\sum_{n=0}^{\infty} a_n x^n$ 收敛；

当 $\rho |x| > 1$，即 $|x| > \dfrac{1}{\rho}$，级数 $\displaystyle\sum_{n=0}^{\infty} a_n x^n$ 发散．

因此，$R = \dfrac{1}{\rho}$ 就是 $\displaystyle\sum_{n=0}^{\infty} a_n x^n$ 的收敛半径．

小贴士

幂级数收敛域的求法：

（1）计算收敛半径：由 $\displaystyle\lim_{n \to \infty} \left| \dfrac{a_n}{a_{n+1}} \right| = R$ 求出收敛半径 R，写出收敛区间 $(-R, R)$．

（2）讨论收敛区间端点处敛散性：在收敛区间端点处，幂级数转化为数项级数，利用数项级数敛散性判别方法，确定在收敛区间端点是否收敛．

（3）写出收敛域：收敛区间加上收敛的端点，构成收敛域．

例 1　求下列级数的收敛域．

（1）$\displaystyle\sum_{n=1}^{\infty} (-1)^{n-1} \dfrac{x^n}{n}$.　（2）$\displaystyle\sum_{n=0}^{\infty} n! \, x^n$.　（3）$\displaystyle\sum_{n=1}^{\infty} \dfrac{(x-1)^n}{2^n n}$.

解　（1）因为 $\rho = \displaystyle\lim_{n \to \infty} \left| \dfrac{a_{n+1}}{a_n} \right| = \lim_{n \to \infty} \dfrac{n}{n+1} = 1$，则 $R = 1$，收敛区间为 $(-1, 1)$．

当 $x = -1$ 时级数 $\displaystyle\sum_{n=1}^{\infty} \dfrac{-1}{n}$ 发散；当 $x = 1$ 时级数 $\displaystyle\sum_{n=1}^{\infty} \dfrac{(-1)^{n-1}}{n}$ 收敛．

所以，$\displaystyle\sum_{n=1}^{\infty} (-1)^{n-1} \dfrac{x^n}{n}$ 的收敛域为 $(-1, 1]$．

（2）$\rho = \displaystyle\lim_{n \to \infty} \left| \dfrac{a_{n+1}}{a_n} \right| = \lim_{n \to \infty} \dfrac{(n+1)!}{n!} = +\infty$，所以收敛半径为 $R = 0$，即级数仅在 $x = 0$ 处收敛．

（3）设 $t = x - 1$，级数可改写为 $\displaystyle\sum_{n=1}^{\infty} \dfrac{t^n}{2^n \cdot n}$，因 $\rho = \displaystyle\lim_{n \to \infty} \left| \dfrac{a_{n+1}}{a_n} \right| = \lim_{n \to \infty} \dfrac{2^n \cdot n}{2^{n+1}(n+1)} = \dfrac{1}{2}$，则 $R = 2$．

当 $t = -2$ 时级数 $\displaystyle\sum_{n=1}^{\infty} \dfrac{(-1)^n}{n}$ 收敛，当 $t = 2$ 时级数 $\displaystyle\sum_{n=1}^{\infty} \dfrac{1}{n}$ 发散，故收敛域为 $t \in [-2, 2)$，即 $x \in [-1, 3)$．

例 2　求幂级数 $\displaystyle\sum_{n=1}^{\infty} 2^n x^{2n-1}$ 的收敛半径．

解　所给级数的偶数项的系数全部为零，因此不能用定理 10.3.1 来求它的半径．这时应将 x 当作取定的常数，用任意项级数的比值审敛法，看 x 取什么值时所给

级数绝对收敛或发散,由此确定它的收敛半径. 也就是这时应该用定理 10.3.1 的证明方法来求解. 由于

$$\lim_{n \to \infty} \left| \frac{u_{n+1}}{u_n} \right| = \lim_{n \to \infty} \left| \frac{2^{n+1} x^{2n+1}}{2^n x^{2n-1}} \right| = \lim_{n \to \infty} 2x^2 = 2x^2,$$

所以有

当 $2x^2 < 1$ 时,即 $|x| < \dfrac{\sqrt{2}}{2}$ 时,所给级数收敛;

当 $2x^2 > 1$ 时,即 $|x| > \dfrac{\sqrt{2}}{2}$ 时,所给级数发散.

综上,该级数的收敛半径为 $R = \dfrac{\sqrt{2}}{2}$.

幂级数测
一测

三、幂级数的性质

性质 1 幂级数 $\displaystyle\sum_{n=0}^{\infty} a_n x^n$ 的和函数 $s(x)$ 在收敛域上连续.

性质 2 幂级数 $\displaystyle\sum_{n=0}^{\infty} a_n x^n$ 的和函数 $s(x)$ 在其收敛域可积,并有逐项积分公式

$$\int_0^x s(x) \, \mathrm{d}x = \int_0^x \left[\sum_{n=0}^{\infty} a_n x^n \right] \mathrm{d}x = \sum_{n=0}^{\infty} \int_0^x a_n x^n \mathrm{d}x = \sum_{n=0}^{\infty} \frac{a_n}{n+1} x^{n+1}.$$

性质 3 幂级数 $\displaystyle\sum_{n=0}^{\infty} a_n x^n$ 的和函数 $s(x)$ 在其收敛区间 $(-R, R)$ 内可导,并且有逐项求导公式

$$s'(x) = \left(\sum_{n=0}^{\infty} a_n x^n \right)' = \sum_{n=0}^{\infty} (a_n x^n)' = \sum_{n=0}^{\infty} n a_n x^{n-1}.$$

习题 10.3

1. 求下列级数的收敛半径:

(1) $\displaystyle\sum_{n=0}^{\infty} \frac{x^n}{2n-1}$.   (2) $\displaystyle\sum_{n=0}^{\infty} \frac{3^n x^n}{n!}$.   (3) $\displaystyle\sum_{n=0}^{\infty} \frac{x^{2n-1}}{4^n}$.

2. 求下列级数的收敛半径和收敛域:

(1) $\displaystyle\sum_{n=1}^{\infty} \frac{2^n (x-1)^n}{n}$.   (2) $\displaystyle\sum_{n=1}^{\infty} n! \, x^n$.   (3) $\displaystyle\sum_{n=1}^{\infty} \left(\frac{1}{2^n} + 3^n \right) x^n$.

(4) $\displaystyle\sum_{n=1}^{\infty} \frac{x^n}{n \cdot 2^n}$.   (5) $\displaystyle\sum_{n=1}^{\infty} \frac{(-1)^n}{n \cdot 3^n} (x-3)^n$.   (6) $\displaystyle\sum_{n=1}^{\infty} \frac{2^n}{\sqrt{n}} (x-1)^n$.

第四节 幂级数展开

一、泰勒公式和泰勒级数

给定函数 $f(x)$，要考虑它是否能在某个区间内"展开成幂级数"，如果能找到这样的幂级数，我们就说，函数 $f(x)$ 在该区间内能展开成幂级数，或简单地说函数 $f(x)$ 能展开成幂级数，而该级数在收敛区间内就表达了函数 $f(x)$.

定义 10.4.1 若 $f(x)$ 在点 x_0 的某邻域内任意阶可导，则称级数

$$f(x_0) + f'(x_0)(x-x_0) + \frac{f''(x_0)}{2!}(x-x_0)^2 + \cdots + \frac{f^{(n)}(x_0)}{n!}(x-x_0)^n + \cdots$$

为 $f(x)$ 的**泰勒级数**.

当 $x_0 = 0$ 时，得

$$f(0) + f'(0)x + \frac{f''(0)}{2!}x^2 + \cdots + \frac{f^{(n)}(0)}{n!}x^n + \cdots,$$

称该级数为 $f(x)$ 的**麦克劳林级数**.

定义 10.4.2 如果 $f(x)$ 在点 x_0 的某邻域内具有各阶导数，则在该邻域内有

$$f(x) = f(x_0) + f'(x_0)(x-x_0) + \frac{f''(x_0)}{2!}(x-x_0)^2 + \cdots + \frac{f^{(n)}(x_0)}{n!}(x-x_0)^n + R_n(x), \text{ 其中}$$

$R_n(x) = \frac{f^{(n+1)}(\xi)}{(n+1)!}(x-x_0)^{n+1}$（$\xi$ 介于 x 与 x_0 之间）. 这个公式称为**泰勒公式**，其中的 $R_n(x)$ 称为**拉格朗日型余项**.

定理 10.4.1 设函数 $f(x)$ 在点 x_0 的某一邻域 $U(x_0)$ 内具有各阶导数，则 $f(x)$ 在该邻域内能展开成泰勒级数的充分必要条件是 $f(x)$ 的泰勒公式中的余项 $R_n(x)$ 当 $n \to \infty$ 时的极限为零，即

$$\lim_{n \to \infty} R_n(x) = 0 \ (x \in U(x_0)).$$

二、函数展开成幂级数的方法

1. 直接展开法

将函数展开成麦克劳林级数的一般步骤：

（1）求 $f'(x), f''(x), \cdots, f^{(n)}(x)$ 和 $f'(0), f''(0), \cdots, f^{(n)}(0)$；

（2）写出麦克劳林级数 $f(0) + f'(0)x + \dfrac{f''(0)}{2!}x^2 + \cdots + \dfrac{f^{(n)}(0)}{n!}x^n + \cdots$，并求其收敛域；

（3）在收敛域内，求 $\lim\limits_{n \to \infty} R_n(x) = \lim\limits_{n \to \infty} \dfrac{f^{(n+1)}(\xi)}{(n+1)!}x^{n+1}$（$\xi$ 在 0 与 x 之间）.

幂级数的展开式

例 1　将 $f(x) = \mathrm{e}^x$ 展开成 x 的幂级数.

解　由于 $f^{(n)}(x) = \mathrm{e}^x \,(n = 1,\ 2,\ \cdots)$，因此

$$f^{(n)}(0) = 1\,(n = 1,\ 2,\ \cdots).$$

于是得级数

$$1 + x + \frac{1}{2!}x^2 + \cdots + \frac{1}{n!}x^n + \cdots,$$

它的收敛半径 $R = +\infty$. 又

$$0 \leqslant \lim_{n \to +\infty} |R_n(x)| = \lim_{n \to +\infty} \left| \frac{\mathrm{e}^\xi}{(n+1)!}x^{n+1} \right| = \lim_{n \to +\infty} \mathrm{e}^\xi \left| \frac{x^{n+1}}{(n+1)!} \right| \leqslant \lim_{n \to +\infty} \frac{\mathrm{e}^\xi |x|^{n+1}}{(n+1)!},$$

由于对指定的 x 来说，$|\xi| < |x|$，e^ξ 是非零有界变量. 用正项级数比值判别法可知，对任意的 $x \in \mathbf{R}$，级数 $\displaystyle\sum_{n=0}^{\infty} \frac{|x|^{n+1}}{(n+1)!}$ 都收敛，因而 $\displaystyle\lim_{n \to +\infty} \frac{|x|^{n+1}}{(n+1)!} = 0$. 由夹逼准则有 $\displaystyle\lim_{n \to +\infty} |R_n(x)| = 0.$ 所以

$$\mathrm{e}^x = 1 + x + \frac{1}{2!}x^2 + \cdots \frac{1}{n!}x^n + \cdots \quad (-\infty < x < +\infty).$$

类似的方法可以得到以下常用展开式：

$$\mathrm{e}^x = 1 + x + \frac{1}{2!}x^2 + \cdots + \frac{1}{n!}x^n + \cdots \quad (-\infty < x < +\infty),$$

$$\sin x = x - \frac{x^3}{3!} + \frac{x^5}{5!} - \cdots + (-1)^n \frac{x^{2n+1}}{(2n+1)!} + \cdots \quad (-\infty < x < +\infty),$$

$$\cos x = 1 - \frac{x^2}{2!} + \frac{x^4}{4!} - \cdots + (-1)^n \frac{x^{2n}}{(2n)!} + \cdots \quad (-\infty < x < +\infty),$$

$$\frac{1}{1-x} = 1 + x + x^2 + \cdots + x^n + \cdots \quad (-1 < x < 1),$$

$$\ln(1+x) = x - \frac{x^2}{2} + \frac{x^3}{3} - \frac{x^4}{4} + \cdots + (-1)^n \frac{x^{n+1}}{n+1} + \cdots \quad (-1 < x \leqslant 1),$$

$$(1+x)^m = 1 + mx + \frac{m(m-1)}{2!}x^2 + \cdots + \frac{m(m-1)\cdots(m-n+1)}{n!}x^n + \cdots \quad (-1 < x < 1).$$

⭐ **小点睛** ━━━━━━━━━━━━━━━━━━━━━━━━━━━━━━━━━━━

将函数展开成幂级数，换个角度看，我们是在用幂函数的和去尽可能逼近函数. 这种逼近的方法在分析和数值计算中起着重要作用.

2. 间接展开法

利用上述直接展开法得到的常用展开式，通过变量代换、四则运算、逐项求导、逐项积分等幂级数的性质，将函数展开成幂级数的方法称为间接展开法.

例 2　将函数 $f(x) = \dfrac{1}{1+x^2}$ 展开成 x 的幂级数.

解　因为 $\dfrac{1}{1-x} = 1 + x + x^2 + \cdots + x^n + \cdots (-1 < x < 1)$，把 x 换成 $-x^2$，得

$$\frac{1}{1+x^2} = 1 - x^2 + x^4 - \cdots + (-1)^n x^{2n} + \cdots.$$

由 $-1 < -x^2 < 1$，得 $-1 < x < 1$. 所以

$$\frac{1}{1+x^2} = 1 - x^2 + x^4 - \cdots + (-1)^n x^{2n} + \cdots \quad (-1 < x < 1).$$

例 3　将函数 $f(x) = \ln(1+x)$ 展开成 x 的幂级数.

解　因为 $f'(x) = \dfrac{1}{1+x}$，而 $\dfrac{1}{1+x}$ 是收敛的等比级数 $\displaystyle\sum_{n=0}^{\infty} (-1)^n x^n (-1 < x < 1)$ 的和函数：

$$\frac{1}{1+x} = 1 - x + x^2 - x^3 + \cdots + (-1)^n x^n + \cdots.$$

所以将上式从 0 到 x 逐项积分，得

$$\ln(1+x) = x - \frac{x^2}{2} + \frac{x^3}{3} - \frac{x^4}{4} + \cdots + (-1)^n \frac{x^{n+1}}{n+1} + \cdots \quad (-1 < x < 1).$$

当 $x = -1$ 时，$-1 - \dfrac{1}{2} - \dfrac{1}{3} - \dfrac{1}{4} - \cdots$ 发散；

当 $x = 1$ 时，$1 - \dfrac{1}{2} + \dfrac{1}{3} - \dfrac{1}{4} + \cdots$ 收敛.

由和函数的连续性知

$$1 - \frac{1}{2} + \frac{1}{3} - \frac{1}{4} + \cdots = \ln 2,$$

所以得

$$\ln(1+x) = x - \frac{x^2}{2} + \frac{x^3}{3} - \frac{x^4}{4} + \cdots \quad (-1 < x \leqslant 1).$$

自然对数表的制作　我们在中学就学过可以查自然对数表求自然对数的值，如 $\ln 2$ 可通过查表得其值为 0.693 1. 那么这个数值是怎么来的呢？

比如，要计算 $\ln 2$，我们可以借助 $\ln(1+x)$ 的幂级数展开式来处理，即

$$\ln(1+x) = x - \frac{x^2}{2} + \frac{x^3}{3} - \frac{x^4}{4} + \cdots + (-1)^n \frac{x^{n+1}}{n+1} + \cdots (-1 < x \leqslant 1).$$

当取 $x = 1$ 时，

$$\ln 2 = \ln(1+1) = 1 - \frac{1^2}{2} + \frac{1^3}{3} - \frac{1^4}{4} + \cdots + (-1)^{n-1} \frac{1^n}{n} + \cdots,$$

保留小数点后四位有效数字，就得到了 $\ln 2 = 0.693\ 1$.

同样，用这样的方法，就可以得到其他正数的自然对数，从而就制作出自然对数表了.

例 4　将函数 $f(x) = \dfrac{1}{3x^2 - 4x + 1}$ 展开成 x 的幂级数.

解
$$f(x) = \frac{1}{2}\left(\frac{3}{1-3x} - \frac{1}{1-x}\right)$$
$$= \frac{1}{2}\left(\sum_{n=0}^{\infty} 3^{n+1} x^n - \sum_{n=0}^{\infty} x^n\right)$$

幂级数展开
测一测

$$= \frac{1}{2} \sum_{n=0}^{\infty} (3^{n+1}-1) x^n,$$

由 $-1<3x<1$ 得 $|x|<\frac{1}{3}$，由 $-1<x<1$ 得 $|x|<1$.

综上，得 $|x|<\frac{1}{3}$，所以

$$\frac{1}{3x^2-4x+1} = \frac{1}{2} \sum_{n=0}^{\infty} (3^{n+1}-1) x^n \quad \left(-\frac{1}{3}<x<\frac{1}{3}\right).$$

例 5　把 $\dfrac{1}{x^2+3x-4}$ 展成 $(x+5)$ 的幂级数.

解　因为

$$\frac{1}{x^2+3x-4} = \frac{1}{(x-1)(x+4)}$$

$$= \frac{1}{5}\left(\frac{1}{x-1} - \frac{1}{x+4}\right)$$

$$= \frac{1}{5}\left(\frac{1}{-4-x} - \frac{1}{1-x}\right)$$

$$= \frac{1}{5}\left[\frac{1}{1-(x+5)} - \frac{1}{6-(x+5)}\right]$$

$$= \frac{1}{5}\left[\frac{1}{1-(x+5)} - \frac{1}{6} \cdot \frac{1}{1-\left(\dfrac{x+5}{6}\right)}\right].$$

注意到

$$\frac{1}{1-t} = \sum_{n=0}^{\infty} t^n \quad (-1<t<1),$$

于是

$$\frac{1}{x^2+3x+4} = \frac{1}{5} \sum_{n=0}^{\infty} (x+5)^n - \frac{1}{30} \sum_{n=0}^{\infty} \frac{(x+5)^n}{6^n}$$

$$= \sum_{n=0}^{\infty} \left(\frac{1}{5} - \frac{1}{30 \cdot 6^n}\right) (x+5)^n.$$

由 $-1<x+5<1$ 得到 $-6<x<-4$，再由 $-1<\dfrac{x+5}{6}<1$ 得到 $-11<x<1$. 从而，$-6<x<-4$. 所以

$$\frac{1}{x^2+3x+4} = \sum_{n=0}^{\infty} \left(\frac{1}{5} - \frac{1}{30 \cdot 6^n}\right) (x+5)^n \quad (-6<x<-4).$$

习题 10.4

1. 利用间接展开法将函数展开成 x 的幂级数：

（1）$y = \ln(4+x)$.　　　　（2）$y = \sin^2 x$.

（3）$y = \dfrac{1}{3-x}$.　　　　　（4）$y = xe^x$.

2. 将 $y = \ln(1+x)$ 在 $x = 2$ 处展开成幂级数.

3. 将 $y = \cos x$ 展开成 $\left(x + \dfrac{\pi}{3}\right)$ 的幂级数.

4. 将 $y = \dfrac{1}{x}$ 展开成 $(x-3)$ 的幂级数.

*5. 将 $y = \dfrac{1}{x^2+5x+6}$ 在点 $x = -4$ 处展开成幂级数.

■ 第五节　傅里叶级数

　　在科学实验与工程技术的某些现象中,常会碰到周期运动. 最简单的周期运动,可用正弦函数 $y = A\sin(\omega x+\varphi)$ 来描写. 由 $y = A\sin(\omega x+\varphi)$ 所表达的周期运动也称为简谐振动,其中 A 为振幅,φ 为初相角,ω 为角频率,于是简谐振动 y 的周期是 $T = \dfrac{2\pi}{\omega}$.

　　较为复杂的周期运动,则常是几个简谐振动 $y_k = A_k\sin(k\omega x+\varphi_k)$ $(k = 1, 2, \cdots, n)$ 的叠加 $y = \displaystyle\sum_{k=1}^{n} y_k = \sum_{k=1}^{n} A_k\sin(k\omega x+\varphi_k)$.

　　由于简谐振动 y_k 的周期为 $\dfrac{T}{k}$ $\left(T = \dfrac{2\pi}{\omega}\right)$ $(k = 1, 2, \cdots, n)$,所以函数 $y = \displaystyle\sum_{k=1}^{n} y_k = \sum_{k=1}^{n} A_k\sin(k\omega x + \varphi_k)$ 的周期为 T.

　　对无穷多个简谐振动进行叠加就得到函数项级数

$$A_0 + \sum_{n=1}^{\infty} A_n\sin(n\omega x+\varphi_n).$$

　　若级数 $A_0 + \displaystyle\sum_{n=1}^{\infty} A_n\sin(n\omega x+\varphi_n)$ 收敛,则它所描述的是更为一般的周期现象.

　　对于级数 $A_0 + \displaystyle\sum_{n=1}^{\infty} A_n\sin(n\omega x+\varphi_n)$,我们只要讨论 $\omega = 1$(如果 $\omega \neq 1$,可用 ωx 代换 x)的情形. 由于

$$\sin(nx+\varphi_n) = \sin\varphi_n\cos nx+\cos\varphi_n\sin nx,$$

所以

$$A_0 + \sum_{n=1}^{\infty} A_n\sin(nx+\varphi_n) = A_0 + \sum_{n=1}^{\infty} (A_n\sin\varphi_n\cos nx+A_n\cos\varphi_n\sin nx).$$

记

$$A_0 = \frac{a_0}{2}, \quad A_n\sin\varphi_n = a_n, \quad A_n\cos\varphi_n = b_n, \quad n = 1, 2, \cdots,$$

则级数 $A_0 + \displaystyle\sum_{n=1}^{\infty} (A_n\sin\varphi_n\cos nx+A_n\cos\varphi_n\sin nx)$ 可写成

$$\frac{a_0}{2} + \sum_{n=1}^{\infty} (a_n \cos nx + b_n \sin nx).$$

它是由 $1, \cos x, \sin x, \cos 2x, \sin 2x, \cdots, \cos nx, \sin nx, \cdots$ 所产生的级数.

这个级数称为**三角级数**,其中 $a_0, a_n, b_n (n=1,2,\cdots)$ 都是常数.

一、三角函数系的正交性

我们称 $1, \cos x, \sin x, \cos 2x, \sin 2x, \cdots, \cos nx, \sin nx, \cdots$ 为**三角函数系**.

在三角函数系中任何两个不同的函数的乘积在区间 $[-\pi, \pi]$ 上的积分等于零,即

$$\int_{-\pi}^{\pi} \cos nx \mathrm{d}x = 0 \ (n=1,2,\cdots),$$

$$\int_{-\pi}^{\pi} \sin nx \mathrm{d}x = 0 \ (n=1,2,\cdots),$$

$$\int_{-\pi}^{\pi} \sin kx \cos nx \mathrm{d}x = 0 \ (k,n=1,2,\cdots),$$

$$\int_{-\pi}^{\pi} \sin kx \sin nx \mathrm{d}x = 0 \ (k,n=1,2,\cdots; k \neq n),$$

$$\int_{-\pi}^{\pi} \cos kx \cos nx \mathrm{d}x = 0 \ (k,n=1,2,\cdots; k \neq n).$$

而三角函数系中任何两个相同的函数的乘积在区间 $[-\pi, \pi]$ 上的积分不等于零,即

$$\int_{-\pi}^{\pi} 1^2 \mathrm{d}x = 2\pi,$$

$$\int_{-\pi}^{\pi} \cos^2 nx \mathrm{d}x = \pi \ (n=1,2,\cdots),$$

$$\int_{-\pi}^{\pi} \sin^2 nx \mathrm{d}x = \pi \ (n=1,2,\cdots).$$

通常把两个函数 φ 与 ψ 在 $[a,b]$ 上可积,且 $\int_a^b \varphi(x)\psi(x)\mathrm{d}x = 0$ 的函数 φ 与 ψ 称为在 $[a,b]$ 上是**正交**的. 由此,我们说三角函数系在 $[-\pi, \pi]$ 上具有正交性,或者说三角函数系是正交函数系.

二、以 2π 为周期的函数的傅里叶级数

若 $f(x)$ 是以周期为 2π 的可积函数,且可以展开成在 $[-\pi, \pi]$ 上可逐项积分的三角级数. 设

$$f(x) = \frac{a_0}{2} + \sum_{n=1}^{\infty} (a_n \cos nx + b_n \sin nx),$$

则由三角函数系的正交性,可得如下公式:

$$a_n = \frac{1}{\pi} \int_{-\pi}^{\pi} f(x) \cos nx \mathrm{d}x, \quad n=0,1,2,\cdots,$$

$$b_n = \frac{1}{\pi} \int_{-\pi}^{\pi} f(x) \sin nx \mathrm{d}x, \quad n=1,2,\cdots.$$

以 2π 为周期的函数的傅里叶级数的概念及收敛定理

由上述公式确定的 a_n 和 b_n 称为函数 $f(x)$ 的**傅里叶系数**,以函数 $f(x)$ 的傅里叶系数为系数的三角级数称为函数 $f(x)$ 的**傅里叶级数**,记作

$$f(x) \sim \frac{a_0}{2} + \sum_{n=1}^{\infty} (a_n \cos nx + b_n \sin nx).$$

这时还需要讨论此级数是否收敛. 如果收敛,是否收敛于 $f(x)$ 本身. 我们不加证明地给出如下定理:

定理 10.5.1(收敛定理)　设函数 $f(x)$ 是周期为 2π 的周期函数,如果它满足:在一个周期内连续或除有限个第一类间断点外在其余点连续,并且至多有有限个极值点,则 $f(x)$ 的傅里叶级数收敛,并且

(1) 当 x 是 $f(x)$ 的连续点时,级数收敛于 $f(x)$;

(2) 当 x 是 $f(x)$ 的间断点时,级数收敛于 $\dfrac{f(x^+)+f(x^-)}{2}$.

周期为 2π 的
函数展开式
傅里叶级数

> 💡 **小贴士**
>
> 收敛定理告诉我们:只要函数在 $[-\pi,\pi]$ 上至多有有限个第一类间断点,并且不作无限次振动,函数的傅里叶级数在连续点就收敛于该点的函数值,在间断点就收敛于该点左极限和右极限的平均值. 可见函数展开成傅里叶级数的条件比展开成幂级数的条件低得多.

若 $f(x)$ 是以 2π 为周期的偶函数,则 $f(x)\cos nx$ 也是偶函数,而 $f(x)\sin nx$ 是奇函数. 于是,函数 $f(x)$ 的傅里叶系数

$$a_n = \frac{1}{\pi}\int_{-\pi}^{\pi} f(x)\cos nx \,\mathrm{d}x = \frac{2}{\pi}\int_0^{\pi} f(x)\cos nx \,\mathrm{d}x, \quad n = 0,1,2,\cdots.$$

$$b_n = \frac{1}{\pi}\int_{-\pi}^{\pi} f(x)\sin nx \,\mathrm{d}x = 0, \quad n = 1,2,3,\cdots.$$

显然,偶函数的傅里叶级数只含有余弦函数的项,亦称**余弦级数**.

同理,若 $f(x)$ 是以 2π 为周期的奇函数,则 $f(x)\cos nx$ 也是奇函数,而 $f(x)\sin nx$ 是偶函数. 于是,函数 $f(x)$ 的傅里叶系数

$$a_n = \frac{1}{\pi}\int_{-\pi}^{\pi} f(x)\cos nx \,\mathrm{d}x = 0, \quad n = 0,1,2,\cdots,$$

$$b_n = \frac{1}{\pi}\int_{-\pi}^{\pi} f(x)\sin nx \,\mathrm{d}x = \frac{2}{\pi}\int_0^{\pi} f(x)\sin nx \,\mathrm{d}x, \quad n = 1,2,3,\cdots.$$

显然,奇函数的傅里叶级数只含有正弦函数的项,亦称**正弦级数**.

例 1　设 $f(x)$ 为周期为 2π 的周期函数,其在一个周期内的解析式为

$$f(x) = \begin{cases} x, & 0 \leqslant x \leqslant \pi, \\ 0, & -\pi < x < 0, \end{cases}$$

求 $f(x)$ 的傅里叶级数展开式.

解　函数 $f(x)$ 的图像如图 10.1 所示. 显然 $f(x)$ 满足收敛定理的条件,故它可以展开成傅里叶级数. 由于

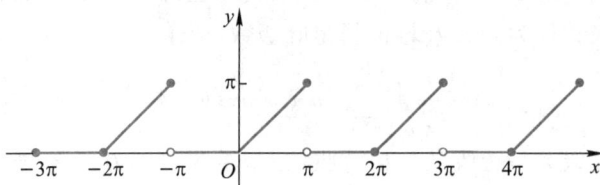

图 10.1

$$a_0 = \frac{1}{\pi} \int_{-\pi}^{\pi} f(x) \, dx = \frac{1}{\pi} \int_{0}^{\pi} x \, dx = \frac{\pi}{2}.$$

当 $n \geq 1$ 时,

$$a_n = \frac{1}{\pi} \int_{-\pi}^{\pi} f(x) \cos nx \, dx = \frac{1}{\pi} \int_{0}^{\pi} x \cos nx \, dx$$

$$= \frac{1}{n\pi} x \sin nx \bigg|_{0}^{\pi} - \frac{1}{n\pi} \int_{0}^{\pi} \sin nx \, dx = \frac{1}{n^2 \pi} \cos nx \bigg|_{0}^{\pi}$$

$$= \frac{1}{n^2 \pi} (\cos n\pi - 1) = \begin{cases} -\dfrac{2}{n^2 \pi}, & \text{当 } n \text{ 为奇数时}, \\ 0, & \text{当 } n \text{ 为偶数时}, \end{cases}$$

$$b_n = \frac{1}{\pi} \int_{-\pi}^{\pi} f(x) \sin nx \, dx = \frac{1}{\pi} \int_{0}^{\pi} x \sin nx \, dx$$

$$= -\frac{1}{n\pi} x \cos nx \bigg|_{0}^{\pi} + \frac{1}{n\pi} \int_{0}^{\pi} \cos nx \, dx = \frac{(-1)^{n+1}}{n} + \frac{1}{n^2 \pi} \sin nx \bigg|_{0}^{\pi} = \frac{(-1)^{n+1}}{n}.$$

所以

$$f(x) = \frac{\pi}{4} - \left(\frac{2}{\pi} \cos x - \sin x \right) - \frac{1}{2} \sin 2x - \left(\frac{2}{9\pi} \cos 3x - \frac{1}{3} \sin 3x \right) \cdots$$

$$(-\infty < x < +\infty, x \neq (2n+1)\pi, n \in \mathbf{Z}).$$

当 $x = (2n+1)\pi, n \in \mathbf{Z}$ 时,上式右边收敛于

$$\frac{f(\pi^-) + f(-\pi^+)}{2} = \frac{\pi + 0}{2} = \frac{\pi}{2}.$$

于是,$f(x)$ 的傅里叶级数的和函数图像如图 10.2 所示,

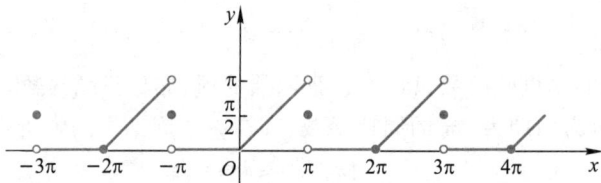

图 10.2

如果 $f(x)$ 只定义在 $[-\pi, \pi]$ 上,只要它满足收敛定理的条件,那么 $f(x)$ 也可以展开成傅里叶级数. 事实上,我们可以在 $(-\pi, \pi]$ 或 $[-\pi, \pi)$ 外补充 $f(x)$ 的定义,使它拓展成周期为 2π 的周期函数 $F(x)$. 按照这种方式拓展函数的定义域的过程称为**周期**

延拓. 再将 $F(x)$ 展开成傅里叶级数. 最后限定 x 在 $(-\pi,\pi)$ 内,此时 $F(x)=f(x)$,这样便得到 $f(x)$ 的傅里叶级数展开式. 根据收敛定理,这个级数在区间断点 $x=\pm\pi$ 处收敛于 $\dfrac{f(-\pi^+)+f(\pi^-)}{2}$.

例 2 将函数 $f(x)=|x|$,$x\in[-\pi,\pi]$ 展开成傅里叶级数.

解 $f(x)$ 在 $[-\pi,\pi]$ 满足收敛定理的条件,并且拓展为周期函数时,在每一点都连续,因此拓展后的周期函数的傅里叶级数在 $[-\pi,\pi]$ 收敛于 $f(x)$.

由于 $f(x)$ 是偶函数,所以

$$b_n=0,\qquad a_0=\frac{2}{\pi}\int_0^\pi x\,\mathrm{d}x=\pi.$$

$$a_n=\frac{2}{\pi}\int_0^\pi x\cos nx\,\mathrm{d}x=\frac{2}{n\pi}x\sin nx\Big|_0^\pi-\frac{2}{n\pi}\int_0^\pi\sin nx\,\mathrm{d}x$$

$$=\frac{2}{n^2\pi}\cos nx\Big|_0^\pi=\frac{2}{n^2\pi}(\cos n\pi-1)=\begin{cases}-\dfrac{4}{n^2\pi},&n\text{ 为奇数,}\\ 0,&n\text{ 为偶数.}\end{cases}$$

因此有

$$|x|=\frac{\pi}{2}-\frac{4}{\pi}\sum_{k=1}^\infty\frac{\cos(2k-1)x}{(2k-1)^2},\quad x\in[-\pi,\pi].$$

三、定义在 $[0,\pi]$ 上的函数展开成傅里叶级数

如果仅给出函数 $f(x)$ 在 $[0,\pi]$ 上的定义,如何将它展开成正弦级数或余弦级数呢?

解决该问题的具体步骤如下:

(1) 在 $(-\pi,\pi]$ 上重新定义新函数 $F(x)$,且 $F(x)$ 在 $(-\pi,\pi)$ 上成为奇函数(或偶函数),且在 $(0,\pi]$ 上,$F(x)=f(x)$,这种定义 $F(x)$ 的方式称为是对 $f(x)$ 的奇延拓(或偶延拓).

(2) 将 $F(x)$ 以 2π 为周期进行周期延拓,所得函数的傅里叶展开式必为正弦级数(或余弦级数).

(3) 不需要写出延拓后的函数解析式,直接由函数的奇偶性经由傅里叶系数公式,便有

① 偶延拓

$$a_n=\frac{2}{\pi}\int_0^\pi f(x)\cos nx\,\mathrm{d}x,\quad n=0,1,2,\cdots,$$

$$b_n=0,\quad n=1,2,\cdots,$$

② 奇延拓

$$a_n=0,\quad n=0,1,2,\cdots;$$

$$b_n=\frac{2}{\pi}\int_0^\pi f(x)\sin nx\,\mathrm{d}x,\quad n=1,2,\cdots.$$

（4）据 $F(x)$ 的傅里叶展开式的成立区间，限制 x 属于 $(0,\pi],(0,\pi),[0,\pi]$ 中的某一个，此时 $F(x)=f(x)$，端点处依据收敛定理另行讨论，这样便得到了 $f(x)$ 的正弦级数（或余弦级数）．

例 3 将函数 $f(x)=x+1,(0\leqslant x\leqslant\pi)$ 分别展开成正弦级数和余弦级数．

解 （1）将 $f(x)$ 展开成正弦级数，对 $f(x)$ 进行奇延拓，再进行周期延拓，计算傅里叶系数如下：

$$a_n=0,\quad n=0,1,2,\cdots,$$

$$b_n=\frac{2}{\pi}\int_0^{\pi}(x+1)\sin nx\mathrm{d}x$$

$$=\frac{2}{\pi}\left[-\frac{x+1}{n}\cos nx\Big|_0^{\pi}+\frac{1}{n}\int_0^{\pi}\cos nx\mathrm{d}x\right]$$

$$=\frac{2}{\pi}\left[-\frac{\pi+1}{n}\cos n\pi+\frac{1}{n}+\frac{1}{n^2}\sin nx\Big|_0^{\pi}\right]$$

$$=\frac{2}{n\pi}\left[1-(\pi+1)(-1)^n\right],\quad n=1,2,\cdots.$$

傅里叶级数为

$$\sum_{n=1}^{\infty}\frac{2}{n\pi}\left[1-(\pi+1)(-1)^n\right]\cdot\sin nx.$$

据收敛定理有：

在 $x=0$ 处，它收敛于

$$\frac{F(0-0)+F(0+0)}{2}=\frac{-1+1}{2}=0\neq f(0);$$

在 $x=\pi$ 处，它收敛于

$$\frac{F(\pi-0)+F(\pi+0)}{2}=\frac{F(\pi-0)+F(-\pi+0)}{2}=\frac{(\pi+1)+(-\pi-1)}{2}=0\neq f(\pi);$$

在 $0<x<\pi$ 内，它收敛于 $f(x)$．

故 $f(x)$ 的傅里叶正弦级数展开式为

$$f(x)=x+1=\sum_{n=1}^{\infty}\frac{2}{n\pi}\left[1-(\pi+1)(-1)^n\right]\cdot\sin nx\ (0<x<\pi).$$

（2）将 $f(x)$ 展开成余弦级数，对 $f(x)$ 进行偶延拓，再进行周期延拓，计算傅里叶系数为

$$b_n=0,\quad n=1,2,\cdots,$$

$$a_0=\frac{2}{\pi}\int_0^{\pi}(x+1)\mathrm{d}x=\pi+2,$$

$$a_n=\frac{2}{\pi}\int_0^{\pi}(x+1)\cos nx\mathrm{d}x$$

$$= \frac{2}{\pi} \left[\frac{x+1}{n} \sin\, nx \bigg|_0^\pi - \frac{1}{n} \int_0^\pi \sin\, nx \mathrm{d}x \right]$$

$$= \frac{2}{\pi} \left[\frac{1}{n^2} \cos\, nx \right]_0^\pi$$

$$= \frac{2}{n^2 \pi} [\, (-1)^n - 1\,], \quad n = 1, 2, \cdots,$$

傅里叶级数为

$$\frac{\pi+2}{2} + \sum_{n=1}^\infty \frac{2}{n^2 \pi} [\, (-1)^n - 1\,] \cdot \cos\, nx,$$

因为周期延拓后的函数连续,所以
在 $0 \leqslant x \leqslant \pi$ 内,它收敛于 $f(x)$.

$f(x)$ 的傅里叶余弦级数展开式为

$$f(x) = x + 1 = \frac{\pi+2}{2} + \sum_{n=1}^\infty \frac{2}{n^2 \pi} [\, (-1)^n - 1\,] \cdot \cos\, nx \; (0 \leqslant x \leqslant \pi).$$

四、周期为 $2l$ 的函数展开成傅里叶级数

设函数 $f(x)$ 以 $2l$ 为周期的周期函数,并在区间 $[-l, l]$ 上可积.

作变量代换 $x = \dfrac{l\,t}{\pi}$,则函数 $F(t) = f\left(\dfrac{l\,t}{\pi} \right)$ 以 2π 为周期的周期函数. 由于 $x = \dfrac{l\,t}{\pi}$ 是
线性函数,所以 $F(t)$ 在区间 $[-\pi, \pi]$ 上也可积.

函数 $F(t)$ 的傅里叶系数为

$$a_n = \frac{1}{\pi} \int_{-\pi}^\pi F(t) \cos\, nt \mathrm{d}t, \quad n = 0, 1, 2, \cdots,$$

$$b_n = \frac{1}{\pi} \int_{-\pi}^\pi F(t) \sin\, nt \mathrm{d}t, \quad n = 1, 2, \cdots,$$

故

$$F(t) \sim \frac{a_0}{2} + \sum_{n=1}^\infty (a_n \cos\, nt + b_n \sin\, nt).$$

还原为自变量 x,注意到 $F(t) = f\left(\dfrac{l\,t}{\pi} \right) = f(x)$, $t = \dfrac{\pi\,x}{l}$,就有

$$f(x) = F(t) \sim \frac{a_0}{2} + \sum_{n=1}^\infty \left(a_n \cos\, \frac{n\pi\,x}{l} + b_n \sin\, \frac{n\pi\,x}{l} \right),$$

其中

$$a_n = \frac{1}{\pi} \int_{-\pi}^\pi F(t) \cos\, nt \mathrm{d}t = \frac{1}{l} \int_{-l}^l f(x) \cos\, \frac{n\pi\,x}{l} \mathrm{d}x, \quad n = 0, 1, 2, \cdots,$$

$$b_n = \frac{1}{\pi} \int_{-\pi}^\pi F(t) \sin\, nt \mathrm{d}t = \frac{1}{l} \int_{-l}^l f(x) \sin\, \frac{n\pi\,x}{l} \mathrm{d}x, \quad n = 1, 2, \cdots.$$

以 $2l$ 为周期的函数的傅里叶级数

同样,对于只定义在$[-l,l]$上的函数可以用周期延拓的方法将它展开成傅里叶级数,对于只定义在$[0,l]$上的函数可以用奇延拓或偶延拓的方法把它展开成正弦级数或余弦级数.

例 4 以 $2l(l>0)$ 为周期的脉冲电压的脉冲波形状如图 10.3 所示,其中 t 为时间.

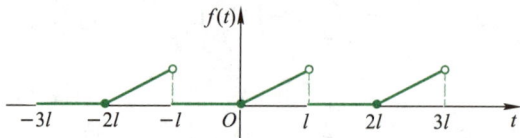

图 10.3

请将脉冲电压 $f(t)$ 在 $[-l,l]$ 上展开成以 $2l$ 为周期的傅里叶级数.

解 因为 $f(t)$ 在 $[-l,l]$ 上的表达式为 $f(t)=\begin{cases} 0, & -l \leqslant t \leqslant 0, \\ t, & 0<t<l. \end{cases}$ 满足收敛定理的条件,所以

$$a_0 = \frac{1}{l}\int_{-l}^{l} f(t)\,\mathrm{d}t = \frac{1}{l}\int_0^l t\,\mathrm{d}t = \frac{l}{2},$$

$$a_n = \frac{1}{l}\int_{-l}^{l} f(t)\cos\frac{n\pi t}{l}\,\mathrm{d}t = \frac{1}{l}\int_0^l t\cos\frac{n\pi t}{l}\,\mathrm{d}t = \frac{1}{n^2\pi^2}(\cos n\pi - 1), \quad n=1,2,3,\cdots,$$

$$b_n = \frac{1}{l}\int_{-l}^{l} f(t)\sin\frac{n\pi t}{l}\,\mathrm{d}t = \frac{1}{l}\int_0^l t\sin\frac{n\pi t}{l}\,\mathrm{d}t = \frac{1}{l}\left(-\frac{l}{n\pi}\right) l\cos n\pi$$

$$= (-1)^{n+1}\frac{l}{n\pi}, \quad n=1,2,3,\cdots,$$

故当 $t \in [-l,l]$ 时,

$$f(t) = \frac{l}{4} - \sum_{n=1}^{\infty} \frac{2l}{(2n-1)^2\pi^2}\cos\frac{(2n-1)\pi t}{l} + \frac{l}{\pi}\sum_{n=1}^{\infty} \frac{(-1)^{n+1}}{n}\sin\frac{n\pi t}{l},$$

其中 $-\infty < t < +\infty$,$t \neq (2k+1)l, k \in \mathbf{Z}$.

习题 10.5

1. 下列函数是以 2π 为周期的函数,试将各函数展开成傅里叶级数:

(1) $f(x) = |x| \ (-\pi \leqslant x < \pi)$. (2) $f(x) = 2\sin\frac{x}{3} \ (-\pi < x \leqslant \pi)$.

2. 将函数 $f(x) = \cos\frac{x}{2}(-\pi \leqslant x \leqslant \pi)$ 展开成傅里叶级数.

3. 将 $f(x) = 2x+3(0 \leqslant x \leqslant \pi)$ 展开成余弦级数.

*4. 将函数 $f(x) = \begin{cases} 0, & -l \leqslant x < 0, \\ 2, & 0 \leqslant x \leqslant l \end{cases}$,在 $[-l,l]$ 上展开成傅里叶级数.

第六节　拉普拉斯变换

本节我们简要介绍在工程应用学科中经常使用的另外一种重要变换——拉普拉斯(Laplace)变换,这种变换对函数的要求比傅里叶变换的要求弱.

定义 10.6.1　设函数 $f(t)$ 定义在 $[0,+\infty)$ 上,如果含参变量 s 的广义积分

$$\int_0^{+\infty} f(t)\mathrm{e}^{-st}\mathrm{d}t \tag{1}$$

收敛,则称该积分为函数 $f(t)$ 的**拉普拉斯变换**,记为

$$L[f(t)] = F(s) = \int_0^{+\infty} f(t)\mathrm{e}^{-st}\mathrm{d}t, \tag{2}$$

其中 s 可以是实数,也可以是复数. 可以证明

$$f(t) = \frac{1}{2\pi\mathrm{i}} \int_{\beta-\mathrm{i}\infty}^{\beta+\mathrm{i}\infty} F(s)\mathrm{e}^{st}\mathrm{d}s, \quad \beta = \mathrm{Re}(s) > 0, \tag{3}$$

称其为 $F(s)$ 的**拉普拉斯逆变换**,记为

$$L^{-1}[F(s)] = f(t) = \frac{1}{2\pi\mathrm{i}} \int_{\beta-\mathrm{i}\infty}^{\beta+\mathrm{i}\infty} F(s)\mathrm{e}^{st}\mathrm{d}s, \tag{4}$$

其中积分变量 s 为复数.

拉普拉斯变换是一种单值变换, $f(t)$ 和 $F(s)$ 之间具有一一对应的关系. 通常称 $F(s)$ 为 $f(t)$ 的拉普拉斯变换的**像函数**,而 $f(t)$ 称为 $F(s)$ 的拉普拉斯逆变换的**像原函数**.

例 1　利用定义求下列函数的拉普拉斯变换:

(1) $f(t) = c$ (c 是常数).

(2) $f(t) = \mathrm{e}^{at}$ (a 是常数).

(3) $f(t) = t^2$.

(4) $f(t) = \cos \omega t$ (ω 是常数).

解　(1) $L[c] = \displaystyle\int_0^{+\infty} c\mathrm{e}^{-st}\mathrm{d}t = -\frac{c\mathrm{e}^{-st}}{s}\bigg|_0^{+\infty} = \frac{c}{s}, \quad \mathrm{Re}(s) > 0.$

(2) $L[\mathrm{e}^{at}] = \displaystyle\int_0^{+\infty} \mathrm{e}^{at}\mathrm{e}^{-st}\mathrm{d}t = -\frac{\mathrm{e}^{-(s-a)t}}{s-a}\bigg|_0^{+\infty} = \frac{1}{s-a}, \quad \mathrm{Re}(s) > a.$

(3) $L[t^2] = \displaystyle\int_0^{+\infty} t^2 \mathrm{e}^{-st}\mathrm{d}t = -\frac{1}{s}t^2\mathrm{e}^{-st}\bigg|_0^{+\infty} + \frac{2}{s}\int_0^{+\infty} t\mathrm{e}^{-st}\mathrm{d}t$

$\qquad = -\dfrac{2}{s^2}t\mathrm{e}^{-st}\bigg|_0^{+\infty} + \dfrac{2}{s^2}\displaystyle\int_0^{+\infty} \mathrm{e}^{-st}\mathrm{d}t = \dfrac{2}{s^3}, \quad \mathrm{Re}(s) > 0.$

(4) $L[\cos \omega t] = \displaystyle\int_0^{+\infty} \cos \omega t\,\mathrm{e}^{-st}\mathrm{d}t = -\frac{\mathrm{e}^{-st}\cos \omega t}{s}\bigg|_0^{+\infty} - \int_0^{+\infty} \frac{\omega \mathrm{e}^{-st}\sin \omega t}{s}\mathrm{d}t$

$\qquad = \dfrac{1}{s} + \dfrac{\omega}{s}\dfrac{\mathrm{e}^{-st}\sin \omega t}{s}\bigg|_0^{+\infty} - \dfrac{\omega}{s}\displaystyle\int_0^{+\infty} \frac{\omega \mathrm{e}^{-st}\cos \omega t}{s}\mathrm{d}t$

$$= \frac{1}{s} - \frac{\omega^2}{s^2} L[\cos \omega t], \quad \mathrm{Re}(s) > 0.$$

所以 $L[\cos \omega t] = \dfrac{s}{s^2 + \omega^2}, \mathrm{Re}(s) > 0.$ 同理可以得到 $L[\sin \omega t] = \dfrac{\omega}{s^2 + \omega^2}.$

由于讨论拉普拉斯变换的存在性问题超出本书范围,我们总是假定本节所出现的拉普拉斯变换和逆变换都存在. 下面着重讨论拉普拉斯变换的性质,部分证明将被省略.

性质 1(线性性质) 拉普拉斯变换和逆变换都是线性变换,即

$$L[c_1 f(t) + c_2 g(t)] = c_1 L[f(t)] + c_2 L[g(t)],$$
$$L^{-1}[c_1 F(s) + c_2 G(s)] = c_1 L^{-1}[F(s)] + c_2 L^{-1}[G(s)],$$

其中 $F(s)$ 和 $G(s)$ 分别是 $f(t)$ 和 $g(t)$ 的拉普拉斯变换,c_1, c_2 是任意常数.

性质 2(位移性质) 设 $f(t)$ 的拉普拉斯变换为 $F(s)$,那么 $\mathrm{e}^{at} f(t)$ 的拉普拉斯变换是 $F(s-a)$,即

$$L[\mathrm{e}^{at} f(t)] = F(s-a) \text{ 或者 } L^{-1}[F(s-a)] = \mathrm{e}^{at} f(t).$$

证 由定义,得

$$L[\mathrm{e}^{at} f(t)] = \int_0^{+\infty} \mathrm{e}^{-st} \mathrm{e}^{at} f(t) \mathrm{d}t = \int_0^{+\infty} \mathrm{e}^{-(s-a)t} f(t) \mathrm{d}t = F(s-a).$$

例 2 求函数 $t^2 \mathrm{e}^{-t}$ 的拉普拉斯变换.

解 因为 $L[t^2] = \dfrac{2}{s^3}$,所以 $L[t^2 \mathrm{e}^{-t}] = \dfrac{2}{(s+1)^3}.$

性质 3(相似性质) 设 $c > 0$,若 $L[f(t)] = F(s)$,则 $L[f(ct)] = \dfrac{1}{c} F\left(\dfrac{s}{c}\right).$

证 由定义,令 $\xi = ct$,得

$$L[f(ct)] = \int_0^{+\infty} \mathrm{e}^{-st} f(ct) \mathrm{d}t = \frac{1}{c} \int_0^{+\infty} \mathrm{e}^{-s\xi/c} f(\xi) \mathrm{d}\xi = \frac{1}{c} F\left(\frac{s}{c}\right).$$

性质 4(微分性质) 如果存在常数 $M > 0, N > 0, a > 0$,满足 $t > N$ 时,$|f(t)| < M\mathrm{e}^{at}$,那么 $L[f'(t)] = sF(s) - f(0), \quad \mathrm{Re}(s) > a.$

性质 5(积分性质) 如果存在常数 $M > 0, N > 0, a > 0$,满足 $t > N$ 时,$|f(t)| < M\mathrm{e}^{at}$,那么 $L\left[\displaystyle\int_0^t f(\tau) \mathrm{d}\tau\right] = \dfrac{1}{s} F(s)$ 或 $L^{-1}\left[\dfrac{F(s)}{s}\right] = \displaystyle\int_0^t f(\tau) \mathrm{d}\tau, \mathrm{Re}(s) > a.$

例 3 设 $L[f(t)] = [s^2(s^2 + \omega^2)]^{-1}, \omega > 0,$ 求 $f(t).$

解 注意到 $L[\sin \omega t] = \dfrac{\omega}{s^2 + \omega^2}$,因而

$$L^{-1}\left[\frac{1}{s^2 + \omega^2}\right] = \frac{\sin \omega t}{\omega}.$$

利用性质 5,

$$L^{-1}\left[\frac{1}{s} \cdot \frac{1}{s^2 + \omega^2}\right] = \frac{1}{\omega} \int_0^t \sin \omega \tau \mathrm{d}\tau = \frac{1}{\omega^2}(1 - \cos \omega t),$$

再一次应用性质 5,

$$f(t) = L^{-1}\left[\frac{1}{s^2} \cdot \frac{1}{s^2 + \omega^2}\right] = \frac{1}{\omega^2} \int_0^t (1 - \cos \omega \tau) \mathrm{d}\tau = \frac{1}{\omega^3}(t\omega - \sin \omega t).$$

性质 6　对 $n=1,2,\cdots$,成立

$$L[t^nf(t)]=(-1)^nF^{(n)}(s),\quad\text{或者}\quad L^{-1}[F^{(n)}(s)]=(-1)^nt^nf(t). \tag{5}$$

定义 10.6.2　设函数 $f(t),g(t)$ 在 $[0,+\infty)$ 上有定义,若 $\int_0^t f(t-\tau)g(\tau)\mathrm{d}\tau$ 在 $t\in[0,+\infty)$ 上存在,则称该积分为 $f(t)$ 和 $g(t)$ 的**卷积**,记作

$$(f*g)(t)=\int_0^t f(t-\tau)g(\tau)\mathrm{d}\tau.$$

容易证明卷积有如下性质:

(1) $(f*g)(t)=(g*f)(t)$　(交换律);

(2) $(f*(g*h))(t)=((f*g)*h)(t)$　(结合律);

(3) $(f*(g+h))(t)=(f*g)(t)+(f*h)(t)$　(分配律).

性质 7(卷积性质)　设 $F(s)$ 与 $G(s)$ 分别是 $f(t)$ 与 $g(t)$ 的拉普拉斯变换,那么卷积 $(f*g)(t)$ 的拉普拉斯变换是 $F(s)G(s)$,即

$$L[(f*g)(t)]=L[f(t)]L[g(t)]=F(s)G(s),$$

或者

$$L^{-1}[F(s)G(s)]=(f*g)(t).$$

下面我们考虑阶梯函数 $H(t-a)$ 的拉普拉斯变换. 单位阶梯函数又称为赫维赛德 (Heaviside) 函数,它的定义是

$$H(t-a)=\begin{cases}0,&t<a,\\1,&t\geq a,\end{cases}$$

其中常数 $a\geq 0$. 它的拉普拉斯变换是

$$L[H(t-a)]=\int_0^{+\infty}\mathrm{e}^{-st}H(t-a)\mathrm{d}t=\int_a^{+\infty}\mathrm{e}^{-st}\mathrm{d}t=\frac{\mathrm{e}^{-as}}{s},\quad\mathrm{Re}(s)>0.$$

性质 8(延迟性质)　如果 $F(s)$ 是 $f(t)$ 的拉普拉斯变换,那么

$$L[H(t-a)f(t-a)]=\mathrm{e}^{-as}F(s),$$

或

$$L^{-1}[\mathrm{e}^{-as}F(s)]=H(t-a)f(t-a).$$

证　由定义,我们有

$$\begin{aligned}L[H(t-a)f(t-a)]&=\int_0^{+\infty}\mathrm{e}^{-st}H(t-a)f(t-a)\mathrm{d}t\\&=\int_a^{+\infty}\mathrm{e}^{-st}f(t-a)\mathrm{d}t\\&=\int_0^{+\infty}\mathrm{e}^{-(\xi+a)s}f(\xi)\mathrm{d}\xi\\&=\mathrm{e}^{-as}\int_0^{+\infty}\mathrm{e}^{-s\xi}f(\xi)\mathrm{d}\xi\\&=\mathrm{e}^{-as}F(s).\end{aligned}$$

例 4　设 $f(t)=\begin{cases}0,&t<2,\\t-2,&t\geq 2,\end{cases}$ 求 $f(t)$ 的拉普拉斯变换.

解　设 $g(t)=t,t\geq 0$,则由性质 8,得

$$L[f(t)] = L[H(t-2)g(t-2)] = e^{-2s}L[g(t)] = \frac{e^{-2s}}{s^2}.$$

性质 9 设 $L[f(t)] = F(s)$,则 $L\left[\dfrac{f(t)}{t}\right] = \displaystyle\int_s^{+\infty} F(\tau)\,\mathrm{d}\tau$.

例 5 求函数 $g(t) = \dfrac{1-\cos t}{t}$ 的拉普拉斯变换.

解 由性质 9,得

$$L[g(t)] = \int_s^{+\infty} F(\tau)\,\mathrm{d}\tau,$$

这里

$$F(s) = L[1-\cos t] = \frac{1}{s} - \frac{s}{s^2+1},$$

所以

$$L[g(t)] = \int_s^{+\infty} F(\tau)\,\mathrm{d}\tau = \int_s^{+\infty}\left(\frac{1}{\tau} - \frac{\tau}{1+\tau^2}\right)\mathrm{d}\tau = \ln\frac{\sqrt{1+s^2}}{s}.$$

例 6 求下列函数的拉普拉斯逆变换:

(1) $F(s) = \dfrac{e^{-as}}{1+s^2}, a>0.$

(2) $F(s) = \dfrac{2s+3}{s^2-s-3/4}.$

(3) $F(s) = \dfrac{1}{(s^2+\omega^2)^2}, \omega>0.$

解 (1) $f(t) = L^{-1}[F(s)] = \sin(t-a)H(t-a).$

(2) 因为

$$\frac{2s+3}{s^2-s-3/4} = \frac{2(s-1/2)+4}{(s-1/2)^2-1},$$

所以

$$f(t) = 2L^{-1}\left[\frac{s-1/2}{(s-1/2)^2-1}\right] + 4L^{-1}\left[\frac{1}{(s-1/2)^2-1}\right]$$

$$= 2e^{t/2}L^{-1}\left[\frac{s}{s^2-1}\right] + 4e^{t/2}L^{-1}\left[\frac{1}{s^2-1}\right]$$

$$= 2e^{t/2}(\cosh t + 2\sinh t).$$

(3) 首先注意到

$$\frac{1}{(s^2+\omega^2)^2} = \frac{1}{2\omega^2}\left[\frac{1}{s^2+\omega^2} - \frac{s^2-\omega^2}{(s^2+\omega^2)^2}\right]$$

和

$$L[\sin \omega t] = \frac{\omega}{s^2+\omega^2}, \quad L[\cos \omega t] = \frac{s}{s^2+\omega^2},$$

以及由性质 6,得

$$L[t\cos \omega t] = -\left(\frac{s}{s^2+\omega^2}\right)' = \frac{s^2-\omega^2}{(s^2+\omega^2)^2},$$

所以

$$f(t) = L^{-1}\left[\frac{1}{(s^2+\omega^2)^2}\right] = \frac{1}{2\omega^3}(\sin \omega t - \omega t\cos \omega t).$$

下面我们举一个例子简单介绍拉普拉斯变换在求常微分方程定解问题中的应用,其主要步骤是:

(1) 对方程进行拉普拉斯变换,并且考虑初值条件或者边界条件;

(2) 从变换后的方程中求出像函数;

(3) 对像函数进行逆变换,得到的像原函数就是原来问题的解.

例 7　利用拉普拉斯变换,求解下列初值问题:

$$y''(t)+4y'(t)+3y(t)=0, \quad t>0, \quad y(0)=3, \quad y'(0)=1.$$

解　设 $Y(s)=L[y(t)]$. 对微分方程两边取拉普拉斯变换,得

$$(s^2Y(s)-sy(0)-y'(0))+4(sY(s)-y(0))+3Y(s)=0$$

或者

$$(s+3)(s+1)Y(s)=3s+13.$$

所以

$$Y(s)=\frac{3s+13}{(s+3)(s+1)}=\frac{-2}{s+3}+\frac{5}{s+1},$$

故给定初值问题的解为

$$y(t)=L^{-1}[Y(s)]=L^{-1}\left[\frac{5}{s+1}\right]-L^{-1}\left[\frac{2}{s+3}\right]=5e^{-t}-2e^{-3t}.$$

表 10-1　拉普拉斯变换表

序号	原函数 $f(t)$	象函数 $F(s)$
1	$1(t)$	$\dfrac{1}{s}$
2	t	$\dfrac{1}{s^2}$
3	$\dfrac{1}{2}t^2$	$\dfrac{1}{s^3}$
4	$\sin \omega t$	$\dfrac{\omega}{s^2+\omega^2}$
5	$\cos \omega t$	$\dfrac{s}{s^2+\omega^2}$
7	e^{-at}	$\dfrac{1}{s+a}$
8	$1-e^{-at}$	$\dfrac{a}{s(s+a)}$

续表

序号	原函数 $f(t)$	象函数 $F(s)$
9	$\mathrm{e}^{-at}-\mathrm{e}^{-bt}$	$\dfrac{b-a}{(s+a)(s+b)}$
10	$1-\cos \omega t$	$\dfrac{\omega^2}{s(s^2+\omega^2)}$
11	$\mathrm{e}^{-at}\sin \omega t$	$\dfrac{\omega}{(s+a)^2+\omega^2}$
12	$\mathrm{e}^{-at}\cos \omega t$	$\dfrac{s+a}{(s+a)^2+\omega^2}$
13	$\mathrm{e}^{-at}+at-1$	$\dfrac{a^2}{s^2(s+a)}$
14	$\sin \omega t-\omega t\cos \omega t$	$\dfrac{2\omega^3}{(s^2+\omega^2)^2}$
15	$t\sin \omega t$	$\dfrac{2\omega s}{(s^2+\omega^2)^2}$
16	$\dfrac{t^{n-1}}{(n-1)!}(n=1,2,3,\cdots)$	$\dfrac{1}{s^n}$
17	$\dfrac{t^{n-1}}{(n-1)!}\mathrm{e}^{-at}(n=1,2,3,\cdots)$	$\dfrac{1}{(s+a)^n}$

习题 10.6

1. 求下列函数的拉普拉斯变换：

(1) $f(t)=t^n$（n 为自然数）.   (2) $f(t)=\mathrm{e}^{at}\sin \omega t$.

(3) $f(t)=\mathrm{e}^{at}\cos \omega t$.   (4) $f(t)=t\mathrm{e}^{-t}\sin 2t$.

2. 求下列函数的拉普拉斯逆变换：

(1) $\dfrac{1}{s(s+1)(s+2)}$.   (2) $\dfrac{s}{(s-2)^3}$.   (3) $\dfrac{1}{s(s^2+1)}$.   (4) $\dfrac{s^2+1}{s^3+3s^2+2s}$.

3. 利用拉普拉斯变换求解下列常微分方程的初值问题：

(1) $\begin{cases} y''(t)+3y'(t)+2y(t)=t\mathrm{e}^{-t}, & t>0, \\ y(0)=1, \; y'(0)=0. \end{cases}$

(2) $\begin{cases} y''(t)-3y'(t)+2y(t)=4\mathrm{e}^{2t}, & t>0, \\ y(0)=-3, \; y'(0)=5. \end{cases}$

*4. 求函数 $f(t)=\begin{cases} t-2k, & 2k\leqslant t<2k+1, \\ 0, & 2k+1\leqslant t\leqslant 2k+2 \end{cases}$（$k$ 为自然数）的拉普拉斯变换.

*5. 利用卷积性质，求函数 $\dfrac{1}{s^2(s^2+a^2)}$（$a\neq 0$）的拉普拉斯逆变换.

第七节　数学思想方法选讲——函数逼近

一、函数逼近的概念

用简单的函数 $p(x)$ 近似地代替函数 $f(x)$，是数学中最基本的方法之一．近似代替又称为逼近，函数 $f(x)$ 称为**被逼近的函数**，$p(x)$ 称为**逼近函数**，两者之差

$$R(x) = f(x) - p(x)$$

称为**逼近的误差**或**余项**．

简单函数通常是指可以用加、减、乘、除四则运算进行计算的函数，如有理分式函数、多项式函数等．由于多项式函数最简单，计算其值只需用到加、减与乘三种运算，且求其微分和积分都很方便，所以常用它来作为逼近函数，而被逼近的函数 $f(x)$ 一般是一个比较复杂的不易计算的函数或以表格形式给出的函数．

如何在给定精度下，求出计算量最小的近似式，这就是函数逼近要解决的问题，这个问题的一般提法是：

对于函数类 A 中给定的函数 $f(x)$，要求在另一类较简单的且便于计算的函数类 $B(\subseteq A)$ 中寻找一个函数 $p(x)$，使 $p(x)$ 与 $f(x)$ 之差在某种度量意义下最小．

一般来说，最常见的函数类 A 是区间 $[a, b]$ 上的连续函数类，记作 $C[a, b]$．最常用的函数类还有代数多项式类、三角多项式类以及有理分式函数类等．

二、函数逼近的度量标准

最常用的度量标准有两种：

（一）一致逼近

以函数 $f(x)$ 和 $p(x)$ 的最大误差

$$\max_{x \in [a,b]} |f(x) - p(x)|$$

作为度量误差 $f(x) - p(x)$ 的"大小"的标准，在这种意义下的函数逼近称为**一致逼近**或**均匀逼近**，讲得更具体一点，也即对于任意给定的一个小正数 $\varepsilon > 0$，如果存在函数 $p(x)$，使不等式

$$\max_{a < x < b} |f(x) - p(x)| < \varepsilon$$

成立，则称该函数 $p(x)$ 在区间 $[a, b]$ 上**一致逼近**或**均匀逼近**于函数 $f(x)$．

（二）平方逼近

如果我们采用

$$\int_a^b [f(x) - p(x)]^2 dx$$

作为度量误差 $f(x) - p(x)$ 的"大小"的标准，在这种意义下的函数逼近称为**平方逼近**

或均方逼近.

三、函数逼近举例

用 $f(x)$ 的泰勒展开式

$$f(x)=f(x_0)+f'(x_0)(x-x_0)+$$

$$\frac{f''(x_0)}{2!}(x-x_0)^2+\cdots+\frac{f^{(n)}(x_0)}{n!}(x-x_0)^n+$$

$$\frac{f^{(n+1)}(\xi)}{(n+1)!}(x-x_0)^{n+1}(\xi \text{ 在 } x_0 \text{ 与 } x \text{ 之间})$$

的部分和去逼近函数 $f(x)$,也是常用的方法.这种方法的特点是:x 越接近于 x_0,误差就越小,x 越偏离 x_0,误差就越大.我们可以来考察一下,随着展开项数的增加,泰勒级数展开式的部分和与函数的逼近情况.

$\sin x$ 可展开为

$$\sin x = x-\frac{x^3}{3!}+\frac{x^5}{5!}-\cdots+(-1)^n\frac{x^{2n+1}}{(2n+1)!}+\cdots \quad (-\infty < x < +\infty).$$

只考虑展开式第一项,$\sin x = x$,逼近情况如图 10.4 所示.

考虑展开式前两项,$\sin x = x-\frac{1}{3!}x^3$,逼近情况如图 10.5 所示.

考虑展开式前三项,$\sin x = x-\frac{1}{3!}x^3+\frac{1}{5!}x^5$,逼近情况如图 10.6 所示.

考虑展开式前四项,$\sin x = x-\frac{1}{3!}x^3+\frac{1}{5!}x^5-\frac{1}{7!}x^7$,逼近情况如图 10.7 所示.

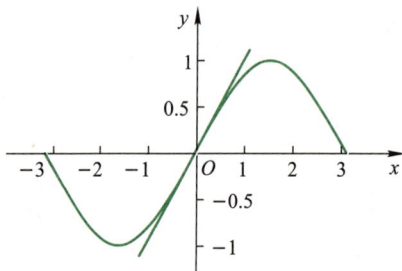

图 10.4

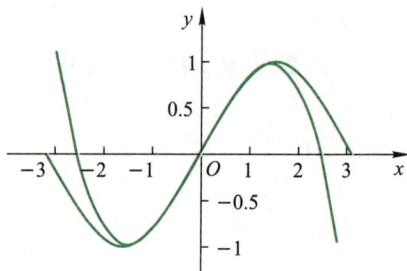

图 10.5

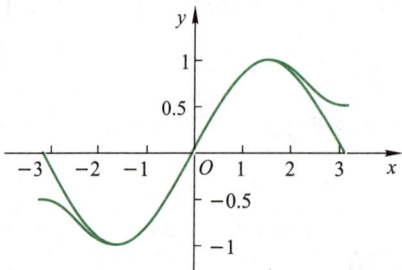

图 10.6

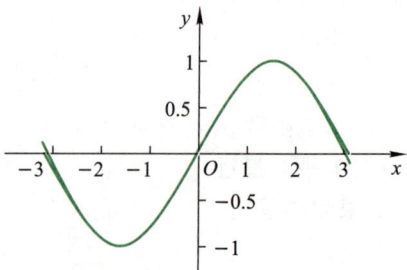

图 10.7

考虑展开式前五项,

$$\sin x = x - \frac{1}{3!}x^3 + \frac{1}{5!}x^5 - \frac{1}{7!}x^7 + \frac{1}{9!}x^9,$$

逼近情况如图 10.8 所示.

从上面系列图形中可以直观地看出,随着项数逐渐增加,泰勒级数展开式越来越逼近函数本身的图像,其拟合的程度越来越高.

我们再来看一例傅里叶级数展开式逼近的情形,设周期为 2π 的周期函数 $f(x)$ 在一个周期内的表达式为

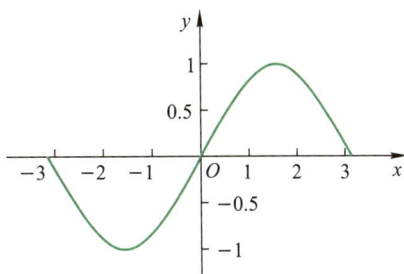

图 10.8

$$f(x) = \begin{cases} 1, & 0 < x \leqslant \pi, \\ 0, & -\pi \leqslant x < 0, \end{cases}$$

试生成 $f(x)$ 的傅里叶级数,并从图 10.9 至图 10.12 上观察该函数的部分和逼近 $f(x)$ 的情况.

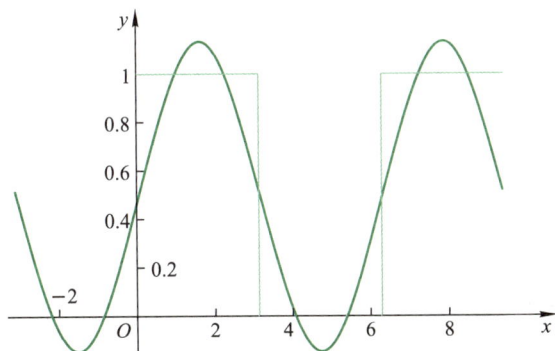

图 10.9

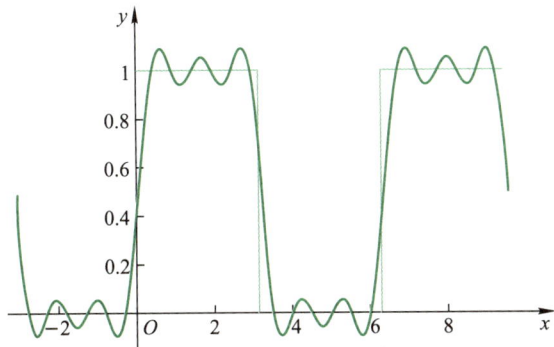

图 10.10

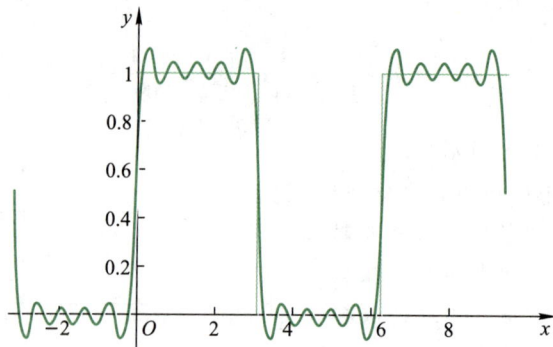

图 10.11

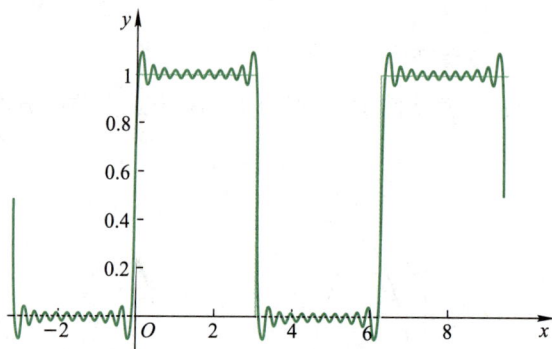

图 10.12

如此,可以看出,一个周期方波信号可以由频率成整数倍的正弦波谐波叠加而成,随着谐波的增多,叠加而成的波形逐渐接近方波的形状.

第八节　数学实验(十)—— MATLAB 计算无穷级数

(一) 数项级数求和

MATLAB 中用于级数求和的函数为

$$symsum(\,s,n,a,b\,)$$

其中 s 为级数的通项表达式,n 是通项中的求和变量,a 和 b 分别为求和变量的起点和终点.如果 a,b 缺省则 n 从 0 变到 n-1. 如果 n 也缺省,则系统对 s 中的默认变量求和.

例 1　计算级数 $\sum\limits_{n=1}^{\infty}\dfrac{1}{n^2}$, $\sum\limits_{n=1}^{\infty}\dfrac{1}{n^4}$ 的和.

解　在 MATLAB 中输入:

```
>> syms n;
>> f1 = 1/n^2;
```

```
>> f2 = 1/n^4;
>> f1s = symsum(f1,n,1,Inf)
>> f2s = symsum(f2,n,1,Inf)
```

运算结果为

f1s = pi^2/6, f1s = pi^4/90

即 $\displaystyle\sum_{n=1}^{\infty}\frac{1}{n^2}=\frac{\pi^2}{6}$, $\displaystyle\sum_{n=1}^{\infty}\frac{1}{n^4}=\frac{\pi^4}{90}$.

例 2 求调和级数 $\displaystyle\sum_{n=1}^{\infty}\frac{1}{n}$ 的和.

解 在 MATLAB 中输入:

```
>> syms n;
>> f = 1/n;
>>fs = symsum(f,n,1,Inf)
```

运算结果为:

fs = Inf.

我们知道调和级数发散,计算结果和结论是一致的.

(二)函数的泰勒级数展开

MATLAB 中泰勒级数展开的函数为 taylor( ),其具体格式为

(1) st = taylor(f,var,a)   给出 f 在 var = a 处的 5 阶泰勒展开式 st;

(2) st = taylor(f,var,a,Name,Value)   在 Name/Value 选项设定下返回 f 在 var = a 处的泰勒展开式 st.

其中 f 是待展开的函数表达式,var 是 f 中的变量,输入量 a 缺省时默认为 0,此时得到 f 的麦克劳林展开.

例 3 将函数 $y = \sin x$ 展开成 x 的幂级数,观察前几项.

解
```
>> syms x;
>>f = sin(x);
>>y1 = taylor( f,x,0,'Order',2 )    % 展开至 1 次项
>>y2 = taylor( f,x,0,'Order',4 )    % 展开至 3 次项
>>y3 = taylor( f,x,0,'Order',6 )    % 展开至 5 次项
```

计算结果为

y1 = x,y2 = x - x^3/6,y6 = x^5/120 - x^3/6 + x.

我们可以在同一坐标系里作出函数 $y = \sin x$ 和它的泰勒展开式的前几项构成的多项式函数的图形,观测这些多项式函数的图形向 $y = \sin x$ 图形的逼近的情况,例如,在区间 $[0,\pi]$ 上作函数 $y = \sin x$ 与多项式函数 $y_1 = x$, $y_2 = x - \dfrac{x^3}{6}$, $y_3 = \dfrac{x^5}{120} - \dfrac{x^3}{6} + x$ 图形的 MATLAB 代码为

```
>> x = 0 :0.01 :pi;
>> y = sin(x);
```

```
>> y1 = x;
>> y2 = x-x.^3/6;
>> y3 = x-x.^3/6+ x.^5/120;
>> plot( x,y, x,y1,':', x,y2,':', x,y3,':' )
>> axis([ 0, pi, 0, 1.1 ])
>> text( 2.8, 0.2, 'y' ), text( 0.5, 0.7, 'y1' ), text( 2, 0.5,
'y2' ), text( 2.7, 0.8, 'y3' )
```

运行后得到函数图像如图 10.13 所示.

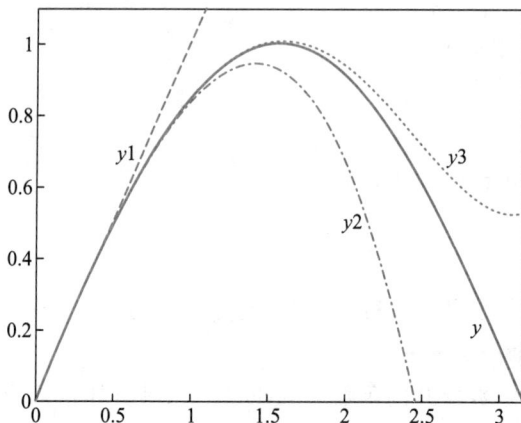

图 10.13

例 4 将函数 $y = \dfrac{1}{x^2+5x-3}$ 展开成 x 的幂级数.

解 在 MATLAB 中输入:

```
>> syms x;
>> f = 1/( x^2 + 5*x - 3 );
>> y = taylor( f, x, 2,'Order', 5 )
```

得到结果为

```
y = (70*(x - 2)^2)/1331 - (9*x)/121 - (531*(x - 2)^3)/14641 +
(4009*(x - 2)^4)/161051 + 29/121
```

例 5 将函数 $y = (1+x)^m$ 展开成 x 的幂级数,m 为任意次数,展开至 4 次幂.

解 在 MATLAB 中输入:

```
>>syms x m;
>> f = ( 1+x )^m;
>> y = taylor(f, x,'Order', 5)
```

运行后得到结果:

```
y = ((m*(m/4 - m^2/6))/2 - m/4 - m*(m*(m/12 - m^2/24) - m/6 + m
^2/12) + m^2/6)*x^4 + (m/3 - m*(m/4 - m^2/6) - m^2/4)*x^3 + (m
^2/2 - m/2)*x^2 + m*x + 1.
```

知 识 拓 展

（一）级数求和

级数求和是比较复杂的，毕竟是无穷项的和．我们只介绍相对比较简单的一类问题，那就是可以通过四则运算、逐项积分或逐项求导，最终可化为等比级数的．

例 1　求 $\sum\limits_{n=0}^{\infty}\dfrac{x^n}{n+1}$ 的和函数．

解　设 $s(x)=\sum\limits_{n=0}^{\infty}\dfrac{x^n}{n+1}$，则有 $xs(x)=\sum\limits_{n=0}^{\infty}\dfrac{x^{n+1}}{n+1}$，逐项求导得

$$(xs(x))'=\sum_{n=0}^{\infty}x^n=\frac{1}{1-x}\ (-1<x<1),$$

两端同时积分得 $xs(x)=\displaystyle\int_0^x\dfrac{\mathrm{d}x}{1-x}=-\ln(1-x)$，显然 $s(0)=1$，则

$$s(x)=\begin{cases}-\dfrac{\ln(1-x)}{x}, & 0<|x|<1,\\[2mm]1, & x=0,\end{cases}$$

当 $x=-1$ 时，由莱布尼茨判别法时，级数收敛；当 $x=1$ 时，级数发散．由和函数的连续性知，$s(x)$ 在 $(-1,1)$ 内连续．所以

$$s(x)=\begin{cases}-\dfrac{\ln(1-x)}{x}, & -1\leqslant x<1\ \text{且}\ x\neq 0,\\[2mm]1, & x=0.\end{cases}$$

例 2　求幂级数 $\sum\limits_{n=1}^{\infty}nx^{n-1}$ 的和函数，并求级数 $\sum\limits_{n=1}^{\infty}\dfrac{n}{2^n}$ 的和．

解　易求得级数的收敛域为 $(-1,1)$．

设 $s(x)=\sum\limits_{n=1}^{\infty}nx^{n-1}$，逐项积分得

$$\int_0^x s(x)\,\mathrm{d}x=\sum_{n=1}^{\infty}x^n=\frac{x}{1-x}\ (-1<x<1),$$

两端同时求导得

$$s(x)=\frac{1}{(1-x)^2}\ (-1<x<1),$$

$$\sum_{n=1}^{\infty}\frac{n}{2^n}=\frac{1}{2}s\left(\frac{1}{2}\right)=2.$$

（二）级数应用

例 3　计算假积分

$$I=\int_0^1\frac{\sin x}{x}\,\mathrm{d}x$$

的近似值,精确到 0.000 1.

解 因为 $\lim\limits_{x\to 0}\dfrac{\sin x}{x}=1$,补充定义函数在 $x=0$ 处的值为 1,则它在 $[0,1]$ 上便连续了,因而可将该假积分视作 $[0,1]$ 上的定积分.

展开被积函数,有

$$\frac{\sin x}{x}=1-\frac{x^2}{3!}+\frac{x^4}{5!}-\cdots+(-1)^{n-1}\frac{x^{2(n-1)}}{(2n-1)!}+\cdots \quad (-\infty<x<\infty),$$

在区间 $[0,1]$ 上逐项积分,得

$$\int_0^1\frac{\sin x}{x}\mathrm{d}x=1-\frac{1}{3\cdot 3!}+\frac{1}{5\cdot 5!}-\frac{1}{7\cdot 7!}+\cdots+(-1)^{n-1}\frac{1}{(2n-1)\cdot(2n-1)!}+\cdots,$$

因为第四项

$$\frac{1}{7\cdot 7!}=\frac{1}{35\ 280}<2.9\times 10^{-5},$$

所以可取前三项的和作为积分的近似值

$$\int_0^1\frac{\sin x}{x}\,\mathrm{d}x\approx 1-\frac{1}{3\cdot 3!}+\frac{1}{5\cdot 5!}\approx 0.946\ 11.$$

(三) 傅里叶级数的指数形式

假设函数 $f(t)$ 是周期为 2π 的函数.根据欧拉公式,函数 $f(t)$ 的傅里叶级数展开式可改写如下:

$$\begin{aligned}
f(t)&=\frac{a_0}{2}+\sum_{n=1}^{\infty}\left[a_n\cos(nx)+b_n\sin(nx)\right]\\
&=\frac{a_0}{2}+\sum_{n=1}^{\infty}\left[a_n\frac{(\mathrm{e}^{inx}+\mathrm{e}^{inx})}{2}+b_n\frac{(\mathrm{e}^{inx}-\mathrm{e}^{-inx})}{2\mathrm{i}}\right]\\
&=\frac{a_0}{2}+\sum_{n=1}^{\infty}\left[\frac{(a_n-\mathrm{i}b_n)}{2}+\mathrm{e}^{inx}+\frac{(a_n+\mathrm{i}b_n)}{2}\mathrm{e}^{-inx}\right],
\end{aligned}$$

令

$$C_n=\frac{a_n-\mathrm{i}b_n}{2}=|C_n|\mathrm{e}^{\mathrm{i}\phi_n},\quad |C_n|=\frac{1}{2}\sqrt{a_n^2+b_n^2}=\frac{1}{2}A_n,\quad \phi_n=\arctan\frac{-b_n}{a_n}.$$

由傅里叶系数公式可知,系数 a_n 是谐波次数 n 的偶函数,b_n 是谐波次数 n 的奇函数,即

$$a_{-n}=a_n,\quad b_{-n}=-b_n,$$

$$C_{-n}=\frac{a_{-n}-\mathrm{i}b_{-n}}{2}=\frac{a_n+\mathrm{i}b_n}{2}=|C_n|\mathrm{e}^{-\mathrm{i}\psi_n},$$

再令 $C_0=\dfrac{a_0}{2}$,可得傅里叶级数的指数形式:

$$f(t)=C_0+\sum_{n=1}^{\infty}(C_n\mathrm{e}^{inx}+C_{-n}\mathrm{e}^{-inx})=\sum_{n=-\infty}^{\infty}C_n\mathrm{e}^{inx}.$$

复系数 C_n 可根据傅里叶系数 a_n,b_n 的计算公式导出,即

$$C_n = \frac{1}{2}(a_n - \mathrm{i}b_n)$$

$$= \frac{1}{2\pi}\Big[\int_{-\pi}^{\pi} f(t)\cos(nx)\,\mathrm{d}t - \mathrm{i}\int_{-\pi}^{\pi} f(t)\sin(nx)\,\mathrm{d}t\Big]$$

$$= \frac{1}{2\pi}\int_{-\pi}^{\pi} f(t)\big[\cos(nx) - \mathrm{i}\sin(nx)\big]\,\mathrm{d}t$$

$$= \frac{1}{2\pi}\int_{-\pi}^{\pi} f(t)\,\mathrm{e}^{-\mathrm{i}nx}\,\mathrm{d}t.$$

》 本 章 小 结 《

一、知识小结

（一）数项级数的敛散性判定
对任意项级数,我们可按如下步骤:

（1）检查级数收敛的必要条件 $\lim\limits_{n\to\infty} u_n = 0$.

（2）用正项级数的比值审敛法或比较审敛法判断原级数是否绝对收敛;如果是用比值审敛法判断发散,那么原级数是发散的.

（3）如果是交错级数,用莱布尼茨判别法判断原级数是否条件收敛.

（4）用级数收敛的定义或级数的性质来判断.

（二）幂级数
（1）收敛半径和收敛域的计算;

（2）函数的幂级数展开.

（三）傅里叶级数
（1）函数展开成傅里叶级数的方法;

（2）周期延拓与奇（偶）延拓.

（四）拉普拉斯变换
拉普拉斯变换的性质.

二、典型例题

例 1　判断正项级数 $\sum\limits_{n=1}^{\infty} 2^n \sin\dfrac{x}{3^n}\ (x>0)$ 的敛散性.

解　因为

$$\lim_{n\to\infty} \frac{2^n \sin\dfrac{x}{3^n}}{\dfrac{2^n}{3^n}} = x,$$

而 $\sum\limits_{n=1}^{\infty} \left(\dfrac{2}{3} \right)^n$ 收敛，所以 $\sum\limits_{n=1}^{\infty} 2^n \sin \dfrac{x}{3^n}$ 收敛．

例 2　考察级数 $\sum\limits_{n=1}^{\infty} \dfrac{1}{n^p}$ $(p>1)$ 的敛散性．

解　因为

$$\frac{1}{n^p} = \int_{n-1}^{n} \frac{1}{n^p} \mathrm{d}x \leqslant \int_{n-1}^{n} \frac{1}{x^p} \mathrm{d}x = \frac{1}{p-1} \left[\frac{1}{(n-1)^{p-1}} - \frac{1}{n^{p-1}} \right] \quad (n \geqslant 2),$$

下面我们考虑级数 $\sum\limits_{n=2}^{\infty} \left[\dfrac{1}{(n-1)^{p-1}} - \dfrac{1}{n^{p-1}} \right]$ 的敛散性．

因其部分和

$$S_n = \sum_{k=2}^{n+1} \left[\frac{1}{(k-1)^{p-1}} - \frac{1}{k^{p-1}} \right] = 1 - \frac{1}{(n+1)^{p-1}} \xrightarrow[n \to \infty]{} 1,$$

所以正项级数 $\sum\limits_{n=2}^{\infty} \left[\dfrac{1}{(n-1)^{p-1}} - \dfrac{1}{n^{p-1}} \right]$ 收敛，由比较判别法知级数 $\sum\limits_{n=1}^{\infty} \dfrac{1}{n^p}$ $(p>1)$ 收敛．

例 3　求非初等函数

$$F(x) = \int_0^x \mathrm{e}^{-t^2} \mathrm{d}t$$

的幂级数展开式．

解　以 $-x^2$ 代替 e^x 展开式的 x，得

$$\mathrm{e}^{-x^2} = 1 - \frac{x^2}{1!} + \frac{x^4}{2!} - \frac{x^6}{3!} + \cdots + \frac{(-1)^n x^{2n}}{n!} + \cdots, \quad -\infty < x < +\infty.$$

再逐项求积就得到 $F(x)$ 在 $(-\infty, +\infty)$ 上的展开式

$$F(x) = \int_0^x \mathrm{e}^{-t^2} \mathrm{d}t = x - \frac{1}{1!} \frac{x^3}{3} + \frac{1}{2!} \frac{x^5}{5} - \frac{1}{3!} \frac{x^7}{7} + \cdots + \frac{(-1)^n}{n!} \frac{x^{2n+1}}{2n+1} + \cdots.$$

例 4　求 $f(x) = \dfrac{1}{x^2}$ 在点 $x=1$ 处的幂级数展开式．

解　当 $|x-1| < 1$ 时，

$$\frac{1}{x} = \frac{1}{1+x-1} = \sum_{n=0}^{\infty} (1-x)^n,$$

两边求导，

$$-\frac{1}{x^2} = -\sum_{n=1}^{\infty} n (1-x)^{n-1},$$

即

$$\frac{1}{x^2} = \sum_{n=1}^{\infty} (-1)^n n (x-1)^{n-1}, \quad x \in (0,2).$$

例 5　已知

$$F(s) = L[f(t)] = \ln \frac{1+s^2}{s(s+1)},$$

求 $f(t) = L^{-1}[F(s)]$．

解　因为

$$F'(s) = \frac{2s}{1+s^2} - \frac{1}{s} - \frac{1}{1+s},$$

所以由拉普拉斯性质 6,得

$$-tf(t) = L^{-1}[F'(s)] = L^{-1}\left[\frac{2s}{1+s^2}\right] - L^{-1}\left[\frac{1}{s}\right] - L^{-1}\left[\frac{1}{1+s}\right]$$

$$= -1 - e^{-t} + 2\cos t$$

故

$$f(t) = \frac{e^{-t} + 1 - 2\cos t}{t}.$$

复习题十

一、填空题

1. 级数 $\dfrac{1}{1\times2} + \dfrac{1}{2\times3} + \cdots + \dfrac{1}{n\times(n+1)} + \cdots$ 的和为 _____ .

2. 若级数 $\displaystyle\sum_{n=1}^{\infty} u_n$ 收敛 $(u_n > 0)$,则级数 $\displaystyle\sum_{n=1}^{\infty} (u_n - 100)$ _____(收敛,发散).

3. 幂级数 $\displaystyle\sum_{n=1}^{\infty} \dfrac{x^n}{n^2 \cdot 2^n}$ 的收敛半径为 _____ .

4. 函数 $f(x) = \dfrac{1}{x+2}$ 展开成 $(x-1)$ 的幂级数,则展开式中 $(x-1)^3$ 的系数是

_____ .

5. 函数 $f(x) = e^{-x}$ 的麦克劳林展开式为 _____ .

6. 若级数 $\displaystyle\sum_{n=1}^{\infty} (2 - u_n)$ 收敛,则 $\displaystyle\lim_{n\to\infty} u_n =$ _____ .

7. 幂级数 $\displaystyle\sum_{n=1}^{\infty} \dfrac{(x-1)^n}{2^n}$ 的收敛域为 _____ .

二、单项选择题

1. 若正项级数 $\displaystyle\sum_{n=1}^{\infty} a_n$ 收敛,c 为常数,则级数( )一定收敛.

A. $\displaystyle\sum_{n=1}^{\infty} \sqrt{a_n}$　　B. $\displaystyle\sum_{n=1}^{\infty} ca_n$　　C. $\displaystyle\sum_{n=1}^{\infty} (a_n + c)^2$　　D. $\displaystyle\sum_{n=1}^{\infty} (a_n + c)$

2. 设 S_n 是级数 $\displaystyle\sum_{n=1}^{\infty} a_n$ 的部分和,若条件( )成立,则 $\displaystyle\sum_{n=1}^{\infty} a_n$ 收敛.

A. $\{S_n\}$ 有界　　　　　　　　　B. $\{S_n\}$ 单调减少

C. $\displaystyle\lim_{n\to\infty} a_n = 0$　　　　　　　　D. $\displaystyle\lim_{n\to\infty} S_n = 0$

3. 下列结论正确的是(　　).

A. 若级数 $\sum\limits_{n=1}^{\infty} u_n$ 与 $\sum\limits_{n=1}^{\infty} v_n$ 的一般项有 $u_n < v_n (n=1,2,\cdots,)$,则有 $\sum\limits_{n=1}^{\infty} u_n < \sum\limits_{n=1}^{\infty} v_n$

B. 若级数 $\sum\limits_{n=1}^{\infty} u_n$ 满足 $\lim\limits_{n\to\infty} u_n \neq 0$,则 $\sum\limits_{n=1}^{\infty} u_n$ 发散

C. 若正项级数 $\sum\limits_{n=1}^{\infty} u_n$ 收敛,则 $\lim\limits_{n\to\infty} \dfrac{u_{n+1}}{u_n} < 1$

D. 若级数 $\sum\limits_{n=1}^{\infty} u_n$ 满足 $\lim\limits_{n\to\infty} u_n = 0$,则 $\sum\limits_{n=1}^{\infty} u_n$ 收敛

4. 设常数 $a>0$,则级数 $\sum\limits_{n=1}^{\infty} (-1)^n \left(1-\cos\dfrac{a}{n}\right)$ (　　).

A. 绝对收敛　　　　B. 条件收敛　　　　C. 发散　　　　D. 敛散性与 a 有关

5. 下列级数中,收敛的是(　　).

A. $\sum\limits_{n=1}^{\infty} \dfrac{(-1)^{n-1}}{\sqrt{n}}$ 　　　　　　　　　B. $\sum\limits_{n=1}^{\infty} \dfrac{(-1)^n n}{\sqrt{2n^2+3}}$

C. $\sum\limits_{n=1}^{\infty} \dfrac{5}{n+1}$ 　　　　　　　　　　D. $\sum\limits_{n=1}^{\infty} \dfrac{n+1}{3n-2}$

6. 幂级数 $\sum\limits_{n=1}^{\infty} \dfrac{x^n}{n}$ 的收敛域是(　　).

A. $[-1,1]$ 　　　　B. $[-1,1)$ 　　　　C. $(-1,1]$ 　　　　D. $(-1,1)$

7. 函数 $f(x) = e^{-x^2}$ 展开成 x 的幂级数是(　　).

A. $\sum\limits_{n=1}^{\infty} \dfrac{x^{2n}}{n!}$ 　　　　B. $\sum\limits_{n=1}^{\infty} \dfrac{(-1)^n x^{2n}}{n!}$ 　　　　C. $\sum\limits_{n=1}^{\infty} \dfrac{x^n}{n!}$ 　　　　D. $\sum\limits_{n=1}^{\infty} \dfrac{(-1)^{n-1} x^n}{n!}$

8. 设级数 $\sum\limits_{n=1}^{\infty} \dfrac{1}{n^{p+1}}$ 收敛,则必有(　　).

A. $-1<p<0$ 　　　　B. $p<-1$ 　　　　C. $p>0$ 　　　　D. $p \geqslant 0$

三、计算题

1. 判断下列级数的敛散性:

(1) $\sum\limits_{n=1}^{\infty} \left(\dfrac{1+n^2}{1+n^3}\right)^2$.

(2) $\sum\limits_{n=1}^{\infty} n^2 \sin\dfrac{\pi}{2^n}$.

(3) $\sum\limits_{n=1}^{\infty} \dfrac{3^n 3!}{n^n}$.

(4) $\sum\limits_{n=1}^{\infty} \dfrac{(-1)^n}{n-\ln n}$.

2. 求下列幂级数的收敛域:

(1) $\sum\limits_{n=1}^{\infty} \dfrac{(x-5)^n}{\sqrt{n}}$.

(2) $\sum\limits_{n=1}^{\infty} \dfrac{x^{2n+1}}{2n+1}$.

(3) $\sum\limits_{n=1}^{\infty} 2^n x^{2n}$.

(4) $\sum\limits_{n=1}^{\infty} \dfrac{(-1)^{n-1} x^{2n-1}}{(2n-1)!}$.

3. 按要求将下列函数展开成幂级数:

（1）将 $f(x) = \cos^2 x$ 展开成 x 的幂级数．

（2）将 $f(x) = \ln x$ 展开成 $(x-1)$ 的幂级数．

（3）将 $f(x) = \dfrac{1}{x^2+3x+2}$ 展开成 $(x+4)$ 的幂级数．

（4）将 $f(x) = \ln(1+x+x^2)$ 展开成 x 的幂级数．

*4. 按要求将下列函数展开成傅里叶级数：

（1）将 $f(x) = 2x^2, x \in [-\pi, \pi]$ 展开成以 2π 为周期的傅里叶级数．

（2）将 $f(x) = \dfrac{\pi-x}{2}, x \in (0, \pi)$ 展开成以 2π 为周期的正弦级数．

*5. 求函数 $e^{-t}\sin \omega t$ 的拉普拉斯变换．

*6. 已知 $L[\sin \omega t] = \dfrac{\omega}{s^2+\omega^2}$，求 $L[t\sin \omega t]$．

部分习题答案

请扫描二维码查看

［1］同济大学数学系．高等数学．7 版．北京：高等教育出版社，2014

［2］魏寒柏，骈俊生．高等数学（工科类）．北京：高等教育出版社，2016

［3］吴炯圻．高等数学及其思想方法与实验．厦门：厦门大学出版社，2007

［4］Dale Varberg. Calculus. 8 版．影印版．北京：机械工业出版社，2008

读者意见反馈

为收集对教材的意见建议,进一步完善教材编写并做好服务工作,读者可将对本教材的意见建议通过如下渠道反馈至我社。

咨询电话　400-810-0598

反馈邮箱　gjdzfwb@ pub.hep.cn

通信地址　北京市朝阳区惠新东街4号富盛大厦1座　高等教育出版社总
　　　　　编辑办公室

邮政编码　100029